上海市职业教育"十四五"规划教材
职业教育课程改革与创新系列教材

气动与液压系统安装与调试

主　编　俞　婕
副主编　郭玲玲
参　编　王　凡　李同义
　　　　伍　红　袁亚芹
主　审　徐　剑　王晓红

机械工业出版社

本书是上海市职业教育"十四五"规划教材,依据《高等职业教育机电一体化技术专业教学标准》进行编写,符合《上海市职业教育机电一体化技术专业教学标准》的要求,是校企双元联合编写的、以能力为本位的工作手册式教材,体现了高等职业教育教材研究的先进理念。

本书分3个模块,由13个工作任务覆盖24个职业能力,包含:走进液气压传动世界(共2个工作任务)、气动系统安装与调试(共6个工作任务)、液压系统安装与调试(共5个工作任务)。通过本书的学习,使学生能够掌握常用气动、液压元件基本知识,能够识读原理图,并能按操作规范进行液、气压系统安装与调试任务。本书工作任务贴近企业场景,融入系统仿真设计和继电器、PLC控制技术,实现了气、液、电综合训练。

本书精选部分数字化资源,立体化解析教学中的重点及难点,对学生有良好的帮助作用。

本书可作为职业院校装备制造大类相关专业教学用书,也可以作为机械行业相关技术人员的岗位培训及工程人员自学用书。

图书在版编目(CIP)数据

气动与液压系统安装与调试/俞婕主编. —北京:机械工业出版社,2023.5(2024.2重印)

职业教育课程改革与创新系列教材

ISBN 978-7-111-73142-9

Ⅰ. ①气… Ⅱ. ①俞… Ⅲ. ①气压传动–安装–高等职业教育–教材 ②气压传动–系统测试–高等职业教育–教材 ③液压传动–安装–高等职业教育–教材 ④液压传动–系统测试–高等职业教育–教材 Ⅳ. ①TH138 ②TH137

中国国家版本馆CIP数据核字(2023)第086402号

机械工业出版社(北京市百万庄大街22号 邮政编码100037)
策划编辑:赵红梅　　　　　责任编辑:赵红梅　王宗锋
责任校对:樊钟英　贾立萍　封面设计:马若濛
责任印制:刘　媛
涿州市般润文化传播有限公司印刷
2024年2月第1版第2次印刷
184mm×260mm・21印张・508千字
标准书号:ISBN 978-7-111-73142-9
定价:59.80元

电话服务　　　　　　　　　网络服务
客服电话:010-88361066　机 工 官 网:www.cmpbook.com
　　　　　010-88379833　机 工 官 博:weibo.com/cmp1952
　　　　　010-68326294　金 书 网:www.golden-book.com
封底无防伪标均为盗版　　　机工教育服务网:www.cmpedu.com

前言

本书是上海市职业教育"十四五"规划教材,是根据《高等职业教育机电一体化技术专业教学标准》并参照《上海市职业教育机电一体化技术专业教学标准》的要求,以职业能力为本位构建的工作手册式教材。本书编写过程中遵循教学内容任务导向、编写主体双元组合、教学方法学生本位、教材功能动态生成原则,从学生的认知规律出发,以工作情景为引领、能力培养为目标,对专业知识和技能进行重构,突出对学生职业能力和综合素养的培养。

本书有以下特点:

1. 以能力本位构建整体框架,以职业能力为课程内容组织的最小单元,通过"核心概念""学习目标""工作情境""基本知识""能力训练""问题情境"实现理论和实践一体化教学,达到职业能力提升的训练目标。

2. 通过3个模块,共24个职业能力,以工业及生活实例,将知识点和技能点有机融合,特别是能力训练中对操作条件、安全及注意事项、操作过程有明确的工艺要求和标准,与职业能力培养的要求相匹配。

3. 以知识、技能、职业核心素养培养为目标,从简单到复杂,根据液压、气动技术学习既可并行发展又可单独纵向深入的特点,构造完整的职业能力链。

4. 以项目式、活页式为特征,方便教师根据不同层次教学要求组织教学内容和教学目标。特别加强了液压、气动回路仿真技术,继电器和PLC控制技术,将气动、液压和电气控制以典型场景有机融合。

5. 以"应用为目的,够用为度"为原则,注重新知识、新技术的引入,同时适当加入拓展知识。本书全面贯彻党的二十大精神,落实立德树人的根本任务,将职业素养、责任意识、全局意识融入教学,在实践技能操作中培养学生团队合作精神和精益求精的工匠精神。

6. 学习结果评价与教学目标、教学过程匹配,且融入职业技能大赛、职业资格认证的考核标准,将职业能力融入教材,职业标准融入评价。

本书具有"做中学""有工作过程、有工作标准"的特点,以典型案例作为学习载体,知识结构完整,能力目标突出。还具有工作手册和传统教材的共同特征,内容满足机电技术行业对液压、气动知识的需求,适合职业院校装备制造大类专业教学的需要。本书建议教学课时为72学时,可根据课程实施方案进行灵活选择。

本书的编写分工:上海现代化工职业学院俞婕、王凡编写模块A和模块B;上海市嘉定区职业技术学校郭玲玲、上海市大众工业学校李同义编写模块C。福伊特企业管理(上海)有限公司伍红、上海市高级技工学校(曾就职于费斯托(中国)有限公司)袁亚芹为本书编写提供素材支撑,并负责回路原理图绘制及拓展知识编写。

本书由俞婕进行统稿,上海市嘉定区职业技术学校徐剑、上海空间推进研究所王晓红担任主审。

在本书编写过程中,得到了上海市教委教研室、华东师范大学徐国庆教授团队的帮助和指导,在此一并表示衷心的感谢。

编　者

二维码索引

页码	二维码及名称	页码	二维码及名称	页码	二维码及名称
5	平面磨床液压传动系统回路	61	平口钳气动控制回路的安装与调试	85	推出气缸快速缩回气动控制回路安装与调试
29	气源处理装置	71	滚轮式二位三通换向阀	93	梭阀
45	单作用气缸	74	单向节流阀	95	双压阀
46	按钮式二位三通手动换向阀	76	板材对齐装置气动控制回路安装与调试	96	板材成型装置气动控制回路安装与调试
57	双作用气缸	84	快速排气阀	105	延时阀

（续）

页码	二维码及名称	页码	二维码及名称	页码	二维码及名称
109	圆柱工件分离机构气动控制回路安装与调试	192	单杆活塞式液压缸	238	工业胶粘机装置
117	压力顺序阀	192	双杆活塞式液压缸	239	溢流阀
120	压印机气动控制回路安装与调试	206	锅炉门启闭装置	245	工业胶粘机装置控制回路安装与调试
142	双作用双杆气缸	213	锅炉门启闭装置控制回路安装与调试	285	单向节流阀
170	液压千斤顶	222	液压叉车	299	调速阀
183	外啮合齿轮泵	224	液控单向阀		
183	双作用式叶片泵	229	液压叉车锁紧回路安装与调试		

目 录

前言

二维码索引

模块 A　走进液气压传动世界

工作任务 A-1　认识液气压传动系统 …………………………………………………… 2
　　职业能力 A-1-1　能划分液气压系统组成并能用仿真软件抄绘控制回路图 ………… 2

工作任务 A-2　流体传动基本参数认识与计算 ………………………………………… 16
　　职业能力 A-2-1　能用流体传动基本理论计算相关参数 ……………………………… 16

模块 B　气动系统安装与调试

工作任务 B-1　压缩空气的产生与调节 ………………………………………………… 26
　　职业能力 B-1-1　气源及气源处理元件的选型及配置 ………………………………… 26

工作任务 B-2　气动方向控制回路的识读与搭建 ……………………………………… 43
　　职业能力 B-2-1　能识读与搭建单作用气缸控制回路 ………………………………… 43
　　职业能力 B-2-2　能识读与搭建双作用气缸换向控制回路 …………………………… 56

工作任务 B-3　气动速度控制回路的搭建与调试 ……………………………………… 69
　　职业能力 B-3-1　能搭建与调试气动调速回路 ………………………………………… 69
　　职业能力 B-3-2　能搭建与调试气动快速运动回路 …………………………………… 82

工作任务 B-4　气动逻辑控制回路的搭建与调试 ……………………………………… 91
　　职业能力 B-4-1　能搭建与调试气动逻辑控制回路 …………………………………… 91
　　职业能力 B-4-2　能搭建与调试气动时间控制回路 …………………………………… 103

工作任务 B-5　气动压力顺序控制回路的搭建与调试 ………………………………… 115
　　职业能力 B-5-1　能搭建与调试气动压力控制回路 …………………………………… 115

工作任务 B-6　电–气控制回路的搭建与调试 …… 128
　　职业能力 B-6-1　能搭建与调试点动往复电–气控制回路 …… 128
　　职业能力 B-6-2　能设计与装调行程控制的电–气控制回路 …… 141
　　职业能力 B-6-3　能设计与装调时间控制的电–气控制回路 …… 149
　　职业能力 B-6-4　能设计与装调 PLC 控制的电–气控制回路 …… 157

模块 C：液压系统安装与调试

工作任务 C-1　认识磨床工作台液压传动系统 …… 168
　　职业能力 C-1-1　能分析磨床工作台液压传动系统工作原理 …… 168

工作任务 C-2　液压元件及组件的安装与调试 …… 180
　　职业能力 C-2-1　能安装与调试简易液压泵站 …… 180
　　职业能力 C-2-2　能拆装单杆活塞式液压缸 …… 191

工作任务 C-3　液压方向控制回路的识读与搭建 …… 206
　　职业能力 C-3-1　能识读与搭建液压换向回路 …… 206
　　职业能力 C-3-2　能识读与搭建液压锁紧回路 …… 222

工作任务 C-4　液压压力控制回路的设计与装调 …… 237
　　职业能力 C-4-1　能设计与装调液压调压回路 …… 237
　　职业能力 C-4-2　能设计与装调液压减压回路 …… 252
　　职业能力 C-4-3　能设计与装调液压多缸顺序动作回路 …… 266

工作任务 C-5　液压速度控制回路的设计与装调 …… 283
　　职业能力 C-5-1　能设计与装调液压调速回路 …… 283
　　职业能力 C-5-2　能设计与装调液压速度换接回路 …… 297

附录 …… 314
　　附录 A　常用液压与气动元件图形符号（摘自 GB/T 786.1—2021） …… 314
　　附录 B　常用液压与气动元件新、旧国家标准图形符号对比 …… 325

参考文献 …… 328

模块A

走进液气压传动世界

工作任务A-1　认识液气压传动系统

工作任务A-2　流体传动基本参数认识与计算

工作任务 A-1
认识液气压传动系统

职业能力 A-1-1　能划分液气压系统组成并能用仿真软件抄绘控制回路图

一、核心概念

1）气压传动：以压缩空气为工作介质，以气体的压力能来传递能量和信号的传动方式。利用空气压缩机把电动机或其他原动机输出的机械能转换为空气的压力能，然后在控制元件的作用下，通过执行元件把压力能转换为直线运动或回转运动形式的机械能的传动方式。

2）液压传动：以液体为工作介质，以液体的压力能来传递运动和动力的传动方式。利用液压泵将原动机的机械能转化为液体的压力能，在管路和控制阀的作用下，通过液压执行元件把液体压力能转化为机械能，从而驱动工作机构实现直线往复运动或回转运动。

3）液气压传动系统组成：动力元件、执行元件、控制元件、辅助元件、工作介质。

二、学习目标

1）能说出液压、气动系统组成；
2）能描述流体压力的定义，会进行压力、流量单位换算；
3）能使用液压、气动系统图形符号描述工作原理；
4）能用液压与气动仿真软件进行系统回路图抄绘；
5）以科学严谨的学习态度建立从具体到抽象的建模思路；
6）具有独立思考、逻辑推理、信息加工能力。

三、基本知识

我们在日常工作和生活中经常见到各种机器，它们通常都是由原动机、传动装置和工作机构三部分组成的。其中传动装置最常见的类型有机械传动、电气传动、电子传动和流体传动。流体传动是以受压的流体为工作介质对能量进行转换、传递、控制和分配的。它可以分为气压传动、液压传动和液力传动。

1. 气压传动系统的工作原理

气压传动技术简称气动技术，是以压缩空气为工作介质来进行能量与信号的传递，是实现各种生产过程机械化、自动化的一门技术。它是流体传动与控制学科的一个重要组成部分。

气压传动的工作过程是利用空气压缩机把电动机或其他原动机输出的机械能转换为空气的压力能,然后在控制元件的作用下,通过执行元件把压力能转换为直线运动或回转运动形式的机械能,从而完成各种动作,并对外做功。

下面通过一个典型气压传动系统来了解气动系统如何进行能量与信号传递,如何实现自动控制。

图 A1-1-1 所示为气动剪切机的气压传动系统,图示位置为剪切前的情况。空气压缩机 1 产生的压缩空气经后冷却器 2、排水分离器 3、储气罐 4、分水滤气器 5、减压阀 6、油雾器 7 到达换向阀 9,部分气体经节流通路进入换向阀 9 的下腔,使上腔弹簧压缩,换向阀 9 的阀芯位于上端;大部分压缩空气经换向阀 9 后进入气缸 10 的上腔,而气缸的下腔经换向阀与大气相通,故气缸活塞处于最下端位置。当上料装置把工料 11 送入剪切机并到达规定位置时,工料压下行程阀 8,此时换向阀 9 阀芯下腔压缩空气经行程阀 8 排入大气,在弹簧的推动下,换向阀 9 阀芯向下运动至下端;压缩空气则经换向阀 9 后进入气缸的下腔,上腔经换向阀 9 与大气相通,气缸活塞向上运动,带动剪刀上行剪断工料。工料剪下后,即与行程阀 8 脱开。行程阀 8 的阀芯在弹簧作用下复位,出路堵死。换向阀 9 阀芯上移,气缸活塞向下运动,又恢复到剪断前的状态。

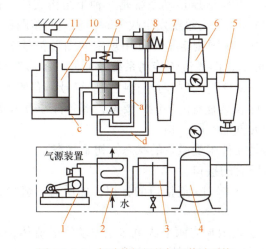

图 A1-1-1 气动剪切机的气压传动系统

1—空气压缩机 2—后冷却器 3—排水分离器 4—储气罐 5—分水滤气器 6—减压阀 7—油雾器
8—行程阀 9—换向阀 10—气缸 11—工料

图 A1-1-2 所示为用图形符号绘制的剪切机气压传动系统。

气压传动的基本工作特征:系统的工作压力取决于负载;执行装置的运动速度取决于输入流量的大小。

2. 液压传动系统的工作原理

液压传动则是以液体为工作介质,利用封闭系统中的静压能实现运动和动力的传递及工程控制的传动方式。

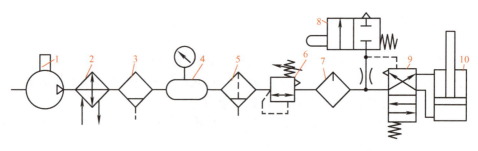

图 A1-1-2　用图形符号绘制的剪切机气压传动系统

1—空气压缩机　2—后冷却器　3—排水分离器　4—储气罐　5—油水分离器
6—减压阀　7—油雾器　8—行程阀　9—气控换向阀　10—气缸

图 A1-1-3 所示为平面磨床液压传动系统，液压泵由电动机驱动后，从油箱 12 中吸油。油液经过滤器 13 进入液压泵 14，油液在泵腔中从流入口（低压）到泵出口（高压），在图 A1-1-3a 所示状态下，通过开停阀 8、节流阀 6、换向阀 5 进入液压缸 2 左腔，推动活塞 3 使工作台 1 向右移动。这时，液压缸 2 右腔的油液经换向阀 5 和回油管 19 排回油箱 12。

如果将换向阀 5 的手柄转换成如图 A1-1-3b 所示状态，则压力管 17 中的油液将经过开停阀 8、节流阀 6 和换向阀 5 进入液压缸 2 的右腔，推动活塞 3 使工作台 1 向左移动，并使液压缸 2 左腔的油液经换向阀 5 和回油管 19 排回油箱 12。

图 A1-1-3 所示的平面磨床液压传动系统是一种半结构式的工作原理图。它有直观性强、容易理解的优点。当液压传动系统发生故障时，根据回路图检查十分方便，但该图形比较复杂，绘制比较麻烦。我国制定了一种用规定的图形符号来表示液压回路图中的各元件和连接管路的国家标准，即《流体传动系统及元件　图形符号和回路图　第 1 部分：图形符号》（GB/T786.1—2021）。其中对于这些图形符号，有如下基本规定：

1）多数符号表示元件和具有特定功能的要素，部分符号表示功能或操作方法。

2）符号不用来表示元件的实际结构。

3）元件符号表示的是元件未受激励的状态（初始状态）。

4）元件符号应给出所有的接口。

5）符号应预留用于指示端口 / 连接口的标识，如压力、流量、电气连接等参数及其设定所需的空间。

6）如果一个符号用于表示具有两个或更多主要功能的流体传动元件，并且这些功能之间相互联系，则这个符号应由实线外框包围标出。

7）当一个元件由两个或者更多元件集成时，应由点画线包围标出。

图 A1-1-4 为图 A1-1-3a 所示系统采用 GB/T786.1—2021 规定的符号绘制的回路图。可见，使用这些图形符号后，图形简单明了，且便于绘制。

在图 A1-1-3 与图 A1-1-4 所示平面磨床液压传动系统中，凡是功能相同的元件，尽管结构和原理不同，都运用同一种符号表示，这种仅仅表示功能的符号称为元件图形符号。图形符号图是一种工程语言，其图形简洁标准、绘制方便、功能清晰、阅读容易，这些符号只表示元件的职能和连接系统的通路，并不表示元件的具体结构、参数以及具体安装位置。学会看懂液气压系统图形符号图，对于学习、操作和维修液气压设备的工程人员来说，是非常重要的。

工作任务 A-1
认识液气压传动系统

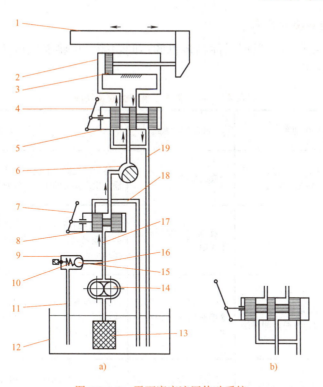

图 A1-1-3 平面磨床液压传动系统

1—工作台 2—液压缸 3—活塞 4—换向手柄 5—换向阀 6—节流阀 7—开停手柄
8—开停阀 9—溢流阀 10—弹簧 11、18、19—回油管 12—油箱 13—过滤器
14—液压泵 15—钢球 16—压力支管 17—压力管

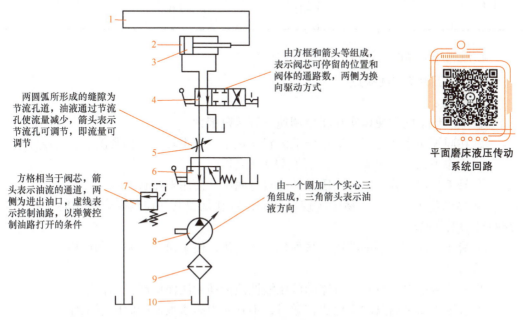

图 A1-1-4 平面磨床液压传动系统回路图

1—工作台 2—液压缸 3—活塞 4—换向阀 5—节流阀 6—开停阀
7—溢流阀 8—液压泵 9—过滤器 10—油箱

3. 液气压传动系统的组成

在液气压传动系统中，根据元件和装置的不同功能，可将液气压传动系统分成五个组成部分，见表 A1-1-1。

表 A1-1-1　液气压系统组成及功能

组成部分	气压传动系统	液压传动系统	功用
动力元件	气源装置，主要包含空气压缩机及气源处理装置	液压泵站	将原动机提供的机械能转化为流体的压力能，输出满足生产要求的压缩空气或液压油
执行元件	气缸、气马达、吸盘	液压缸、液压马达和摆动马达	将流体的压力能转换为机械能，用以驱动工作机构的负载做功，实现往复直线运动、连续回转运动或摆动
控制元件	气动压力阀、方向阀、流量阀、逻辑元件、射流元件、行程阀、转换器和传感器等	压力阀，方向和流量控制阀及其他控制元件	又称操纵、运算、检测元件，是用来控制压缩空气或液压油的压力、流量和方向等以实现执行机构完成预定运动规律
辅助元件	过滤器、储气罐、分气块接头以及各种管路附件等	油箱、管件、过滤器、热交换器、蓄能器及指示仪表	存放、提供和回收流体介质，实现元件之间的连接和传输，滤除介质中的杂质，保持系统正常工作，显示系统压力、流量、温度等参数
工作介质	压缩空气	液压油或其他合成液体	作为系统的载能介质，在传递能量的同时起润滑、冷却等作用

4. 液气压传动的优缺点

（1）液压传动的优缺点

1）优点：

① 液压传动能方便地实现无级调速，调速范围大。

② 在同等功率情况下，液压传动装置体积小、自重轻、结构紧凑。

③ 工作平稳，换向冲击小，便于实现频繁换向。

④ 易于实现过载保护。液压元件能自行润滑，使用寿命长。

⑤ 操作简单、方便、易于实现自动化，特别是和电气控制联合使用时，易于实现复杂的自动工作循环。

⑥ 液压元件实现了标准化、系列化、通用化，便于设计、制造和使用。

2）缺点：

① 液压传动中的泄漏和液体的可压缩性使传动无法保证严格的传动比。

② 液压传动对油温的变化比较敏感，不宜在很高或很低的温度下工作。

③ 液压传动有较多的能量损失（泄漏、摩擦等），故传动效率较低。

④ 液压传动出现故障时不易查找原因。

⑤ 为了减少泄漏和满足某些性能上的要求，液压元件的配合件制造精度要求较高，加工工艺较复杂。

（2）气压传动的优缺点

1）优点：

① 可在任何地方使用且工作介质取之不尽用之不竭。

② 可很方便地通过管道远距离传输，可以存储在储气罐中，储气罐可以运输。

③ 受温度影响小，即使在极端条件下依然操作可靠，没有火灾和爆炸的危险。

④ 无润滑的气体很清洁，即使泄漏也不会造成元件污染，安装方便，而且成本低。

⑤ 气动元件的速度很快，可以得到高速的活塞运动和很短的切换时间。

⑥ 气动工具和元件具有很好的过载安全性。

2）缺点：

① 压缩气体中不能含有灰尘和冷凝水，必须经过良好的空气处理。

② 由于压缩空气具有可压缩性，执行机构不易获得均匀稳定的工作速度。

③ 在一定范围内，气动技术比较经济，在正常工作压力条件（0.6～0.7MPa），根据行程和速度，输出的力为 40～50kN。

④ 排气声音较大，但随噪声吸收材料和消声器的发展，已大大改善这类问题。

四、能力训练

用液压与气动系统设计仿真软件绘制如图 A1-1-4 所示的平面磨床液压传动系统回路图。

（一）操作条件

采用液压与气动系统设计仿真软件绘制平面磨床液压传动系统回路图，建议满足表 A1-1-2 中的操作条件。

表 A1-1-2　能力训练操作条件

序号	操作条件	参考建议
1	计算机	带 Windows 操作系统，具有键盘、鼠标等基本配置
2	液压与气动系统设计仿真软件	元件图形符号符合流体传动系统 ISO 标准或国家标准要求；能实现液压与气动回路绘图及仿真运行的要求
3	学习环境要求	按 1～2 人 / 台配置
4	学习材料要求（可选）	液压、气动设计手册或相关标准

（二）操作过程

平面磨床液压传动系统回路图绘制可参照表 A1-1-3 操作步骤逐步实施。特别说明，本书涉及的仿真回路均采用 FluidSIM 软件绘制，其他仿真软件可参照绘制。

表 A1-1-3　操作步骤及要求

序号	步骤	操作方法及说明	操作要求
1	打开软件，新建文件并命名	打开FluidSIM-H软件，单击"新建文件"，命名为"平面磨床液压传动系统回路图"	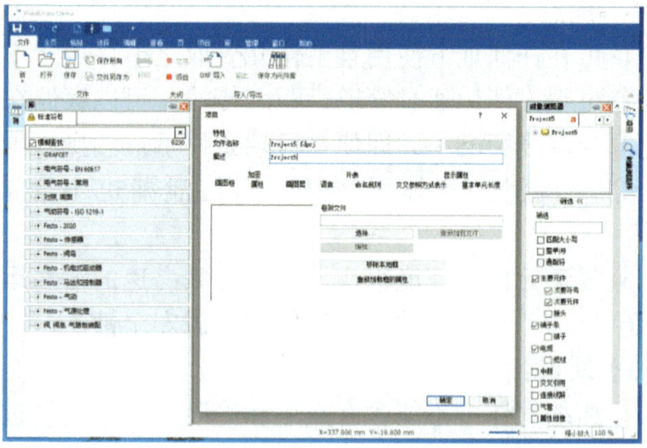
2	选择元件	在左侧元件库中，找到对应元件图形符号，采用拖拽的方式将图块拉入绘图区	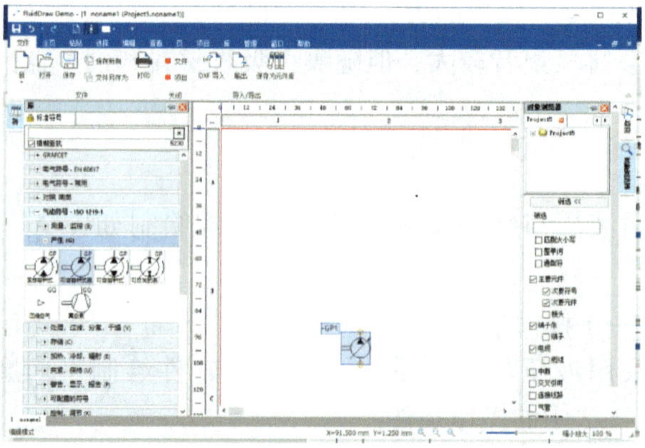
3	设置元件参数	设置液压泵参数	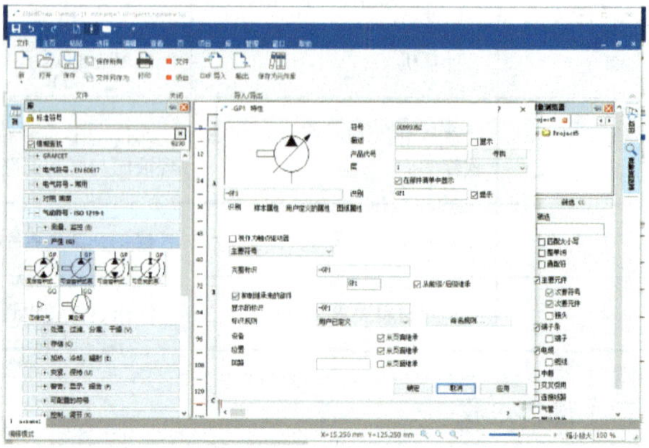

工作任务 A-1
认识液气压传动系统

（续）

序号	步骤	操作方法及说明	操作要求
3	设置元件参数	设置换向阀的换向方式	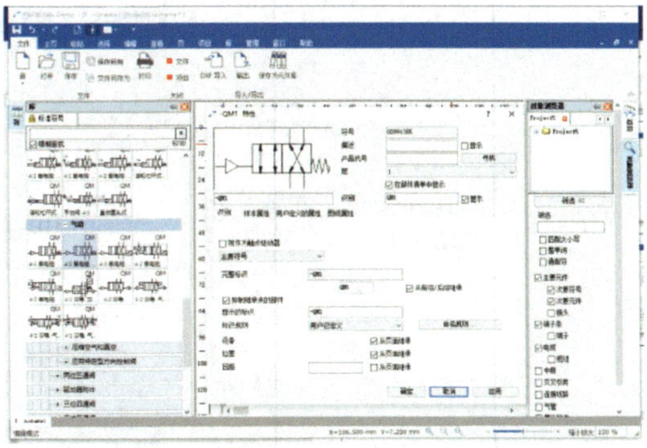
		设置调速阀开口量参数	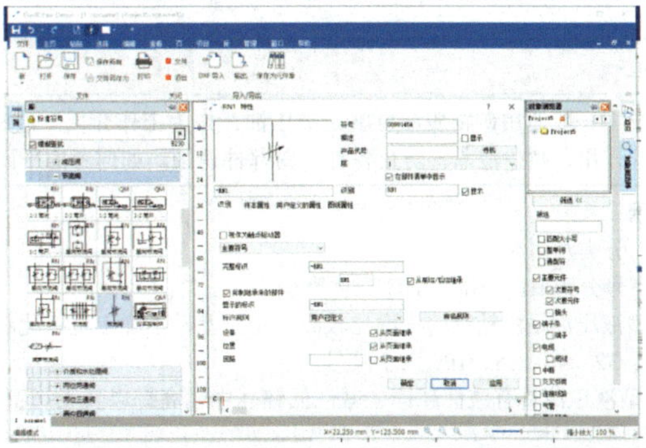
4	连接元件构成回路	单击元件，在油口之间按住鼠标左键并移动，自动生成连接管路	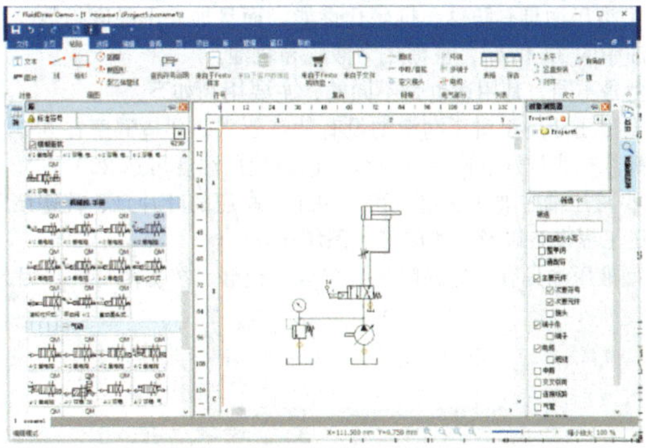
5	检查	检查元件是否正确；检查各个油口连接是否正确，有没有漏接	
6	仿真验证	单击"仿真"按钮，开始运行。按工作顺序单击开停阀手柄；单击换向阀手柄，使之运行	

9

（续）

序号	步骤	操作方法及说明	操作要求
7	保存文件	保存文件，并关闭软件	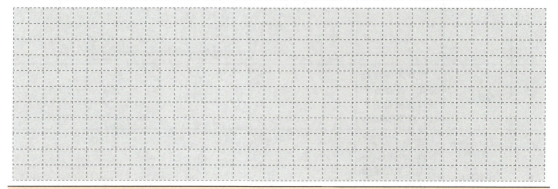

问题情境一

液压系统中一般使用矿物质油也就是液压油，作为工作介质。液压油的主要作用是传递能量，对相对运动的液压元件起润滑和冷却作用，减少泄漏，防止各种金属部件锈蚀。如何考虑平面磨床液压系统中的工作油液选用呢？

情境提示：
液压油的分类及用途：
液压油型号分为 HL、HM、HG 三种类型。
1）HL 型液压油是由精制的深度比较高的中型基础油加上抗氧化和防锈添加剂配制而成的。按照 40℃时的运动黏度可分为 15、22、32、46、68、100 六个牌号。
2）HM 型液压油具有碱性高锌、碱性低锌、中性高锌以及无灰型等系列，按照 40℃时的运动黏度分为 22、32、46、68 四个牌号。
3）HG 型液压油具有防锈、抗氧化性能，而且加入了黏度指数改进剂，具有很好的黏温特性。这种类型的液压油原来是普通液压油中的 32 和 68，也称之为液压导轨油。

液压油型号不同，其用途也是不同的，主要用途如下：
1）HL 型液压油用于对于润滑油没有特殊要求，环境温度在 0℃以上的各类机床的轴承箱、低压循环系统等场合。这类产品一般都具有非常好的密封适应性，最高使用温度可达 80℃。
2）HM 型液压油主要用在重负荷、中压、高压的叶片泵、柱塞泵以及齿轮泵的液压系统中。另外，该类液压油还适用于中压、高压工程设备以及车辆的液压系统中。
3）HG 型液压油具有良好的防锈、抗氧、抗磨、抗黏滑特性，因此主要用于机床液压和导轨合用的润滑系统中。

问题情境二

生活中常用到液压千斤顶，如图 A1-1-5 所示，用手柄下按和上提实现支撑物的举升。请根据生活中的了解，仔细观察表 A1-1-4 中的图片，分析液压千斤顶的组成及工作过程，将结果填入表 A1-1-4 中。

（续）

图 A1-1-5　液压千斤顶

表 A1-1-4　液压千斤顶组成及工作过程分析

液压千斤顶	示意图	你的分析结论
组成及结构		液压千斤顶的组成：
手柄（杠杆）抬起状态时		工作过程：
手柄（杠杆）压下状态时		工作过程：

（三）学习结果评价

通过以上学习和实践操作，对相关知识的学习和能力训练完成情况做出客观评价，并填写学习结果评价表 A1-1-5。

表 A1-1-5　学习结果评价表

评价项目	评分内容	分值	评分细则	成绩	扣分记录
职业素养	操作过程安全规范	15 分	按要求穿戴工装，但不整齐，每处扣 1 分		
			未能按照要求穿戴工装，扣 5 分		
			操作完成后未能关闭计算机，扣 3 分		
	工作环境保持整洁	10 分	工作台表面不整洁，每处扣 1 分		
			未能整理、归还所有学习材料，每处扣 1 分		
专业素养	软件应用	20 分	不能正确打开软件，新建任务，扣 10 分		
			抄绘平面磨床液压传动系统原理图时元件选择错误，每处扣 2 分		
	回路搭建仿真验证	35 分	按图施工，根据平面磨床液压传动系统原理图，选择对应的元件，有元件选择错误，每处扣 4 分		
			不能设置液压泵、调速阀的参数，扣 3 分		
			不能设置换向阀的换向方式，每处扣 2 分		
			不能正常仿真验证，有漏接，每处扣 2 分		
	分析记录	20 分	简要描述平面磨床液压传动系统工作过程，描述有缺失，扣 2 分		
			未能正确命名并保存平面磨床液压传动系统原理图，扣 2 分		

五、课后作业

1）在液压系统中，因管道摩擦及泄漏，不可避免地具有能量损失，且系统能量要经过两次转换，一次是电动机的机械能转换成液压能，另一次是执行机构将液压能转换为机械能，在转换中也有能量损失。那为什么还需要使用液压系统呢？查找资料了解我国在目前提出的液压技术的发展方向。

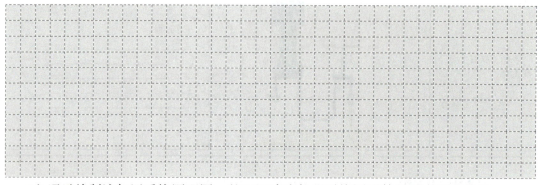

2）通过绘制液气压系统原理图，整理识读液气压系统图形符号的方法和步骤。

工作任务 A-1
认识液气压传动系统

```
┌─────────────────┐      ┌──────────────────────────────────┐
│ 了解液气压系统的 │      │ • 理解系统运行工作场景           │
│ 工作任务和工作   │─────▶│ • 弄清系统工作循环顺序           │
│ 循环             │      │ • 了解该场景下的工作要求         │
└────────┬────────┘      └──────────────────────────────────┘
         │
         ▼
┌─────────────────┐      ┌──────────────────────────────────────────────┐
│ 查阅系统中元件及 │      │ • 列出元件清单（类型、性能和规格）           │
│ 它们之间的连接   │─────▶│ • 按一定的元件顺序理清思路：_____→_____→  │
│ 关系             │      │   _____→_____                              │
│                  │      │ • 重点控制元件、信号元件分析，如：____、___、│
└────────┬────────┘      │   ____、____、____                           │
         │               └──────────────────────────────────────────────┘
         ▼
┌─────────────────┐      ┌──────────────────────────────────┐
│ 分析各个执行机构 │      │ • 区分进油路线和回油路线         │
│ 动作油路、进油路 │─────▶│   进油：_____│
│ 线和回油路线     │      │   回油：_____│
└─────────────────┘      └──────────────────────────────────┘
```

3）扫码完成测评。

六、拓展知识

常用的控制技术有机械控制技术、电气控制技术、液压控制技术和气动控制技术等，机械控制技术常常和其他三种控制技术综合应用，表A1-1-6 对比了液压、气动、电气控制技术在不同应用项目中的区别与特点。

表 A1-1-6　液压、气动与电气控制技术应用的比较

应用项目	液压控制技术	气动控制技术	电气控制技术
能量的产生	液压泵用电动机驱动（很少用内燃机驱动），根据所需压力和流量选择类型	空气压缩机由电动机或内燃机驱动，根据所需压力和容量选择压缩机类型	主要是水力、火力和核能发电站
能量的存储	仅在存储少量能源时比较经济，存储能力有限	存储的能量可以驱动气缸运动，需要压缩气体能大量存储能量，是非常经济的存储方式	只能存储很少的能量（电池、蓄电池），能量存储困难且复杂
能量的输送	可通过管道输送，输送距离可达1000m，有压力损失	较易通过管道输送，输送距离可达1000m，有压力损失	容易实现远距离能量传送
泄漏	有能量损失，油液泄漏有污染，会造成危险事故	压缩空气排放到空气中，有能量损失，无其他危害	导电体与其他导电物体接触时，有能量损失，高压时人体接触有生命危险
产生能量的成本	与其他两种系统相比，产生液压能的成本较高，且随泵的类型和使用场合而变化	产生气动能的成本适中，主要由压缩机类型和使用效率决定	成本最低
环境影响	对温度变化敏感，油液泄漏易燃	压缩空气对温度变化不敏感，无着火和易爆危险，在湿度大、流速快的低温环境中，气体中的冷凝水易结冰	绝缘性能较好时，对温度变化不敏感，在易燃易爆区需增加保护措施
直线运动	采用液压缸可方便地实现直线运动，低速时很容易控制	采用气缸可方便地实现直线运动，工作行程可达2000mm，具有较好的加速和减速性能，速度为10～1500mm/s	采用电磁线圈和直线电动机可做短距离直线运动，通过机械机构可将旋转运动变为直线运动
摆动	用液压缸和摆动马达可很容易地实现摆动，摆动角度可达360°或更大	用摆动马达、齿条和齿轮可以很容易实现摆动，摆动马达性能参数与直线气缸相同，摆动角度很容易达到360°	通过机械机构可将旋转运动转化为摆动

（续）

应用项目	液压控制技术	气动控制技术	电气控制技术
旋转运动	用各种类型的液压马达可以很容易地实现旋转运动，与气马达相比，液压马达转速范围窄，但在低速时很容易控制	用各种类型的气马达可以很容易地实现旋转运动，转速范围宽，可达3000～5000r/min或更高，可方便地实现反转	对于旋转运动的驱动方式，其效率最高
推力	因为工作压力高，所以能量消耗大，超载能力由起安全作用的溢流阀设定，保持压力时有持续的能量消耗	因为工作压力低，所以调压范围窄，保持压力时无能量消耗，推力取决于工作压力和气缸缸径，当推力为1N～50kN时，采用气动技术最经济	因为推力需要机械机构来传递，所以效率低，超载能力差，空载时能量消耗大
力矩	在停止时会有全力矩，但能量消耗大，超载能力由安全溢流阀设定，力矩范围宽	超载时可停止不动，无其他危害，力矩范围窄，空载时能量消耗大	过载能力差，力矩范围窄
控制能力	在较宽范围内，推力可以很方便地通过压力来控制。低速时，可以很好地实现速度控制，且控制精度较高	在1∶10范围内，根据负载大小，推力可以很方便地通过压力（减压阀）来控制。用节流阀或快速排气阀可以很方便地实现速度控制，但低速时实现速度控制较难	控制方式较复杂
操作程度	与气动系统比较，液压系统更复杂，高压时要考虑安全性，存在泄漏和密封等问题	无需很多专业知识就能很好地操作，便于构造和运行开环控制系统	要专业知识，有偶然事故和短路的危险，错误连接很容易损坏设备和控制系统
噪声	高压时泵的噪声很大，且可通过管道传播	排气噪声大，通过安装消声器可大大降低排气噪声	声音较轻，基本无噪声

飞机中的液压控制系统

　　液压控制系统是飞机的重要组成部分，它给飞机操纵系统提供操纵动力，飞机的方向舵和升降舵依靠各自的舵机液压缸产生控制力和控制力矩。其实，飞机上还有很多部分，如副翼、水平飞行稳板等机电液伺服动态控制，发动机供油控制，进气锥收放回路，尾喷管控制系统，前轮转弯控制，起落架收放等系统中均离不开液压系统，图A1-1-6所示为飞机的主要控制系统，飞机液压系统控制分布见表A1-1-7。

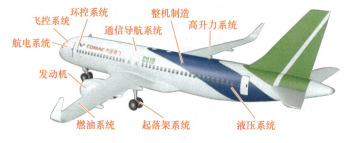

图A1-1-6　飞机的主要控制系统

表 A1-1-7　飞机液压系统控制分布

1 号液压系统	2 号液压系统	3 号液压系统
方向舵（上）	方向舵（下）	方向舵（中）
升降舵（左外）	升降舵（右外）	升降舵（左、右内侧）
副翼（左外）	副翼（右外）	副翼（左、右内侧）
2 号和 5 号多功能扰流板	4 号多功能扰流板 地面扰流板	左右襟翼翼尖制动通道 1
主制动	备份制动	-
左右襟翼翼尖制动通道 2	起落架及舱门收放	-
襟翼 PDU 通道 1 和 2	前轮转弯	-

　　由于飞机工作场合的特殊性，必须保证液压系统的可靠工作，现在飞机大都采用冗余设计，有 2 套或 3 套甚至更多套独立的液压系统，并且系统间可以相互转换以保证飞机液压系统的可靠工作。而且大多飞机设计有辅助系统，以保证在应急情况下主要操作系统可以工作，保证飞机安全落地。如某民用客机液压系统包括主系统和辅助系统，主系统由 A、B 两个独立系统组成，辅助系统包括备用系统和动力转换组件。

工作任务 A-2
流体传动基本参数认识与计算

 职业能力 A-2-1　能用流体传动基本理论计算相关参数

一、核心概念

1）液体的黏性：当液体在外力作用下流动时，由于液体分子间的吸引力而产生阻碍液体运动的内摩擦力，这种现象称为液体的黏性。常用的黏度有动力黏度、运动黏度和相对黏度。

2）压力：液体内部某点单位面积所受的法向力称为压力，常以 Pa（帕）、MPa（兆帕）表示。

3）流量：单位时间内流过一个截面 A 的流体体积 V，称为体积流量，简称流量，以 q 表示。

二、学习目标

1）能简要描述空气的物理性质。
2）能简要描述液体的物理性质。
3）能说出液气压传动基本参数的定义及标准单位。
4）能运用流体传动基本理论选择正确的公式进行参数计算。

三、基本知识

气压传动和液压传动是以流体（气体、液体）为工作介质进行能量转换、控制和传递，因此了解流体的基本形式，掌握流体基本理论和参数计算对于正确理解气压传动和液压传动的基本原理是十分重要的。

1. 空气的物理性质

气压传动中的传动介质主要来源是空气，自然界中的空气是一种混合物，它主要有氮气、氧气、水蒸气、其他微量气体和一些杂质（如尘埃、其他固体粒子）等组成。

（1）空气的湿度

空气中常含有一定的水蒸气，通常把含有水蒸气的空气称为湿空气，不含有水蒸气的空气称为干空气。在一定温度下，当湿空气中有液态水分析出时，此时的湿空气称为饱湿空气。湿空气中所含水分的程度通常用湿度来表示，湿度的表示方法有绝对湿度和相对湿度之分。

（2）空气的可压缩性

由于空气分子间的距离大，分子间的内聚力小，体积容易变化，因此与液体相比，空气具有明显的可压缩性。随着温度和压力的变化，空气的体积会发生显著的变化。

（3）空气质量标准

压缩空气中三种主要的污染物是固体颗粒、水和油。它们之间会相互影响（如，固体颗粒会使水和油滴聚集成更大的颗粒，油和水会形成乳状物），且有时会在压缩空气系统的管道中沉淀和凝结（如油蒸气或水蒸气）。其他污染物（包括有机微生物和气态污染物）也需要考虑。

国家标准GB/T13277.1—2008《压缩空气 第1部分：污染物净化等级》中对压缩空气净化等级进行了规范，具体见表A2-1-1。

表A2-1-1 压缩空气净化等级

等级	固体颗粒等级				湿度等级	含油等级
	每立方米中最多颗粒数				压力露点/℃	总含油量（液态油、悬浮油、油蒸气）/（mg/m³）
	颗粒尺寸 $d/\mu m$					
	≤0.1	0.1<d≤0.5	0.5<d≤1.0	1.0<d≤5.0		
1	不规定	100	1	0	≤−70	≤0.01
2	不规定	100000	1000	10	≤−40	≤0.1
3	不规定	不规定	10000	500	≤−20	≤1
4	不规定	不规定	不规定	1000	≤3	≤5

2. 液体的物理性质

（1）液体的密度

单位体积液体的质量称为液体的密度，一般以 kg/m^3 表示。液体的密度随压力升高而增大，随温度升高而减小。但是，由于压力和温度的变化对密度的影响都很小，因此一般情况下液体的密度可视为常数，一般液压油的密度为 $850 \sim 950 kg/m^3$。

（2）液体的黏性

当液体在外力下流动时，由于液体分子间的吸引力而产生阻碍液体运动的内摩擦力，这种现象称为液体的黏性。需要注意的是，静止的液体不呈现黏性，液体只有在流动情况下才显示出黏性。

黏性的大小可以用黏度来表示，常用的黏度有动力黏度、运动黏度和相对黏度三种。液体的黏度对温度的变化十分敏感，当温度升高时，黏度降低。一般液压元件都推荐了液压油的黏度和油温工作范围，如，齿轮泵液压油的油温工作范围是 $-15 \sim 80$℃，推荐的液压油黏度范围是 $10 \sim 300 mm^2/s$。

（3）液体的压缩性

液压系统在一般的压力和温度条件下，液体的压缩性可以忽略不计，但在液压元件或系统动态分析时，则必须考虑液压油的压缩性。

3. 气液压传动的基本参数

衡量气压传动、液压传动系统和元件的性能状况的基本物理量为压力和流量。

（1）压力

液压传动系统中的压力是指当液体相对静止时，液体单位面积上所受的法向力，用公式表示为

$$p = \frac{F}{A}$$

式中　p——液压传动系统中的液体静压力；
　　　A——液体有效作用面积；
　　　F——液体有效作用面积 A 上所受的法向力。

液压传动系统中的压力的单位为帕斯卡，简称帕，符号为 Pa，定义 $1Pa=1N/m^2$。由于此单位很小，工程上使用不便，因此常采用兆帕，符号为 MPa，$1MPa=10^6Pa$。常用单位还有巴，符号为 bar，$1bar=10^5Pa=0.1MPa$。

压力单位换算见表 A2-1-2。

表 A2-1-2　压力单位换算

兆帕 (MPa)	巴 (bar)	千克力/厘米² (kgf/cm²)	工程大气压 (at)	标准大气压 (atm)	毫米汞柱 (mmHg)	毫米水柱 (mmH$_2$O)
10^6Pa	10^5Pa	98066.5 Pa	98066.5 Pa	101325 Pa	133.322 Pa	9.80665 Pa

空气压力可用绝对压力、相对压力和真空度等来度量，绝对压力、相对压力和真空度之间的关系如图 A2-1-1 所示。

1）绝对压力：以绝对真空作为计算压力的起点。
2）相对压力：工作压力的压力值。相对于大气压，由压力表测得的值，也称表压力。
3）真空度：低于标准大气压（或环境压力）的压力值。

由图 A2-1-1 可知：

相对压力 = 绝对压力 – 标准大气压（或环境大气压）

真空度 = 标准大气压（或环境大气压） – 绝对压力

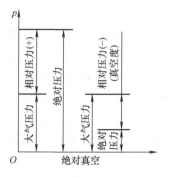

图 A2-1-1　绝对压力、相对压力（表压力）与真空度的关系

(2)流量

单位时间内流过一个截面 A 的流体体积 V，称为体积流量，常简称流量，以 q 表示。流量的单位为 m³/s，工程上常用 L/min 表示。

流体在管道内流动的速度不是处处相同的，但是可以算出一个平均流速。

$$v = \frac{q}{A}$$

式中　v——液体在管道中的平均流速，单位为 m/s；

　　　q——液体的流量，单位为 m³/s；

　　　A——液体有效作用面积，单位为 m²。

四、能力训练

（一）操作过程

液压缸是液压系统控制的终端，是控制对象，其相关参数的计算是液压系统控制选型设计的重点。现举例说明，液压缸的运动速度与输入流量、作用面积的关系以及液压缸工作压力与负载、作用面积之间的关系。

例　图 A2-1-2 所示为液压缸在负载作用下推出物体。液压缸无杆腔输入油液，活塞在油液压力的作用下推动活塞杆外伸。液压缸缸筒内径 D =90mm。若输入液压缸无杆腔的液体流量 q_1= 30L/min，液压缸活塞杆伸出承受的负载力 F=40000N。求液压缸活塞杆伸出的运动速度 v，以及液压缸无杆腔压力 p。

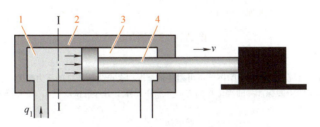

图 A2-1-2　液压缸在负载作用下推出物体
1—无杆腔　2—缸筒　3—有杆腔　4—活塞杆

解：液压缸缸筒的断面面积 A 为

$$A = \frac{\pi D^2}{4}$$

由于液体的压缩性非常小，可看作不可压缩。因此，活塞杆外伸运动速度就是无杆腔任一过流断面 Ⅰ—Ⅰ 面积上液体的平均流速。则，活塞杆外伸运动时，Ⅰ—Ⅰ 过流断面面积上流过的平均流量 q_2 为

$$q_2 = Av$$

根据不可压缩液体的连续性，输入液压缸的流量 q_1 应等于Ⅰ—Ⅰ过流断面面积上流过的平均流量 q_2，即

$$q_1=q_2=Av$$

因此，液压缸活塞杆外伸的运动速度 v 为

$$v=\frac{q_1}{A}=\frac{30\times10^{-3}/60}{3.14\times0.09^2/4}\text{m/s}\approx0.079\text{m/s}$$

则活塞杆上的压力为

$$p=\frac{F}{A}=\frac{4\times10^4}{\pi\times0.09^2/4}\text{Pa}=6.29\times10^6\text{Pa}\approx6.3\text{MPa}$$

问题情境一

现有某液压缸 $d_1=100\text{mm}$，$d_2=70\text{mm}$，系统压力 $p=6\text{MPa}$，机械效率为 $\eta=0.85$，如图 A2-1-3 所示，请计算活塞杆伸出过程中的实际有效作用力 F_1 和缩回过程中的实际有效作用力 F_2 是多少？

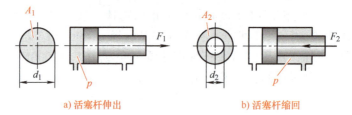

a) 活塞杆伸出　　　　　　b) 活塞杆缩回

图 A2-1-3　液压缸

情境提示：

在实际应用中，由于液压系统中的泄漏、摩擦等不可避免的情况，会产生液压缸的压力损失，使液压缸活塞实际输出作用力小于按理论流量和活塞作用面积计算的理论作用力。一般在计算中引入机械效率 η，如无特殊说明，机械效率一般取 0.8～0.9。

有效作用力　　　　　　　　　　　　$F=pA\eta$

问题情境二

如图 A2-1-4 所示，在充满油液的固定密封装置中，甲、乙两人用大小相等的力分别从两端推原来静止的光滑活塞。请问：两活塞会向哪个方向移动？为什么？

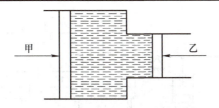

图 A2-1-4 充满油液的固定密封装置

（二）学习结果评价

通过以上学习和实践操作，对相关知识的学习和能力训练完成情况做出客观评价，并填写学习结果评价表 A2-1-3。

表 A2-1-3 学习结果评价表

评价项目	评分内容	分值	评分细则	成绩	扣分记录
职业素养	操作过程安全规范	15分	按要求穿戴工装，但不整齐，每处扣1分		
			未能按照要求穿戴工装，扣5分		
			工、量具使用不符合规范，每处扣2分		
	工作环境保持整洁	10分	工作台表面不整洁，每处扣1分		
			操作结束，元件、工具未能整齐摆放，每处扣1分		
专业素养	公式选择	20分	正确选择计算公式，不正确扣10分		
			正确写出公式，并进行参数单位统一，不正确扣10分		
	知识应用	35分	从给定信息中获取已知液体传动的参数，未获取每个扣5分		
			分析系统运动状态，不正确扣5分		
			运用选择的公式带入计算，不正确扣5分		
			计算结果正确，不正确扣5分		
	书写清晰完整	20分	字迹不清楚，扣5分		
			作答完整，如有遗漏，每处扣5分		

五、课后作业

1）将三个不同负载以并联（平行）的方式与同一液压系统连接，如图 A2-1-5 所示，

若 $W_1<W_2<W_3$，试说明活塞 A、活塞 B、活塞 C 被顶起的顺序。

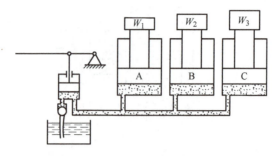

图 A2-1-5　负载并联

2）若要求一个气缸的活塞有效作用力 F 在压力为 0.6MPa 的情况下至少要达到 2500N，请问活塞直径（mm）至少要多少？

3）扫码完成测评。

中国空间站的机械臂

　　目前设计、研制航天飞机的主要目的和用途有：一是将航天飞机携带上天的人造卫星从货舱里取出，放入太空轨道；二是捕捉太空中已方发生故障的人造卫星进行修理；三是俘获太空中敌方国家的间谍卫星，将其抓入货舱，送回地球。执行这些特殊任务的是由以轻质管形结构的伸缩式和摆动回转式液压缸为主构成的，长度为 15.3m 的机械臂，它能像人的胳膊一样，有肩、肘、腕关节等的作用，宇航员打开货舱以后，能遥控该机械臂（手）做弯曲、伸展、上下、前后、左右等各种活动。它自身重量在 400kg 左右，但在太空失重状态下，能随心所欲地将重 300kN（约 30t）以上，如公共汽车般大小的人造卫星，在货舱内外放进放出。这也是"哥伦比亚号""挑战者号""发现号"等几架航天飞机中的必备主执行装备。

随着我国液压技术自主研发能力的不断提高,在机械臂研制方面的成果也是越来越突出。我国空间站核心舱的主机械臂长为10.2m,总质量738kg,有7个关节和7个自由度,不仅比人的手臂灵活,它还能够对接并移动重达25t的物体,如图A2-1-6所示。天和核心舱机械臂也是比较典型的一个代表,7个自由度的机械臂能够非常灵活地在空间站中进行物体的抓取和其他操作,并且有很强的承载能力,如图A2-1-7所示。

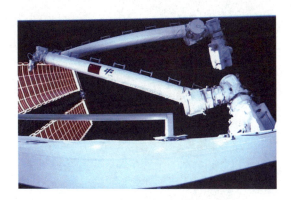

图 A2-1-6　中国空间站机械臂

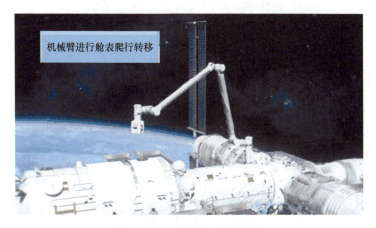

图 A2-1-7　天和核心舱机械臂

模块 B
气动系统安装与调试

工作任务B-1　压缩空气的产生与调节

工作任务B-2　气动方向控制回路的识读与搭建

工作任务B-3　气动速度控制回路的搭建与调试

工作任务B-4　气动逻辑控制回路的搭建与调试

工作任务B-5　气动压力顺序控制回路的搭建与调试

工作任务B-6　电–气控制回路的搭建与调试

工作任务 B-1
压缩空气的产生与调节

  职业能力 B-1-1　气源及气源处理元件的选型及配置

一、核心概念

1）气源装置：产生、处理和储存压缩空气的装置。

2）空气压缩机：简称空压机，是气源系统的核心装置，它是将电动机输出的机械能转换成压缩空气的压力能的一种能量转换装置。

3）气源处理装置（气动三联件）：由过滤器、减压阀和油雾器等一起组成的气源处理装置，通常安装在工作系统的进口处，起净化、压力调节、润滑的作用。

二、学习目标

1）能说出空气压缩机的类型，能描述其应用场合。
2）能根据使用要求进行空气压缩机选型，并配置相应的气源处理元件。
3）能绘制气源及气动辅助元件的图形符号。
4）能正确操作空气压缩机，并调试气源处理装置。
5）能够判断空气压缩机的简单故障及产生原因。
6）能以积极的态度接受工作任务，具有与他人合作的能力。
7）激发强烈的民族自豪感，树立科技强国的爱国主义情怀。

三、工作情境

产生、处理和储存压缩空气的装置称为气源装置，如图 B1-1-1 所示。气源装置为气动系统提供满足一定质量需求的压缩空气，是气动系统的重要组成部分。气动系统对压缩空气的主要要求是具有一定压力和流量，并达到一定的净化程度。

气动系统一般采取集中供气的形式，考虑到不同企业在气动设备数量、用气量，以及对压缩空气质量要求等方面的不同，气源装置的复杂程度不尽相同。

四、基本知识

气源装置一般由以下四部分组成：
1）产生压缩空气的气压发生装置，如空气压缩机。
2）气源净化装置，如过滤器、油水分离器、空气干燥器、储气罐等。

3）气源处理装置，如气动三联件（过滤器、减压阀和油雾器等）。
4）各类气源开关及输送压缩空气的供气管道系统。

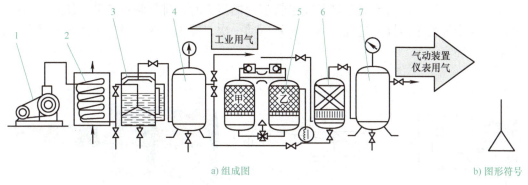

a) 组成图　　　　　　　　　　　　　　　b) 图形符号

图 B1-1-1　气源装置

1—空气压缩机　2—后冷却器　3—油水分离器　4、7—储气罐　5—空气干燥器　6—过滤器

1. 认识空气压缩机

空气压缩机简称空压机，如图 B1-1-2 所示。空气压缩机是气源系统的核心装置，它是将电动机输出的机械能转换成压缩空气压力能的一种能量转换装置，也是气压发生装置，它为气动系统提供一定压力和流量的压缩空气。

图 B1-1-2　空气压缩机

1—主机　2—储气罐　3—排气管　4—排污阀　5—脚轮
6—单向阀　7—压力表　8—手滑阀　9—调节阀　10—安全阀　11—电源开关

2. 空气压缩机的分类及原理

按压力不同，空气压缩机可分为低压型（0.2～1.0MPa）空气压缩机、中压型（1.0～10MPa）空气压缩机和高压型（大于10MPa）空气压缩机。工业通用设备用气，一般工作压力为 4～8bar（0.4～0.8MPa）。

按工作原理不同，空气压缩机可分为容积型空气压缩机和速度型空气压缩机。常用的为容积型空气压缩机，它将一定量的气流限制在封闭的空间里，通过缩小气体来提高压力。常见容积型空气压缩机有活塞式空气压缩机、螺杆式空气压缩机和叶片式空气压缩机。

（1）活塞式空气压缩机

当空气压缩机的主机接通电源后，电动机驱动曲柄旋转，带动活塞移动，如图 B1-1-3

所示。当活塞向右移动时,吸气阀开启,外界空气进入气缸内部,进行吸气过程;当活塞向左移动时,吸气阀关闭,气缸左腔便因容积变小而使压力升高,这个过程称为压缩过程。当气缸内的气体压力增高且高于输出管道内的压力时,排气阀被打开,压缩空气排入管道内,这个过程称为排气过程。活塞往复运动一次,即为完成"吸气—压缩—排气"的一个工作循环。

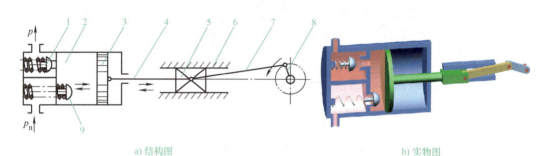

a) 结构图　　　　　　　　　　　　　　b) 实物图

图 B1-1-3　活塞式空气压缩机

1—排气阀　2—气缸　3—活塞　4—活塞杆　5、6—十字头与滑块　7—连杆　8—曲柄　9—吸气阀

（2）螺杆式空气压缩机

图 B1-1-4 所示为螺杆式空气压缩机,两相互啮合的螺旋转子以相反方向运动,当它们之间自由空间的容积逐渐增大时,空气经开启进气口的空气调节阀进入空气压缩机。

a) 结构图　　　　　　　　　　　　　　b) 实物图

图 B1-1-4　螺杆式空气压缩机

（3）叶片式空气压缩机

叶片式空气压缩机的转子偏心地安装在定子内,一组滑片插在转子的放射槽内。当转子旋转时,各滑片主要靠离心作用紧贴在定子内壁。转子回转过程中,使吸入的空气转至机壳与转子之间的密闭容积,转子继续转动,气密容积变小,使空气被压缩,经出气口排出压缩空气,如图 B1-1-5 所示。

3. 空气压缩机的基本参数

1）最大压力:输出的额定压力,常用单位有 MPa 和 bar,换算关系为 1MPa=10bar。

2）流量:单位时间内的额定排空量,工业常用单位为 L/min。

3）功率:单位时间内做功的多少,一般指电动机或马达的功率,单位为 kW。

4）压缩比:压缩机排气和进气的绝对压力之比。

空气压缩机铭牌如图 B1-1-6 所示。

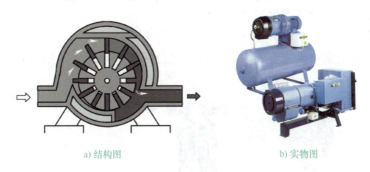

a) 结构图　　　　　　　　b) 实物图

图 B1-1-5　叶片式空气压缩机

图 B1-1-6　空气压缩机铭牌

4. 气源处理装置（气动三联件）

自由空气经空气压缩机压缩后，压力虽然有较大提高，但还需经过冷却、干燥、净化等处理才能使用。空气质量不良是气动系统出现故障的最主要原因。空气中的污染物会使气动系统的可靠性和使用寿命大大降低，由此造成的损失大大超过气源处理装置的成本和维修费用，故正确选用气源处理装置是非常重要的。常用的空气净化装置主要有除油器、冷却器、空气干燥器、过滤器和储气罐等。

在小型气动系统中，特别是在工作系统的进口处，压缩空气经过气动三联件的最后处理，进入各气动元件及气动系统。因此，气动三联件是气动元件与气动系统使用压缩空气质量的最后保证。

由过滤器、减压阀和油雾器一起组成的气源处理装置，称为气动三联件，其外形与符号如图 B1-1-7 所示。

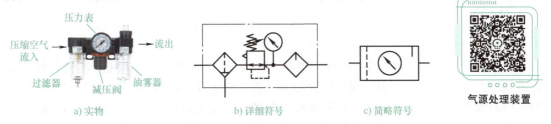

a) 实物　　　　　　b) 详细符号　　　　c) 简略符号

气源处理装置

图 B1-1-7　气动三联件外形与符号

压缩空气流过气动三联件的顺序依次为过滤器→减压阀→油雾器，且不能颠倒。这是因为减压阀内部有阻尼小孔和喷嘴，这些小孔容易被杂质堵塞而造成减压阀失灵，故进入减压阀的空气要先通过过滤器进行过滤。

（1）过滤器

过滤器的作用是滤除压缩空气中的油污、水分和灰尘等杂质，如图 B1-1-8 所示。

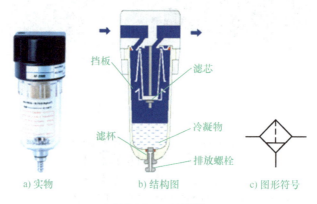

a) 实物　　　　　　b) 结构图　　　　　　c) 图形符号

图 B1-1-8　过滤器

（2）减压阀

减压阀的作用是对输入的压缩空气进行减压，并将之调节至气动系统所需的压力，如图 B1-1-9 所示。

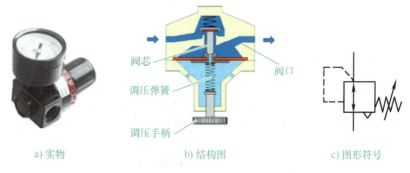

a) 实物　　　　　　b) 结构图　　　　　　c) 图形符号

图 B1-1-9　减压阀（实物中带压力表）

（3）油雾器

油雾器是一种特殊的注油装置，它以压缩空气为动力，将润滑油的油滴喷射成雾状，并混合于压缩空气中，使该压缩空气具有润滑气动元件的能力，如图 B1-1-10 所示。

5. 管件

为了输送液体或气体，必须使用各种管道。管道中除直管道外，还要用到各种管件。管道拐弯时必须用弯头；管道变径时要用大小头；管道分叉时要用三通；管道接头与接头相连接时要用法兰；为达到开启输送介质的目的，还要用各种阀门。此外，在管路上，还有与各种仪器、仪表相连接的各种接头、堵头等。通常将管道系统中除直管以外的其他配件统称为管件。

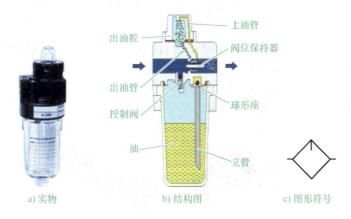

图 B1-1-10　油雾器

（1）气管

气动元件之间用气管连接构成系统，气管根据使用场合不同，有几种不同的材质，如图 B1-1-11 所示。根据需要不同，一般有黑色、蓝色、白色、黄色、棕色、银色等颜色。

图 B1-1-11　气管的分类

在选择气管时要注意，根据气动系统的耗气量选择管径合适的气管，在不影响使用需要的前提下，气管的连接距离越短，压力损失越小，效率越高，如果必须延长气管的连接距离，每延长 5m，气管管径就需要增加一个等级。在实际使用中，一般根据流量、压力、气体属性和距离选择气管管径，参见表 B1-1-1。

表 B1-1-1　气管管径

流量 /（L/s）	传输距离 /m						
	5	8	10	15	20	25	30
	管径 /mm						
2	5	6	6	8	10	10	13
3	6	8	8	8	10	13	16
4	6	8	9	10	13	16	16
6	8	10	10	13	16	16	20
8	10	10	10	13	16	20	20
10	10	10	13	16	16	20	25

（2）管接头

管接头是把气动控制元件、执行元件、辅助元件和管道之间连接成气动系统必不可少的重要附件，是连接和固定管道所必需的。

快换接头如图 B1-1-12 所示。其中唇形密封圈起到密封作用，气管插入管接头后由气管卡片将气管牢固卡紧。若要拔出气管，轻轻压下卸管压片，即可拔出气管。尾部的螺纹可以方便牢固地将管接头安装在阀或气缸上。

图 B1-1-13 所示为其他类型的管接头。

图 B1-1-12　快换接头

a) 单头螺纹倒钩接头

b) 双头倒钩接头

c) 用于硬管的快换接头

图 B1-1-13　其他类型的管接头

（3）气管连接工艺规范

气管连接时一般以经济、环保、适用为原则进行气管的实地剪切及连接。

1）剪切气管时，应使刀刃口与气管垂直，如图 B1-1-14 所示。

2）气管连接一般采用气动快换接头连接，可以将气管与接头快速插入（连接）和快速拔出（分离），如图 B1-1-15 所示。

图 B1-1-14　气管剪切示意图

图 B1-1-15　气管快换接头结构

气管连接时，将气管对准接头口直接插入（插入后接头口就会被内部卡圈锁住气管，不再能被倒退拔出）。

拔出分离时，双手分别拿住气管和接头，用一手的两指按下接头端孔上的夹套法兰（可浮动有弹性的塑料圈），按平后不放松（这时内部卡圈已经涨开、开锁），另一只手就可立即拔出气管。

特别注意，在断气操作时，应确保气管内压力为零。管内有气压时，由于气压对管内壁的膨胀压力作用，虽然方法正确也不能拔出，或拔出极困难，且容易被拔出的气管击伤。

3）使用扎带对电缆、气管分开绑扎，一般每 50～80mm 间隔进行绑扎，并将多余部分剪掉，如图 B1-1-16 所示。一般气管走线槽或顺着机构走，注意在转角时的弯曲半径不能过小造成折弯。

图 B1-1-16　气管绑扎示意图

五、能力训练

在一小型气动系统中，构建一个供气系统，请选型空气压缩机，进行气源处理系统构建，并能正确进行空气压缩机起停操作。

（一）操作条件

在操作前应根据任务要求制定操作计划，并参照表 B1-1-2 准备相应的设备和工具。

表 B1-1-2　能力训练操作条件

序号	操作条件	参考建议
1	气动元件安装面板	带工字槽面板或网孔板，应符合气动元件快速安装需求
2	气动动力元件	静音空气压缩机，一般采用中低型，满足教学中对压缩空气的压力和排量要求即可

（续）

序号	操作条件	参考建议
3	气源处理装置	 气动三联件
4	气动辅助元件	 压力表、气管、管接头等辅助元件及材料
5	工具准备	活扳手、生料带、气管剪刀等

（二）安全及注意事项

1）施工前，施工者应根据施工要求制定施工计划，合理安排施工进度，做到在定额时间内完成施工作业。

2）检查电源，以确保其正常。

3）空气压缩机、气动三联件各部分结构、外观完整，无明显损坏。

4）具有节约环保的意识，注意节约材料，避免浪费。

5）正确使用工具，爱护设备。

（三）操作过程

1. 安装、连接气源组件

根据表 B1-1-3 完成气源组件的安装与连接。

表 B1-1-3　气源组件安装与连接的操作步骤及要求

序号	步骤	操作方法	操作要求
1	元件选型	准备好手阀、气动三联件和直角接头，并有序放置	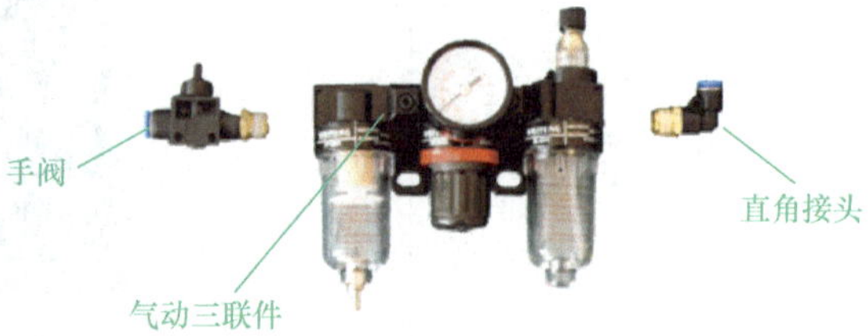 手阀　气动三联件　直角接头

工作任务 B-1
压缩空气的产生与调节

（续）

序号	步骤	操作方法	操作要求
2	元件安装准备	在手阀螺纹上缠绕生料带，其缠绕方向与手阀的拧紧方向一致；缠绕的圈数要适量，并露出一个螺纹牙，以防止生料带堵住气口	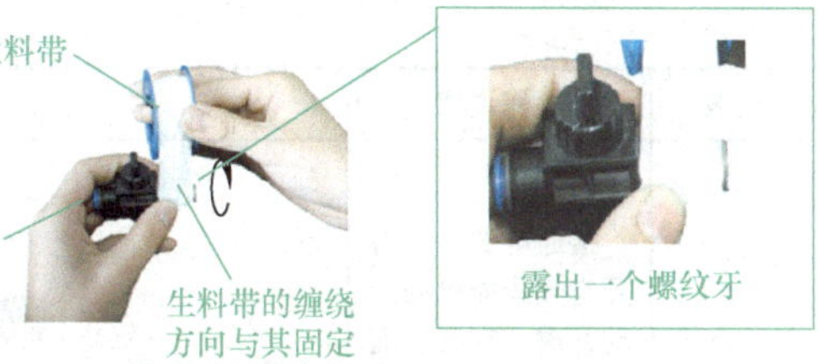
3	气动三联件组装	将手阀和直角接头与气动三联件连接，紧固时用力要适中，避免损坏手阀	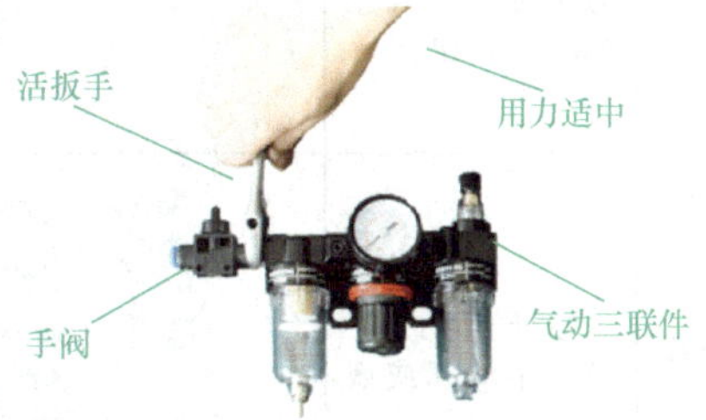 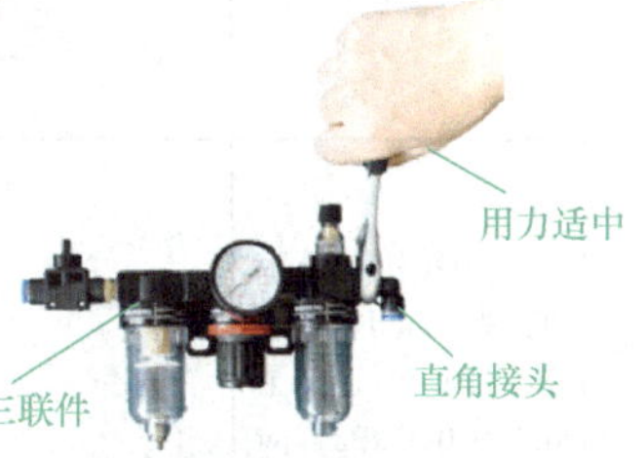
4	气动三联件固定	根据设备布局图将气动三联件固定在安装面板上	
5	空气压缩机连接	气管的一端连接空气压缩机出气口的手滑阀	
6	气源组件连接	气管的另一端连接至气动三联件进气口的手阀，从而将空气压缩机的气压引至气动三联件	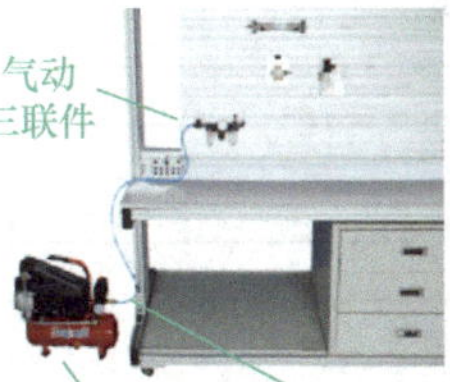 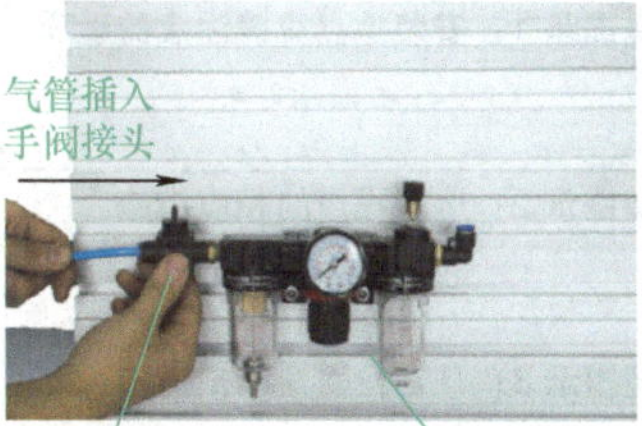

35

2. 气源起动及调压

根据表 B1-1-4 完成气源起动及调压操作。

表 B1-1-4　气源起动及调压操作步骤及要求

序号	步骤	操作说明	操作要求
1	起动空气压缩机	接通电源后,打开空气压缩机的起动开关,空气压缩机平稳运转至压力充足(一般至 0.6～0.8MPa)	空气压缩机；电源开关向上拔出
2	输出压缩空气	打开阀门(一般为手滑阀或截止阀)	手滑阀向外滑动
3	调整工作压力	向下拉拔减压手柄阀,顺时针旋转,减小气压至 0.4～0.5MPa,向上推手阀使其自锁	气压调整到 0.4～0.5MPa；逆时针旋转,增加气压；顺时针旋转,减小气压；手柄向下拉
4	停止气源系统运转	切断电源,停止空气压缩机运转,每隔一定时间需打开储气罐下方排水阀,排出冷却水	电源开关向下压回；手滑阀向内侧滑动

问题情境一

空气压缩机在安装使用过程中通常应该考虑哪几个方面的影响,应该做怎样的处理?

情境提示 1：安装地点应该注意的事项。

_____

_____

情境提示 2：运转噪声的相应措施。

_____

_____

情境提示 3：日常检查及维护措施。

_____

_____

工作任务 B-1
压缩空气的产生与调节

（续）

问题情境二
在某些工作场合下，如食品、医疗等行业，有些气动系统能够实现无油润滑（靠润滑脂实现润滑功能），不需要额外进行油雾润滑，或者对工作场合下油污的要求较高，应如何进行气源处理装置的选型？

情境提示：气动二联件的原理与应用

过滤、调压组件（气动二联件）

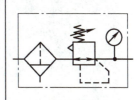

气动二联件由过滤器、压力表、减压阀和快换接头组成，安装在可旋转的支架上

过滤器有分水装置，可以除去压缩空气中的冷凝水、颗粒较大的固态杂质和油滴；滤杯带有手动排水阀。减压阀可以控制系统中的工作压力。

额定流量	750 L/min
最大输入压力	1600 kPa（16 bar）
最大工作压力	1200 kPa（12 bar）
过滤等级	40 μm

问题情境三
空气压缩机是产生压力能的设备，且一般气动设备是间歇式用气，如何保证空气压缩机储气罐内的压力在安全范围内，且不会因压力过高而产生危害？

情境提示：

1）利用气动压力开关控制压力。图 B1-1-17 所示为空气压缩机简易电气控制图，合上断路器，即可起动电动机。当压缩空气的压力达到安全设定值时，气动压力开关断开，控制电磁起动器断开，电动机停止运转；当压缩空气的压力降低到一定值时，气动压力开关复位，控制电磁起动器合上，电动机继续运转。通过调节气动压力开关上的旋钮，即可设定压缩空气的安全压力值。

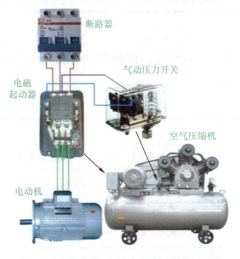

图 B1-1-17　空气压缩机简易电气控制图

(续)

2）利用溢流阀控制压力。利用安装在储气罐上的溢流阀，实现压缩空气压力的安全控制，如图 B1-1-18 所示。当储气罐内的压力达到规定压力时，压缩空气推开溢流阀内的阀芯或膜片，气阀打开，向大气放气，控制储气罐内压力的最高值，实现安全保护。图 B1-1-19 所示为溢流阀。

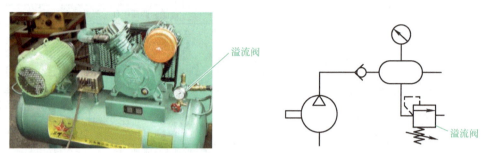

图 B1-1-18　空气压缩机上溢流阀安装位置示意图

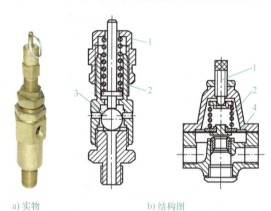

a) 实物　　　　　　　b) 结构图

图 B1-1-19　溢流阀

1—调压螺母　2—调压弹簧　3—阀芯　4—膜片

（四）学习结果评价

通过以上学习和实践操作，对相关知识的学习和能力训练完成情况做出客观评价，并填写学习结果评价表 B1-1-5。

表 B1-1-5　学习结果评价表

评价项目	评分内容	分值	评分细则	成绩	扣分记录
职业素养	操作过程安全规范	15 分	按要求穿戴工装，但不整齐，每处扣 1 分		
			未能按要求穿戴工装，扣 5 分		
			工、量具使用不符合规范，每处扣 2 分		
			违规操作、操作不当或损坏元件，每处扣 2 分		
	工作环境保持整洁	10 分	导线、废料随意丢弃，每处扣 1 分		
			操作结束，元件、工具未能整齐摆放，每处扣 1 分		

（续）

评价项目	评分内容	分值	评分细则	成绩	扣分记录
专业素养	安装、连接气源组件	35分	配件选择不正确，每处扣2分		
			未能按正确的步骤安装手阀和直角接头，每处扣3分		
			未能将气动三联件固定在平台合适位置，扣3分		
			正确连接空气压缩机和气动三联件，若有松动或泄漏，每处扣3分		
	气源起动及调压	30分	正确起动空气压缩机，不符合起动顺序，每处扣2分		
			空气压缩机压力调节不符合要求，扣2分		
			不能正确进行工作压力调整，未能达到压力控制要求，扣2分		
			减压阀没有自锁，扣2分		
			未正确停止气源系统，扣5分		
	分析总结	10分	正确口头描述气源系统起动的操作过程，描述有缺失，扣2分		
			正确口头回答空气压缩机日常保养基本操作要求，有缺失，扣2分		

六、课后作业

1）通过实地观察气动系统（设备）压缩空气净化措施，探究以下问题：气动系统主要有哪些净化设施；压缩空气净化的流程是什么；气净化与液压油净化有何区别。最后形成小组汇报材料。

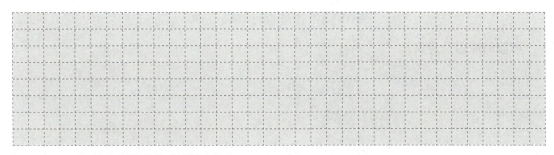

2）通过查阅手册及资料填写表B1-1-6。

表 B1-1-6　气动常见辅助元件、作用及图形符号

元件名称	气源（空气压缩机）	除油器	后冷却器	空气干燥器	储气罐
简要作用					
图形符号					
元件名称	过滤器	减压阀	油雾器	气动三联件	气动二联件
简要作用					
图形符号					

3）分析图 B1-1-20 中气动元件出现损坏的可能原因，提出维护建议。

图 B1-1-20　气动元件损坏情况示例

可能的原因及建议：

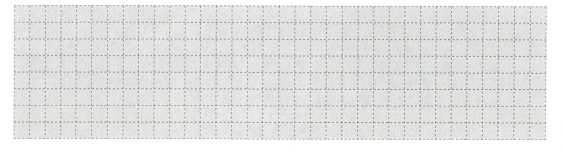

4）不同场合下，如何选用空气压缩机？通过哪些参数确定？

5）扫码完成测评。

七、拓展知识

空气压缩机的选型及故障排除

所谓合理选用空气压缩机，就是要综合考虑空气压缩机组和空气压缩机站的投资与运行费用等综合性的技术经济指标，使之符合经济、安全、适用的原则。具体来说，可以从以下几个方面考虑：

1）必须满足生产工艺所需要的流量和压力的要求。

2）所选择的空气压缩机既要体积小、重量轻、造价低，又要具有良好的特性和较高的效率。

3）具有良好的抗振性能，运行平稳，寿命长。

4）结构简单，操作方便，配件易于购置。

5）集中供气选择空气压缩机站，工程投资少，运行费用低。

空气压缩机的选择主要依据是气动系统的工作压力和流量。气源的工作压力应比气动系统中的最高工作压力高20%左右，因为要考虑供气管道的沿程损失和局部损失。如果系统中某些地方的工作压力要求较低，可以采用减压阀来供气。

空气压缩机性能特征介绍如下：

1）空气特性：如当地大气压、当地空气相对湿度等。

2）空气中所含固体的粉尘颗粒直径、含量多少。

3）空气温度：单位为℃。

4）所需要的流量：单位为 m^3/min 或者 L/min。

5）额定压力：空气压缩机输出压缩空气的最高压力。

6）管道系统设计考虑：选择合理管道直径，在相同流量下，直径越大，空气阻力损失越小，但价格越高，因此要从技术和经济的角度综合考虑。

空气压缩机在长期使用中需要进行周期性维护及故障排除，表B1-1-7列举了空气压缩机的常见故障及排除方法。

表 B1-1-7　空气压缩机的常见故障及排除方法

故障现象	产生原因	处理方法
空气压缩机不运转	1）没有通电 2）熔体熔断 3）断路器断开 4）过载保护处在保护状态 5）气动压力开关损坏	1）检查插头、熔断器等 2）更换熔体 3）将气动压力开关复位并查明原因 4）待电动机冷却后重新起动
电动机有电流声但不运转或转速很慢	1）电压过低 2）电动机线圈短路或开路 3）单向阀或气动压力开关损坏	1）升高电压 2）检查元件并更换
空气压缩机关闭后，压力下降	1）气路连接松动，有泄漏 2）排水阀打开 3）单向阀泄漏	1）检查泄漏并排除 2）关闭排水阀 3）拆卸单向阀，清洁后装配，或更换 注意：储气罐内有压力时不要拆下单向阀，应首先排尽储气罐内气体
过载保护器反复切断电源	1）电压太低 2）通风不良，温度太高	1）升高电压 2）将空气压缩机放到通风良好的地方
排出的气体中含有大量的水分	1）储气罐内有大量的水 2）湿度太高	1）排尽储气罐内的水 2）将空气压缩机移至湿度低的地方，或使用油水分离器
空气压缩机不停地运转	1）气动压力开关损坏 2）有泄漏	1）更换气动压力开关 2）检查并排除
输出的气压比正常情况低	1）排水阀没拧紧 2）进气滤芯堵塞 3）气路的连接处有漏气 4）缸盖垫片或阀板垫片损坏 5）活塞或气缸过度磨损	1）拧紧排水阀 2）更换滤芯 3）紧固气路的连接螺栓 4）更换垫片 5）更换活塞或气缸

工作任务 B-2
气动方向控制回路的识读与搭建

 职业能力 B-2-1　能识读与搭建单作用气缸控制回路

一、核心概念

1）单作用气缸：属于气动执行元件，在压缩空气的作用下，气缸活塞杆伸出，当无压缩空气时，其在弹簧或其他外力作用下回缩。

2）手动换向阀：属于气动控制元件，它依靠外力实现换向阀内部压缩空气方向的切换，分为常闭型和常开型两种。

二、学习目标

1）能说出单作用气缸的结构，并绘制图形符号。
2）能描述换向阀的原理，并根据图形符号选择正确的元件。
3）能识读送料装置气动控制回路图，能进行回路图抄绘仿真，并能说出其动作过程。
4）能识读送料装置设备布局图，并能正确安装元件、调试回路。
5）自觉遵守实训室操作规范，具有良好的安全意识和环保意识。

三、工作情境

送料装置和分拣装置在工业自动化控制中应用非常广泛，在所送物料体积不大、要求不高、距离较短且要求经济实惠的情况下，可选用单作用气缸作为执行元件，采用直接手动控制方式实现。将物料从垂直料仓中推到输送带上，如图 B2-1-1 所示，或将传送带上的工件通过气缸分拣、移动到其他位置，如图 B2-1-2 所示。

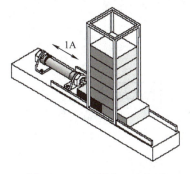

图 B2-1-1　送料装置示意图

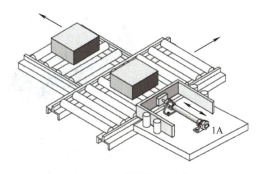

图 B2-1-2　分拣装置示意图

操作时，按下起动按钮，气缸的活塞杆将工件推出。松开按钮，活塞杆回到末端位置，待下一次起动。单作用气缸气动控制回路如图 B2-1-3 所示。只需一个控制元件（手动换向阀）就能实现对单作用气缸的控制，这种控制方式称为直接控制。其优点是使用的元件较少；缺点是控制的可靠性和稳定性差，控制的功率小，一般适用于要求不高的简单控制场合。

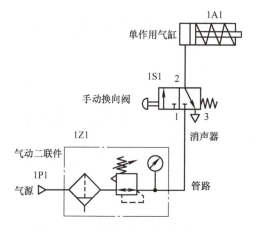

图 B2-1-3　单作用气缸气动控制回路

请完成单作用气缸气动控制回路的识读，运用仿真软件抄绘该回路图，并在实训设备上完成该回路的搭建。

四、基本知识

1. 单作用气缸

（1）实物及图形符号

单作用气缸属于气动执行元件。在压缩空气的作用下，单作用气缸的活塞杆伸出，当无压缩空气时，其在弹簧作用下回缩。单作用气缸有一个进、出气口和一个排气口。排气口必须洁净，以保证气缸活塞运动时无故障。通常将过滤器安装在排气口上。其实物与图形符号如图 B2-1-4 所示。

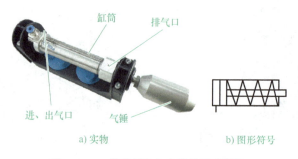

a) 实物　　　　　　　　b) 图形符号

图 B2-1-4　单作用气缸实物及图形符号

（2）结构及工作过程

单作用气缸由进、出气口，排气口，活塞杆，复位弹簧，缸筒，端盖和密封圈组成，其结构如图 B2-1-5a 所示。

工作过程：如图 B2-1-5b 所示，当压缩空气从进、出气口 P 进入时，作用于活塞的无杆腔，当压缩空气的推力大于弹簧的反作用力时，活塞上腔通过排气口 O 与大气相通不构成阻力，活塞杆伸出。进、出气口一直保持足够压缩空气使活塞杆一直处于伸出状态。当外部压缩空气撤去，缸内的压缩空气从进、出气口排出时，在复位弹簧的作用下，活塞杆缩回。

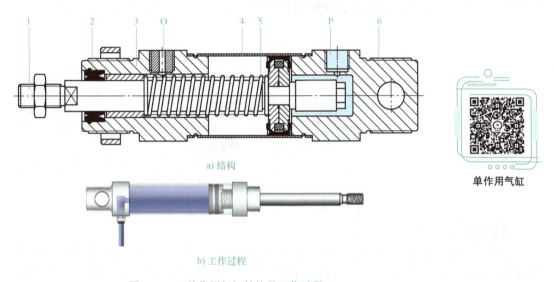

图 B2-1-5　单作用气缸结构及工作过程

1—活塞杆　2—密封圈　3、6—端盖　4—缸筒　5—弹簧

（3）特点及适用场合

单作用气缸结构简单、耗气少，由于缸筒内安装复位弹簧使气缸有效行程减少，但由于复位弹簧的反作用力会随着压缩行程的增大而增大，使活塞杆最后的输出力大大减小，所以单作用气缸多用于行程短且对活塞杆输出力和运动速度要求不高的场合。

2. 手动换向阀

（1）实物及图形符号

手动换向阀属于气动控制元件，它依靠外力实现换向阀方向的切换。手动换向阀分为常闭型手动控向阀和常开型手动控向阀两种。其实物与图形符号如图 B2-1-6 所示。

a) 实物　　　b) 常闭型图形符号　　c) 常开型图形符号

图 B2-1-6　手动换向阀实物与图形符号

（2）结构及工作过程

手动换向阀由进气口、排气口、出气口、按钮、阀芯、弹簧和阀体组成，其结构如图 B2-1-7a 所示。

工作过程：对于常开型手动换向阀来说，如图 B2-1-7a 所示，当按钮未按下时，阀芯处于上位，即初始位或常态位。此时进气口 1 关闭，出气口 2 与排气口 3 相通。当按钮按下时，如图 B2-1-7b 所示，阀芯处于下位。此时进气口 1 与出气口 2 相通，排气口 3 被关闭。按钮释放后，换向阀在弹簧的作用下上移，复位。由于此换向阀有两个位置（图形符号中的左位和右位）和 3 个气口，所以此种换向阀称为二位三通换向阀，图形符号如图 B2-1-6b 所示。常开型手动换向阀图形符号如图 B2-1-6c 所示，动作过程与此相反。

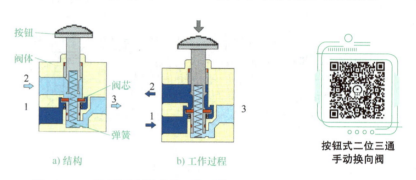

图 B2-1-7　手动换向阀结构及工作过程

（3）特点及适用场合

手动换向阀行程短，流阻小，阀芯始终受进气压力，所以密封性好，但增加了阀芯换向时所需的操纵力。它适用于小规格、中低气压和使用频率较低、动作速度较慢的场合。手动换向阀在气动系统中，一般用来直接操纵气动执行机构；在自动化和半自动化系统中，多作为信号阀使用。

五、能力训练

（一）操作条件

1. 元器件准备

在操作前应根据任务要求制定操作计划，并参照表 B2-1-1 准备相应的设备和工具。

表 B2-1-1　能力训练操作条件

序号	操作条件	参考建议
1	气动元件安装面板	带工字槽面板或网孔板，应符合气动元件快速安装需求
2	气动动力元件	静音空气压缩机，一般采用中低型，满足教学中对压缩空气的压力和排量要求即可
3	气源处理装置	气动三联件/气动二联件

工作任务 B-2
气动方向控制回路的识读与搭建

（续）

序号	操作条件	参考建议
4	气动执行元件	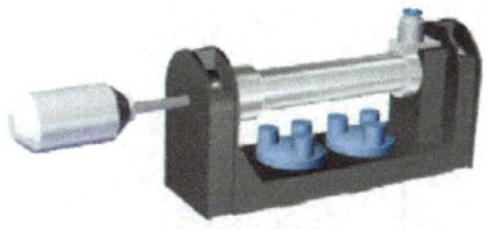 单作用气缸 1 只
5	气动控制元件	 手动换向阀 1 只
6	气动辅助元件	压力表、气管、管接头等辅助元件及材料

2. 回路运行验证准备

在气动仿真软件中抄绘单作用气缸控制回路，见表 B2-1-2，仿真运行，熟悉回路运行原理。

说明：仿真图中若管路为粗实线，则表示此部分管路为进气状态；若管路为细实线，则表示此部分管路为排气状态，即与大气相通（后文均如此表示）。

表 B2-1-2 单作用气缸控制回路仿真动作过程

序号	动作条件	回路运行状态
1	按下 1S1 手动按钮	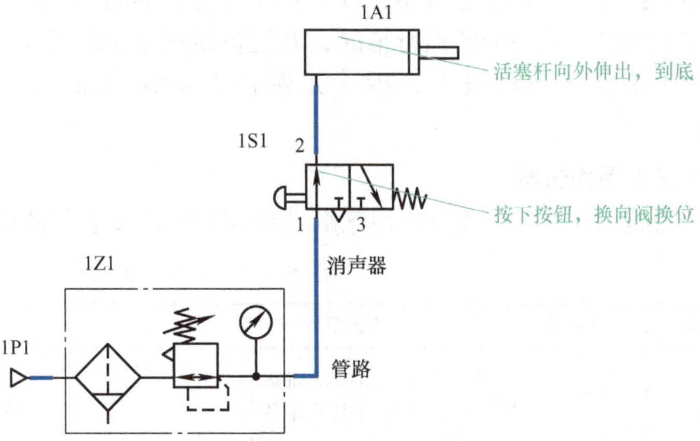 1A1 活塞杆向外伸出，到底 1S1 按下按钮，换向阀换位 消声器 1Z1 1P1 管路 进气：气源→气动二联件→1S1 左位（1 口进，2 口出）→1A1 无杆腔→活塞杆伸出 排气：1A1 排气口接通大气

47

（续）

序号	动作条件	回路运行状态
2	松开 1S1 手动按钮（同初始状态）	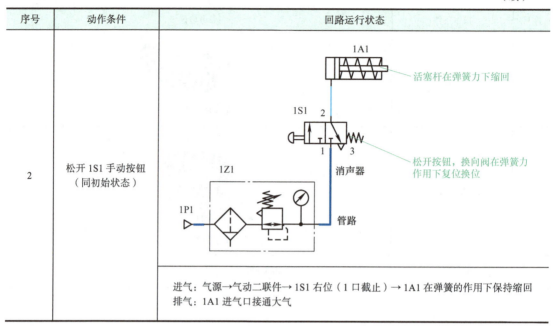 进气：气源→气动二联件→1S1 右位（1 口截止）→1A1 在弹簧的作用下保持缩回 排气：1A1 进气口接通大气

（二）安全及注意事项

1）根据任务要求制定操作计划，合理安排任务进度，做到在规定时间内完成操作训练。

2）气缸安装牢靠，且活塞杆伸出保持安全距离。

3）元件安装距离合理，气管不交叉，不缠绕。

4）气源压力设置在合理范围，一般为 0.4～0.6MPa。

5）打开气源，注意观察，以防管路未连接牢固而崩开。

6）观察、记录回路运行情况，对设备使用中出现的问题进行分析和解决。

7）完成后关闭气源，拆下元件和管路放回原位，对破损老化元件及时维护或更换。

（三）操作过程

根据表 B2-1-3 完成单作用气缸气动控制回路安装与调试。

表 B2-1-3　操作步骤及要求

序号	步骤	操作说明	操作要求
1	正确识读气动控制回路图	按照气动控制回路图，正确辨识元件名称及数量	填写回路元件清单
2	选型气动元件	在元件库中选择对应的元件，包含型号及数量	参考元件清单进行核对

工作任务 B-2
气动方向控制回路的识读与搭建

（续）

序号	步骤	操作说明	操作要求
3	安装气动元件	参考气动控制回路图，将元件固定在安装面板上	
4	剪裁气管	以合理经济为原则，剪裁气管	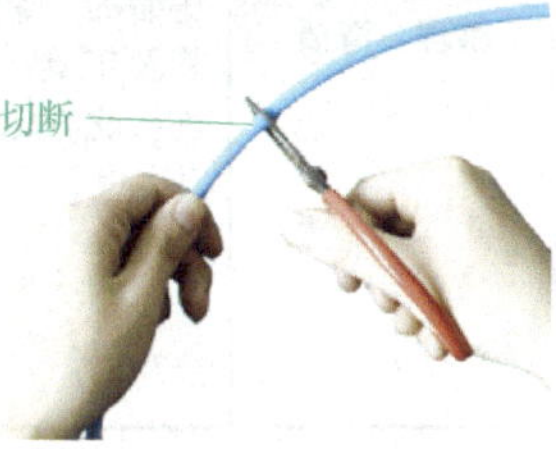 垂直切断 气管应垂直切断；截断面要平整，并修去毛刺
5	管路连接	气管插入接头时，应用手拿着气管端部轻轻压入，使气管通过弹簧片和密封圈到达底部，保证气动回路可靠、牢固、密封	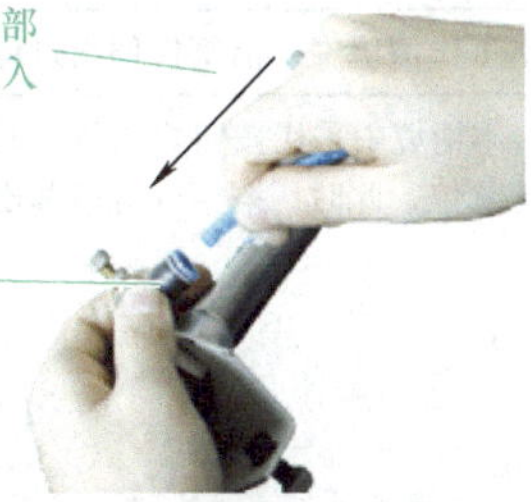 手抓端部轻轻压入 气管要到达底部
6	连接检查	管路走向要合理，尽量平行布置，力求最短，弯曲要少且平缓，避免急剧弯曲；整理、固定气管，要求气管通路美观、紧凑	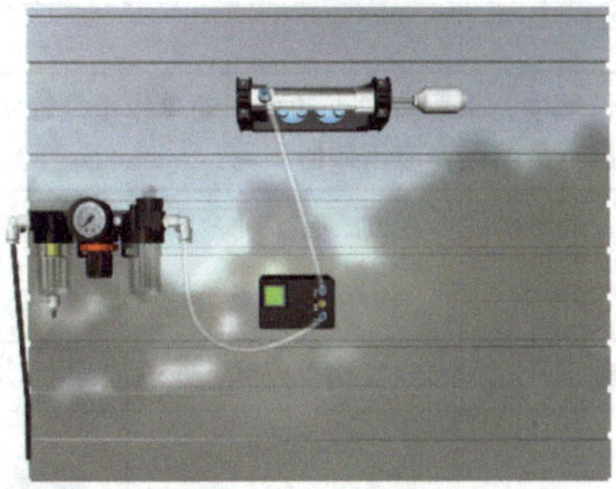
7	设定压力参数，并调试	打开气源，并调定气动二联件工作压力至 0.4～0.6MPa；按下手动换向阀按钮，气缸活塞杆伸出，实现推出或夹紧	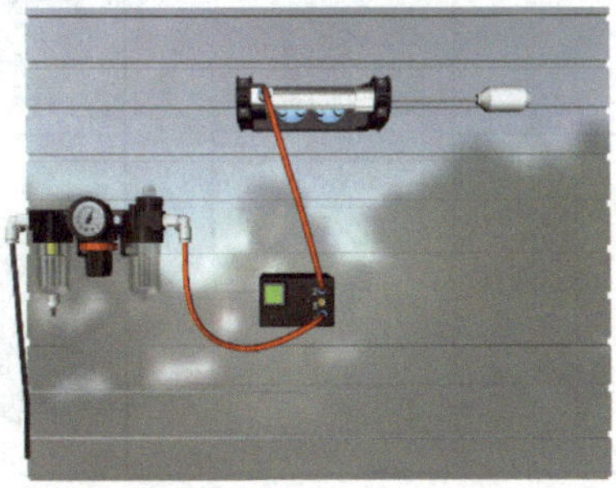

49

（续）

序号	步骤	操作说明	操作要求
8	试运行	试运行一段时间，观察设备运行情况，确保功能实现，运行稳定可靠	
9	整理、清洁	关闭气源，关闭空气压缩机；整理元件、气管及工具；按6S要求进行设备及环境整理	 手滑阀向内侧滑动 电源开关向下压回

问题情境一

试分析在本工作情境中，活塞杆伸出过程中按钮为什么不能松开，松开会有什么后果？

情境提示： 本情境中采用按钮式二位三通手动换向阀驱动，该元件为弹簧复位驱动式，如在活塞杆伸出过程中松开按钮，则换向阀迅速复位，此时压缩空气进口和出口切断，没有压力气体持续输入气缸无杆腔，活塞杆在弹簧作用下缩回。

问题情境二

在本工作情境中，采取按钮点动式驱动单作用气缸实现"推料""分拣"等动作，如果需要实现气缸"夹紧"动作，即活塞杆伸出后不会缩回，应该如何实现？

情境提示： 换向阀的控制方式有多种，可以将按钮式换向阀换为旋钮（带卡扣）式换向阀，区别见表B2-1-4。

表 B2-1-4　按钮式和旋钮式换向阀的区别

名称	内部结构	实物	图形符号	元件区分
按钮式二位三通换向阀				由按钮开关控制。按下按钮时，实验回路保持当时状态，松开按钮时，换向阀通过复位弹簧复位
旋钮式二位三通换向阀				二位三通阀，由旋钮开关控制。松开旋钮时，实验回路保持当时状态，将旋钮旋至常规位置时，换向阀通过复位弹簧复位

（续）

问题情境三

在很多气动元件上都有如图 B2-1-8 所示的元件，试分析这个元件的功能和作用。

a) 吸收型

b) 膨胀干涉型

图 B2-1-8　元件示意图

情境提示：
　　气压传动系统工作中存在机械性噪声、电磁性噪声和气动力噪声，尤其是当压缩空气从气缸或阀中排入大气时，由于余压较高，最大排气速度在声速附近，空气急剧膨胀，引起气体振动，便产生了强烈的排气噪声，为了减小或消除这种噪声应安装消声器。
　　消声器是指能够阻止声音传播而允许气流通过的一种气动元件。一般用螺纹联接安装在阀的排气口上。图 B2-1-8 所示分别为吸收型和膨胀干涉型。

消声器图形符号如图 B2-1-9 所示。

图 B2-1-9　消声器图形符号

（四）学习结果评价

　　通过以上学习和实践操作，对相关知识的学习和能力训练完成情况做出客观评价，并填写学习结果评价表 B2-1-5。

表 B2-1-5　学习结果评价表

评价项目	评分内容	分值	评分细则	成绩	扣分记录
职业素养	操作过程安全规范	15 分	按要求穿戴工装，但不整齐，每处扣 1 分		
			未能按照要求穿戴工装，扣 5 分		
			工、量具使用不符合规范，每处扣 2 分		
			气管使用未做到经济环保，每处扣 2 分		
			气管安装方式不规范或交叉堆叠，每处扣 2 分		
	工作环境保持整洁	10 分	导线、废料随意丢弃，每处扣 1 分		
			工作台表面遗留元件、工具，每处扣 1 分		
			操作结束，元件、工具未能整齐摆放，每处扣 1 分		
专业素养	软件应用	15 分	能抄绘单作用气缸控制回路，元件选择错误，每处扣 2 分		
			能仿真验证单作用气缸控制回路控制要求，有部分功能缺失，每处扣 2 分		
			未能正确命名并保存单作用气缸控制回路，每处扣 2 分		
	回路搭建	20 分	按图施工，根据单作用气缸控制回路，选择对应的元件，有元件选择错误，每处扣 4 分		
			正确连接，将所选用元件正确安装到面板上，有安装松动，每处扣 4 分		
	调试运行	30 分	设定压缩空气工作压力为 0.4～0.6MPa，未能达到压力要求或不符合操作要求，扣 2 分		
			气缸正常动作，未能满足动作要求，扣 2 分		
	分析总结	10 分	正确分析各控制元件功能，描述有缺失，扣 2 分		
			正确描述单作用气缸控制回路工作过程，描述有缺失，扣 2 分		

六、课后作业

1）请参照下面分气块的实物图和图形符号，完成元件说明文件。

分气块使用说明

1）一个常规分气块的进气接入口有_____个，此分气块的接口适合气管_____（型号）。
2）分气块含有 8 个带_____功能的单向阀。
3）允许通过 8 个分气口用于气管_____（型号）的连接。
4）向控制回路_____。

2）请分析下面图片中气口的损坏是如何造成的，应该怎么避免？

3）根据下列换向阀符号表达写出元件命名。

换向阀符号表达	元件命名
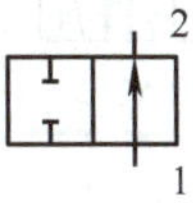 2/1 (二位二通)	
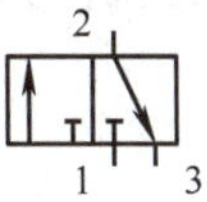 2/1/3 (二位三通)	
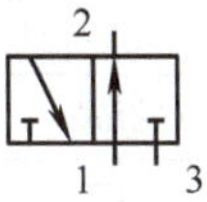 2/1/3 (二位三通)	
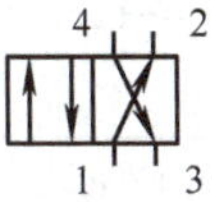 4/2/1/3 (二位四通)	
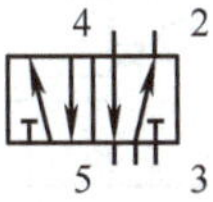 4/2/5/1/3 (二位五通)	
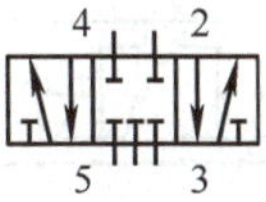 4/2/5/1/3 (三位五通)	

参考信息

用方块表示阀的切换位置

方块的数量表示阀多少个切换位置

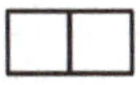

直线表示气流路径，箭头表示流动方向

方块中用两个T型符号表示阀的通口被关闭

方块外的直线表示输入和输出口路径

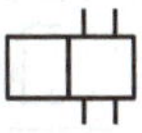

4）扫码完成测评。

七、拓展知识

1. 气动换向阀的类型

1）气动换向阀按阀的通口数分为二通阀、三通阀、四通阀和五通阀等，按阀的切换状态数分为二位阀和三位阀。常见二位和三位换向阀的图形符号见表 B2-1-6。

表 B2-1-6　常见二位和三位换向阀的图形符号

通路数	切换状态数	图形符号	
二位	二通	常开	常闭
二位	三通	常开	常闭
二位	五通		
三位	三通		
三位	五通	中封式	中排式　中压式

2）按控制方式可分为人力控制气动控向阀、机械控制气动控向阀、气压控制气动控向阀和电气控制气动控向阀，具体见表 B2-1-7。

表 B2-1-7　换向阀控制方式及图形符号

人力控制式			
一般手动操作	按钮式	手柄式，带定位	踏板式
机械控制式			
弹簧复位	弹簧对中	滚轮式	单向滚轮式
气压控制		电气控制	
直动式	先导式	电控/比例电控	双电控/比例电控

2. 气动换向阀的识读

（1）方向控制阀的"位"

方向控制阀的切换状态称为"位"，有几个切换状态就称为几位阀。阀的切换状态由阀芯的工作位置决定。有两个工作位置的阀称为二位阀；有三个工作位置的阀称为三位阀。三位阀在阀芯处于中间位置时，称为中位。

（2）阀的通口数及表示方法

阀的通口数是指阀的切换通口数。阀的切换通口包括进气口、出气口和排气口，不包括控制口。二通阀有两个气口，即一个进气口（用 1 表示）和一个出气口（用 2 表示）。

三通阀有三个气口,除进气口和出气口外,增加一个排气口(用3表示)。二通和三通阀有常通和常断之分。常通阀是指阀的控制口未加控制(即零位)时,1口和2口相通,用箭头表示(箭头只表示相通,不表示方向)。反之,常断阀在零位时,1口和2口是断开的,1口"不通"以"⊥"表示,2口和3口相同,用箭头表示。

阀的气口可用数字(符合 ISO 5599 标准)表示,也可用字母表示。两种表示方法的比较见表 B2-1-8。

表 B2-1-8　换向阀气口两种表示方法的比较

气口	ISO 5599	字母编制	气口	ISO 5599	字母编制
进气口	1	P	排气口	5	R(T)
出气口	2	B	输出信号清零口	(10)	(Z)
排气口	3	S	控制口	12	Y
出气口	4	A	控制口	14	Z(X)

职业能力 B-2-2　能识读与搭建双作用气缸换向控制回路

一、核心概念

1）双作用气缸：属于气动执行元件，在压缩空气作用下其活塞杆既可以伸出，也可以缩回。

2）气控换向阀：属于气动控制元件，换向阀中以外加的压缩空气作为控制方式。

二、学习目标

1）能描述双作用气缸结构，并绘制图形符号。
2）认识气动换向阀，能描述换向阀的原理，并根据图形符号选择正确的元件。
3）能识读平口钳气动控制回路图，能进行回路抄绘仿真，并能说出其动作过程。
4）能识读平口钳设备布局图，并能正确安装元件、调试回路。
5）具有遵守规程、文明操作、质量第一的职业习惯。

三、工作情境

气动平口钳如图 B2-2-1 所示，它是一种以气压为动力，通过气缸的活塞杆伸出，产生顶力夹紧零件的装置，它由钳口、钳身、气管接头、伸缩活塞杆、气缸等组成。平口钳气动系统如图 B2-2-2 所示，通过气控换向阀改变气缸的气流通道，使气缸活塞杆的移动方向发生改变，从而驱动活动钳口移动，实现工件的夹紧与放松。当气缸的无杆腔进气、有杆腔排气时，其活塞杆伸出，平口钳夹紧；当气缸的有杆腔进气、无杆腔排气时，其活塞杆缩回，平口钳放松。

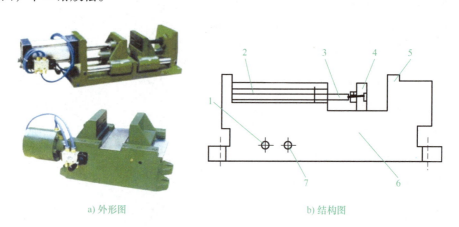

a) 外形图　　　　　b) 结构图

图 B2-2-1　气动平口钳

1—进气管接头　2—气缸　3—伸缩活塞杆　4—活动钳口　5—固定钳口　6—钳身　7—出气管接头

工作任务 B-2
气动方向控制回路的识读与搭建

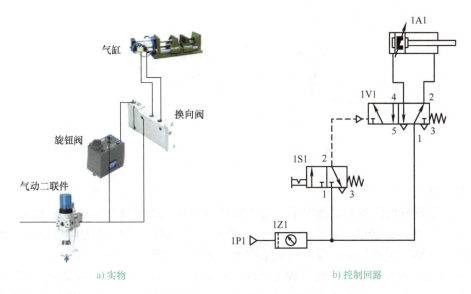

a) 实物　　　　　　　　　　　　　　b) 控制回路

图 B2-2-2　平口钳气动系统

请完成平口钳气动系统控制回路的识读，运用仿真软件抄绘该回路图，并在实训设备上完成该回路的搭建。

四、基本知识

1. 双作用气缸

（1）实物及图形符号

双作用气缸属于气动执行元件。在压缩空气作用下，其活塞杆既可以伸出，也可以缩回。双作用气缸有两个相同的进、出气口，其实物与图形符号如图 B2-2-3 所示。

a) 实物　　　　　　　　b) 图形符号

图 B2-2-3　双作用气缸实物及图形符号

（2）结构及工作过程

双作用气缸由进、出气口，活塞杆，活塞，缸筒、缸盖和密封圈等组成。其结构如图 B2-2-4 所示。

工作过程：当压缩空气从无杆腔进气口进入，作用于活塞上时，有杆腔出气口与大气相通不构成阻力，活塞杆伸出。如果压缩空气从有杆腔进入，则活塞杆缩回。与单作用气缸不同的是，当外部压缩空气撤去时，活塞杆不会缩回。

双作用气缸

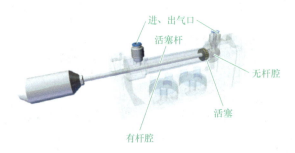

图 B2-2-4　双作用气缸结构

（3）特点及应用

在行程较长或负荷较大的情况下，当活塞接近行程末端仍具有较高的速度时，会对端盖形成较大的冲击，造成气缸的损坏。为了避免这种现象，在气缸的两端设置了缓冲装置，这类气缸称为缓冲气缸。缓冲气缸结构及图形符号如图 B2-2-5 所示。

当缓冲气缸活塞运动到接近行程末端时，缓冲柱塞阻断了空气直接流向外部的通路，这时只能通过一个可调节的节流阀排放。由于空气排出受阻，活塞运动速度就会降低，避免或减轻了活塞对端盖的冲击。如果节流阀的开口度可调，即缓冲作用大小可调，那么这种缓冲气缸称为可调缓冲气缸。缓冲气缸的使用可降低噪声和延长元件的使用寿命。

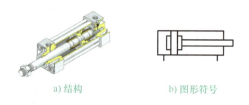

a）结构　　　b）图形符号

图 B2-2-5　缓冲气缸结构及图形符号

2. 二位五通单气控换向阀

依靠外加的压缩空气作为控制方式的换向阀，简称气控换向阀。

（1）实物及图形符号

二位五通单气控换向阀依靠外加气体的压力和弹簧力实现换向，二位五通单气控换向阀有一个进气口、两个出气口、两个排气口和一个控制气口。其实物与图形符号如图 B2-2-6 所示。

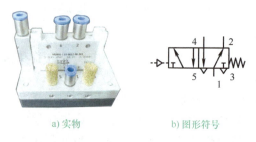

a）实物　　　b）图形符号

图 B2-2-6　二位五通单气控换向阀实物及图形符号

（2）结构及工作过程

二位五通单气控换向阀由阀体、端盖、阀芯、换向活塞、复位弹簧、密封件和连接件组成,共有五个气口,如图 B2-2-7 所示。

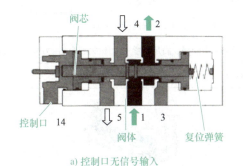
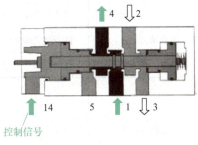

a) 控制口无信号输入　　　　　　　　b) 控制口加入压缩空气

图 B2-2-7　二位五通单气控换向阀

工作过程:当控制口 14 无信号输入时,在复位弹簧的作用下,使得进气口 1 与出气口 2、出气口 4 与排气口 5 相通,如图 B2-2-7a 所示;当控制口 14 加入压缩空气时,阀芯不右移,使得进气口 1 与出气口 4、出气口 2 与排气口 3 相通,如图 B2-2-7b 所示。

3. 二位五通双气控换向阀

二位五通双气控换向阀有五个气口,两个阀芯切换位置,如图 B2-2-8 所示。主要作用是在控制气缸时作为控制元件使用,阀芯纵向移动可以控制换向阀导通或关闭。由于该阀为双气控式,两端均没有弹簧,所以驱动力相对较小。

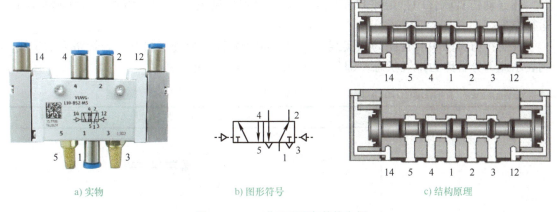

a) 实物　　　　　　b) 图形符号　　　　　　c) 结构原理

图 B2-2-8　二位五通双气控换向阀

二位五通双气控换向阀有保持控制的功能,也称"记忆功能",该阀通过气信号换向后,可保持原来的状态,直到有下一个气信号来驱动气控口。

五、能力训练

(一) 操作条件

1. 元器件准备

在操作前应根据施工要求制定操作计划,并参照表 B2-2-1 准备相应的设备和工具。

表 B2-2-1　能力训练操作条件

序号	操作条件	参考建议
1	气动元件安装面板	带工字槽面板或网孔板，应符合气动元件快速安装需求
2	气动动力元件	静音空气压缩机，一般采用中低型，满足教学中对压缩空气的压力和排量要求即可
3	气源处理装置	气动三联件 / 气动二联件
4	气动执行元件	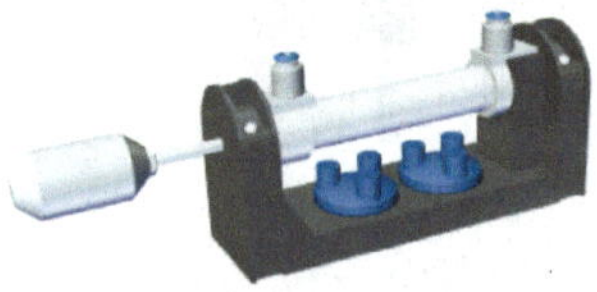 双作用气缸 1 只
5	气动控制元件	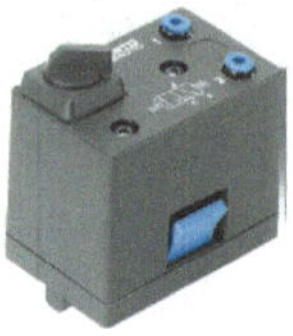 二位三通换向阀（带自锁）1 只 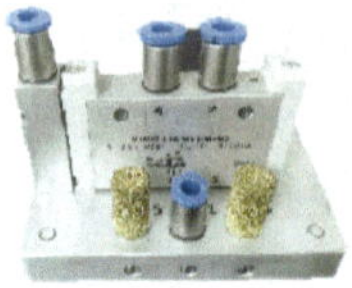　　二位五通换向阀 1 只
6	气动辅助元件	压力表、气管、管接头等辅助元件及材料

2. 回路运行验证准备

在气动仿真软件中抄绘平口钳气动控制回路图，见表 B2-2-2，仿真运行并熟悉回路运行原理。

说明：仿真图中若管路为粗实线，则表示此部分管路为进气状态；若管路为细实线，则表示此部分管路为排气状态，即与大气相通（后文均如此表示）。

表 B2-2-2　平口钳气动控制回路仿真动作过程

序号	动作条件	回路运行状态
1	向右旋转 1S1 换向阀旋钮	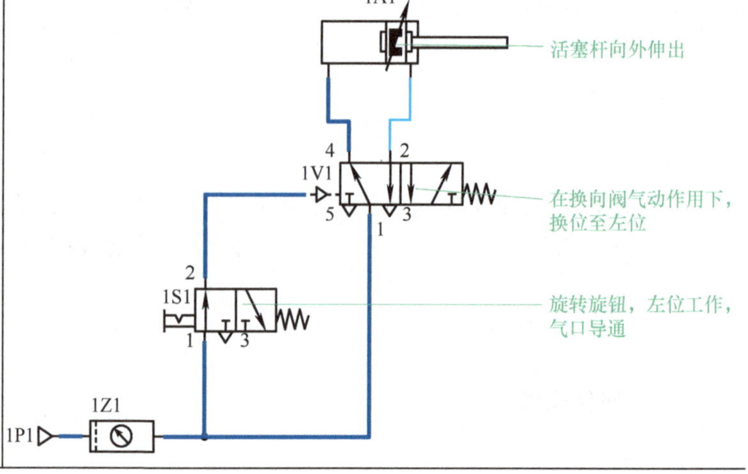 活塞杆向外伸出；在换向阀气动作用下，换位至左位；旋转旋钮，左位工作，气口导通

工作任务 B-2
气动方向控制回路的识读与搭建

（续）

序号	动作条件	回路运行状态
1	向右旋转 1S1 换向阀旋钮	进气： 气源→气动二联件→1S1 左位（1 口进，2 口出）→1V1 左位（1 口进，4 口出）→1A1 无杆腔→活塞杆伸出 排气： 1A1 有杆腔→1V1 左位（2 口进，3 口出）→接通大气
2	向左旋转 1S1 换向阀旋钮（同初始状态）	（回路图：1A1 活塞杆缩回；1V1 换向阀复位，右位工作（同初始状态位置）；1S1 旋转旋钮，右侧弹簧使阀芯复位，右位工作；1P1、1Z1） 进气： 气源→气动二联件→1V1 右位（1 口进，2 口出）→1A1 有杆腔→活塞杆缩回 排气： 1A1 无杆腔→1V1 右位（4 口进，5 口出）→接通大气

（二）安全及注意事项

1）根据任务要求制定操作计划，合理安排任务进度，做到在规定时间内完成操作训练。

2）气缸安装牢靠，且活塞杆伸出保持安全距离。

3）元件安装距离合理，气管不交叉，不缠绕。

4）气源压力设置在合理范围，一般为 0.4～0.6MPa。

5）打开气源，注意观察，以防管路未连接牢固而崩开。

6）观察、记录回路运行情况，对设备使用中出现的问题进行分析和解决。

7）完成后关闭气源，拆下元件和管路放回原位，对破损老化元件及时维护或更换。

平口钳气动控制回路的安装与调试

（三）操作过程

根据表 2-2-3 完成平口钳气动控制回路的安装与调试。

表 B2-2-3 操作步骤及要求

序号	步骤	操作方法及说明	操作要求
1	正确识读气动控制回路图	按照气动控制回路图，正确辨识元件名称及数量	填写回路元件清单
2	选型气动元件	在元件库中选择对应的元件，包含型号及数量	参考元件清单进行核对
3	安装气动元件	合理布局元件位置，并牢固安装在面板上	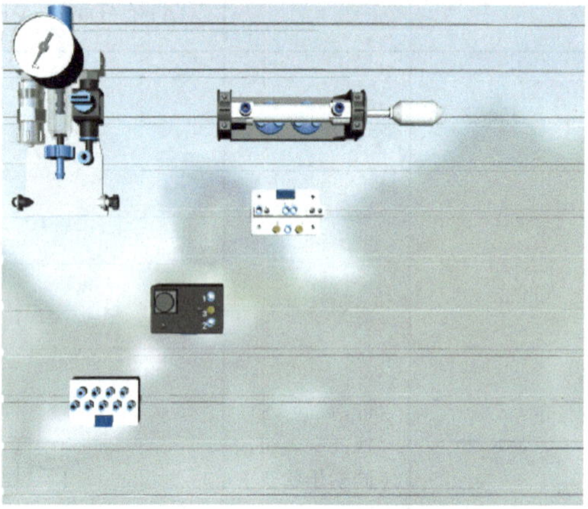
4	管路连接	以经济环保的原则，剪裁合适长度的气管，参照控制回路图进行回路连接	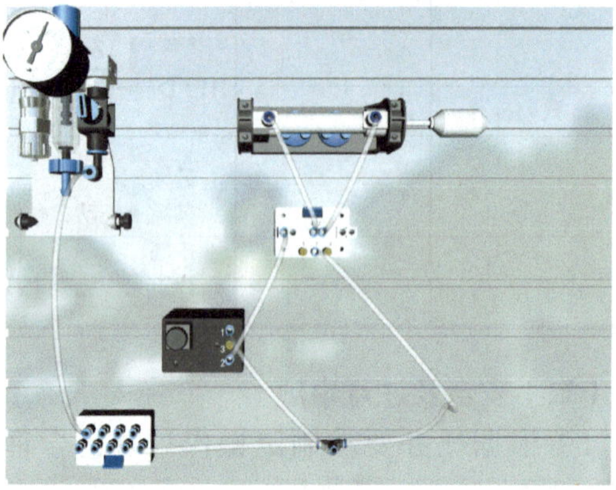
5	检查回路	确认元件安装牢固；确认管路安装牢靠且正确	参照元件清单及控制回路图检查
6	调试	打开气源，将系统工作压力调至 0.4～0.6MPa	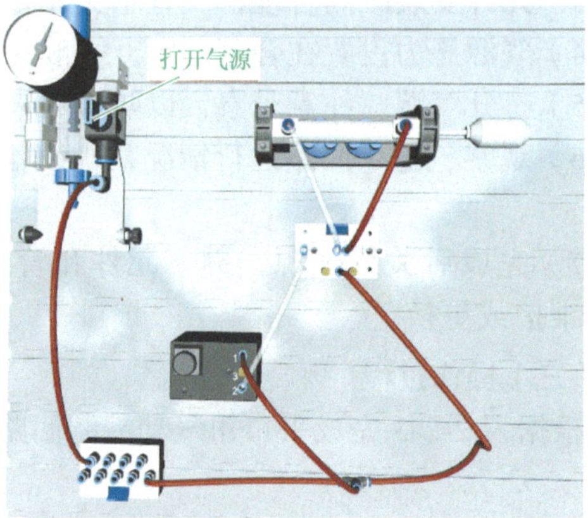

工作任务 B-2
气动方向控制回路的识读与搭建

（续）

序号	步骤	操作方法及说明	操作要求
6	调试	向右旋转1S1旋钮，气缸活塞杆伸出，到底停住（模拟平口钳夹紧动作，停止时间由手动控制）	活塞杆向外伸出；向右旋转旋钮，左位工作，气口导通；换向阀在气动作用下换位至左位
		向左旋转1S1旋钮，气缸活塞杆缩回，到底停住（模拟平口钳松开动作）	活塞缸缩回；向左旋转旋钮，右侧弹簧使阀芯复位，右位工作；换向阀复位，右位工作
7	试运行	试运行一段时间，观察设备运行情况，确保功能实现，运行稳定可靠	
8	清洁、整理	按照逆向安装顺序，拆卸管路及元件；按6S要求进行设备及环境整理	没有元件遗留在设备表面；设备表面及周围保持清洁；如有废料或杂物，及时清理

问题情境一

气缸的生产已经实现标准化，可以根据负载和系统压力确定气缸的参数，那么根据什么来确定气缸的选型呢？怎样确保最佳的性价比呢？

情境提示：
1）根据操作形式选择气缸类型，如单作用气缸或双作用气缸。
2）根据负载和气源压力计算缸径，需要考虑气缸效率（一般 $\eta = 0.88$）。
3）考虑行程距离。
4）其他因素，如缓冲、磁感应等。

（续）

如图 B2-2-9 所示，请计算气缸活塞伸出时的有效作用力、缩回时的有效作用力。

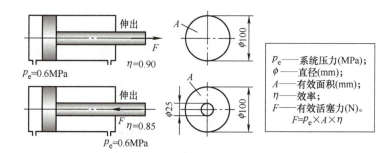

p_e——系统压力(MPa)；
ϕ——直径(mm)；
A——有效面积(mm)；
η——效率；
F——有效活塞力(N)。
$F = p_e \times A \times \eta$

图 B2-2-9　气缸有效作用力分析

问题情境二

在换向阀中，有弹簧复位功能与没有弹簧复位功能是不一样的，在本任务的平口钳控制回路中，如果将 1V1 换为二位五通双气控换向阀，回路应有什么改动？请绘制回路图。

情境提示：
二位五通双气控换向阀可以实现双向点动操作，如用两个二位三通按钮换向阀分别控制夹紧和松开，点动操作。从功能实现来说，是可行的；从经济角度出发，成本较高。

问题情境三

实际应用中遇到故障时，常常需要手动进行系统调试，如何判断换向阀没有出现阀芯卡死或阀损坏的现象？

情境提示：
核心控制元件（如二位五通双气控换向阀）选型时采用具有手动调试功能的元件，如配有手动调试按钮的换向阀，在不受其他元件驱动的情况下进行元件的排查。二位五通双气控换向阀（带手动按钮）如图 B2-2-10 所示。

（续）

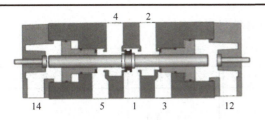
a) 元件结构图

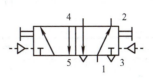
b) 图形符号

图 B2-2-10　二位五通双气控换向阀（带手动按钮）

（四）学习结果评价

通过以上学习和实践操作，对相关知识的学习和能力训练完成情况做出客观评价，并填写学习结果评价表 B2-2-4。

表 B2-2-4　学习结果评价表

评价项目	评分内容	分值	评分细则	成绩	扣分记录
职业素养	操作过程安全规范	15 分	按要求穿戴工装，但不整齐，每处扣 1 分		
			未能按照要求穿戴工装，扣 5 分		
			工、量具使用不符合规范，每处扣 2 分		
			气管使用未做到经济环保，每处扣 2 分		
			气管安装方式不规范或交叉堆叠，每处扣 2 分		
	工作环境保持整洁	10 分	导线、废料随意丢弃，每处扣 1 分		
			工作台表面遗留元件、工具，每处扣 1 分		
			操作结束，元件、工具未能整齐摆放，每处扣 1 分		
专业素养	软件应用	15 分	能抄绘平口钳气动控制回路，元件选择错误，每处扣 2 分		
			能仿真验证平口钳气动控制回路控制要求，有部分功能缺失，每处扣 2 分		
			未能正确命名并保存平口钳气动控制回路，每处扣 2 分		
	回路搭建	20 分	按图施工，根据双作用气缸控制回路，选择对应的元件，有元件选择错误，每处扣 4 分		
			正确连接，将所选用元件正确安装到面板上，有安装松动，每处扣 4 分		
	调试运行	30 分	设定压缩空气工作压力为 0.4～0.6MPa，未能达到压力要求或不符合操作要求，扣 2 分		
			气缸活塞杆伸出后能保持一定夹紧力，且不缩回，未能满足动作要求，扣 2 分		
	分析总结	10 分	正确分析各控制元件功能，描述有缺失，扣 2 分		
			正确描述双作用气缸控制回路工作过程，描述有缺失，扣 2 分		

六、课后作业

1)在表 B2-2-5 中,画出元件的图形符号。

表 B2-2-5 元件及图形符号

元件名称	元件符号	元件名称	元件符号
气源		按钮手动操作	
消声器		杠杆手动操作	
二位三通按钮阀		踏板操作	
二位三通气控阀		弹簧控制	
二位五通单气控阀		减压阀	
单作用气缸		双作用气缸	

2)问题情境二中,将任务回路 1V1 元件换为二位五通双气控换向阀,继续实现气动平口钳的夹紧功能,请在图 B2-2-11 中补充绘制控制回路。

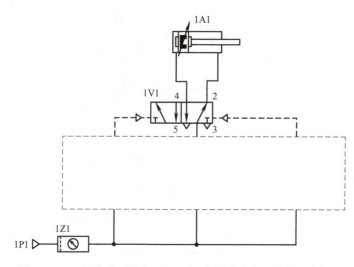

图 B2-2-11 气动平口钳(二位五通双气控换向阀)控制回路补充

3)扫码完成测评。

七、拓展知识

1. 无杆气缸

无杆气缸即气缸的两端均没有活塞杆。相对于有杆气缸来说，无杆气缸可以节约更多的安装空间，常用的无杆气缸有以下几种：

（1）磁耦合式无杆气缸

活塞通过磁力带动缸体外部的移动体做同步移动。图 B2-2-12a 所示为磁性无杆气缸。无杆气缸可用于汽车、地铁及数控机床的开闭门，机械手坐标的移动定位，无心磨床的零件传送、组合机床进给装置以及自动线送料、布匹纸张切割和静电喷漆等。

（2）机械耦合式无杆气缸

为了防止泄漏及防尘需要，在开口处，采用聚氨酯密封带和防尘不锈钢带固定在两端缸盖上，活塞架穿过槽，把活塞与滑块连成一体。一起带动固定在滑块上的执行机构实现往复运动。图 B2-2-12b 所示为机械式无杆气缸。

a) 磁性无杆气缸　　　　　　　　b) 机械式无杆气缸

图 B2-2-12　无杆气缸

2. 缓冲气缸

缓冲气缸是引导活塞在其中进行直线往复运动的圆筒形金属机件。缓冲气缸有不可调缓冲气缸和可调缓冲气缸两种，前者设有缓冲装置，使活塞临近行程终点时开始减速以防止冲击，并且缓冲的效果不可调整；而后者缓冲装置的减速速率和缓冲效果是可以调整的。缓冲气缸主要用在印刷（张力控制）、半导体（点焊机、芯片研磨）、自动化控制、机器人等领域。图 B2-2-13 所示为缓冲气缸。

3. 摆动气缸

摆动气缸是一种在小于 360° 范围内做往复摆动的气动执行元件。它将压缩空气的压力能转换成为机械能，输出力矩使机构实现往复摆动。常用的摆动气缸的最大摆动角度分别为 90°、180°、270° 三种规格。按结构特点可分为叶片式摆动气缸和齿轮齿条式摆动气缸。图 B2-2-14 所示为摆动气缸。

摆动气缸工作时压缩空气从空心活塞杆的左端或右端进入气缸两腔，使缸体带动工作台向左或向左运动，工作台的运动范围为其有效行程 s 的 2 倍，适用于中、大型设备。

4. 气爪

气爪是一种变形气缸，通过压缩空气来推动活塞运动。气爪的开口一般情况下分为两片，它可以用来抓取物体。在自动化系统中，气爪常用在搬运、传送工件机构中抓取、拾放物体。

a) 实物图

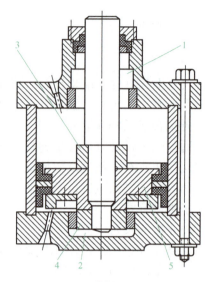
b) 结构图

图 B2-2-13　缓冲气缸

1—上气室　2—下气室　3—上缓冲活塞　4—下缓冲活塞　5—活塞

气爪可分为平行气爪（见图 B2-2-15）、三点气爪（见图 B2-2-16）、摆动气爪（见图 B2-2-17）和旋转气爪（见图 B2-2-18）。气动手爪一般是通过由气缸活塞产生的往复直线运动带动与手爪相连的曲柄连杆、滚轮或齿轮等机构，驱动各个手爪同步做开、闭运动。

图 B2-2-14　摆动气缸

图 B2-2-15　平行气爪

图 B2-2-16　三点气爪

图 B2-2-17　摆动气爪

图 B2-2-18　旋转气爪

工作任务 B-3
气动速度控制回路的搭建与调试

职业能力 B-3-1　能搭建与调试气动调速回路

一、核心概念

1）气动速度控制：通过调节压缩空气的流量，来改变执行元件的运动速度的气动控制方式。

2）常见的两种调速方式：进气节流调速与排气节流调速是气动系统两种常用的调速方式。排气节流调速因其优异的性能得到了广泛应用。

3）气动行程控制：通过操纵阀芯移动实现换向阀换向，来控制执行元件行程的气动控制方式。

二、学习目标

1）能说出行程阀的换向原理，并能绘制图形符号。
2）能说出节流阀和单向节流阀的结构和原理，并能绘制图形符号。
3）能识读回路，区分进气节流和排气节流调速回路。
4）能正确按照板材对齐装置气动控制回路图完成元件选择，并安装。
5）能以经济适用的原则进行管路连接，完成回路控制功能。
6）自觉遵守机电设备操作规范，具有良好的安全意识和环保意识。

三、工作情境

图 B3-1-1 所示为板材对齐装置，它利用一个双作用气缸作为执行元件，推动板材对齐。气缸活塞杆伸出到达终点，自动缩回。

为了保证板材对齐质量，需要对气缸活塞杆运动速度进行调节，使其以较慢速度平稳伸出，实现对齐工作目标。

板材对齐装置气动控制回路如图 B3-1-2 所示。

请完成板材对齐装置控制回路的识读，并在实训设备上完成该回路的搭建与调试。

四、基本知识

根据气缸活塞杆或其他运动机构所在的位置或行程，触发相应的动作，实现自动控制，称为行程控制。

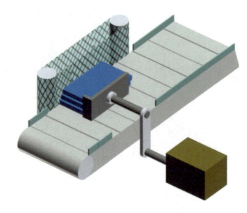

图 B3-1-1　板材对齐装置

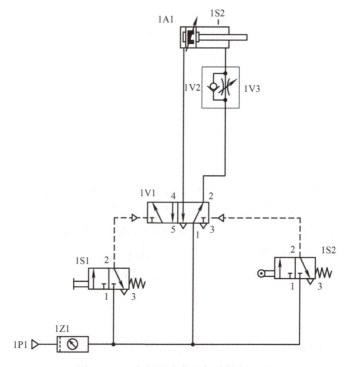

图 B3-1-2　板材对齐装置气动控制回路

（一）行程控制

（1）换向阀实物及图形符号

机械控制换向阀是利用执行机构或其他机构的机械运动，借助凸轮、滚轮、杠杆或撞块等机构来操纵阀芯移动，达到换向目的。根据受力部件的不同，分为推杆式换向阀和滚轮式换向阀等多种。最为常见的是滚轮式二位三通换向阀，如图 B3-1-3 所示。

（2）换向阀结构及工作过程

滚轮式二位三通换向阀由二位三通换向阀的阀体和滚轮杠杆机构组成。与按钮式二位三通换向阀一样，有进气口、出气口和排气口各一个。

工作任务 B-3 气动速度控制回路的搭建与调试

工作过程:

1）当滚轮杠杆机构未被外力压下时，进气口 1 进入的气体被阀芯封闭，而出气口 2 的气体可以经由阀芯从排气口排入大气，如图 B3-1-4a 所示。

2）当滚轮杠杆机构被外力压下时，杠杆推杆将换向阀阀芯压下。进气口 1 进入的气体从出气口 2 流出，如图 B3-1-4b 所示。

滚轮式二位三通换向阀

a) 实物　　　　b) 图形符号　　　　a) 滚轮杠杆机构未压下　　　　b) 滚轮杠杆机构被压下

图 B3-1-3　滚轮式二位三通换向阀　　　　图 B3-1-4　滚轮式二位三通换向阀结构及工作过程

滚轮式二位三通换向阀通常用于气动控制系统的行程控制，因此常称为行程阀。

（二）速度控制

在实际应用中，气动执行元件的运动速度通常需要限定在一定的范围之内，并且能够进行调节，以适应不同的工作要求。而压缩空气的流动速度和执行元件的内部容积直接决定着执行元件的运动速度。

1. 流量与流量计

压缩空气的流动速度通常称为流量，是指单位时间内流经封闭管道横截面的压缩气体的量。在气动系统中，通常使用的是体积流量进行计量，单位为 m^3/s，工业上常用单位为 L/min。

流量计和流量指示器是气动系统中用于流量测量与指示的仪表。图 B3-1-5 和图 B3-1-6 分别为流量计和流量指示器的图形符号。

2. 节流阀

用于控制流量大小的气动控制元件，称为流量控制阀。其通过改变阀的通流截面积来实现流量控制。流量控制阀中最为常用的有节流阀。

（1）实物及图形符号

节流阀实物与图形符号如图 B3-1-7 所示。

　　　　　　　　　　　　　　　　　　　　　　　　　　　a) 实物　　b) 图形符号

图 B3-1-5　流量计图形符号　　图 B3-1-6　流量指示器图形符号　　图 B3-1-7　节流阀实物与图形符号

（2）结构及工作过程

节流阀的结构如图 B3-1-8 所示，通过调节螺纹（一般连接调节螺母）改变阀的通流截面积来实现流量控制，从而达到调节执行元件运动速度的目的。基于这种工作原理，节流阀在改变流量的同时，也不可避免地会降低压缩空气的压力大小。

3. 速度控制回路

用于改变执行元件运行速度的回路，称为速度控制回路。

将节流阀串联在气路中，就可以实现对执行元件速度的控制。如图 B3-1-9 所示，当节流阀串联接入气缸的左腔时，节流阀将控制压缩空气进入（或流出）气缸左腔的流量，从而实现对气缸活塞杆伸出（或缩回）的速度控制。这种通过节流阀的节流作用实现的速度控制回路，称为节流调速回路。

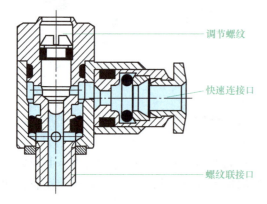

图 B3-1-8　节流阀的结构

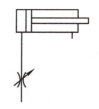

图 B3-1-9　通过节流阀调节气缸速度

计算：

如图 B3-1-9 所示标准气缸，腔体内径为 D=40mm，活塞杆直径为 d=16mm，活塞杆行程为 l=300mm。现在需要控制气缸活塞杆在 t=10s 的时间内完成伸出动作，试计算此时节流阀控制的压缩空气流量为多少？

解：

气缸腔体容积：$V = \dfrac{\pi D^2 l}{4} \approx \dfrac{3.14 \times 40^2 \times 300}{4}$ mm³ = 376800mm³ ≈ 0.377L

需要设定流量：$Q = \dfrac{V}{t} = \dfrac{0.377}{10}$ L/s = 0.0377L/s ≈ 2.62L/min

想一想：

如果将节流阀安装在气缸的右腔，其结果是否一致？

4. 进气节流调速与排气节流调速

如图 B3-1-10 所示的节流调速回路中,由于节流阀所安装的位置不同,其控制的方式略有不同。

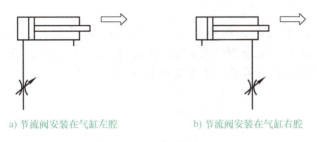

a) 节流阀安装在气缸左腔　　　　b) 节流阀安装在气缸右腔

图 B3-1-10　进气节流调速与排气节流调速

当气缸活塞杆伸出时,图 B3-1-10a 中的节流阀控制着进入气缸的流量,而排出气缸的气体则不受控制,这种方式称为进气节流调速。反之,图 B3-1-1b 中的节流阀控制排出气缸的流量,而进入气缸的气体不受控制,这种方式称为排气节流调速。两种节流调速对比见表 B3-1-1。

表 B3-1-1　两种节流调速对比

进气节流调速回路	排气节流调速回路
1) 活塞两侧压差大 2) 负载波动时速度变化明显 3) 适用于单作用或小容积气缸	1) 活塞两侧压差小 2) 负载波动时速度也较稳定 3) 适用于双作用气缸

由于排气节流调速能够限制排出气体的速度,因而能够产生一定的"背压",能够稳定气缸活塞杆的运动。较进气节流调速有显著优势,是应用最广泛的节流调速方式。

特别注意:仅使用节流阀无法实现执行元件在两个运动方向都是同种节流调速方式。如图 B3-1-11 所示,节流阀安装在气缸有杆腔时,气缸活塞杆伸出时为排气节流调速,气缸活塞杆缩回时为进气节流调速。

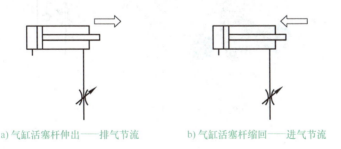

a) 气缸活塞杆伸出——排气节流　　　　b) 气缸活塞杆缩回——进气节流

图 B3-1-11　仅使用节流阀的节流调速

5. 单向阀

为了实现执行元件在两个方向上都是排气节流调速回路,就需要运用单向阀来实现。单向阀是一种用于实现压缩空气单方向导通的方向控制阀。其图形符号如图 B3-1-12 所示。

图 B3-1-12　单向阀图形符号

当压缩空气正向流动时，能够在压力作用下，顶开阀芯，实现气路的导通，如图 B3-1-13a 所示。反之，压缩空气反向流动时，在压力作用下，将阀芯压紧在阀体上，使气路封闭，如图 B3-1-13b 所示，从而实现单方向的导通。

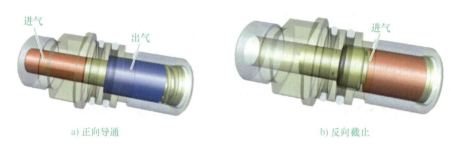

a) 正向导通　　　　　　　　　　b) 反向截止

图 B3-1-13　单向阀的结构及工作过程

6. 单向节流阀

当仅需要控制执行元件单方向的运动速度时，可以使用一个节流阀与一个单向阀并联使用，组成一个组合元件——单向节流阀。单向节流阀通常直接安装在执行元件的接口上。其实物与图形符号如图 B3-1-14 所示。组合元件是一个整体，其图形符号由细实线外框包围标出。

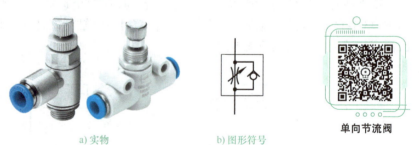

a) 实物　　　　　　　　　b) 图形符号

单向节流阀

图 B3-1-14　单向节流阀实物与图形符号

7. 双作用气缸速度控制回路

在双作用气缸的左腔和右腔分别串联一个单向节流阀，就可以实现两个方向的分别控制，如图 B3-1-15 所示。由 1V3 实现气缸活塞杆伸出时的速度控制，由 1V2 实现气缸活塞杆缩回时的速度控制。

工作任务 B-3
气动速度控制回路的搭建与调试

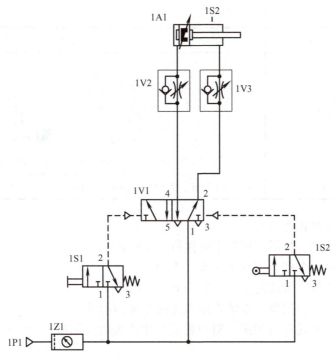

图 B3-1-15　双作用气缸速度控制回路

五、能力训练

（一）操作条件

在操作前应根据任务要求制定操作计划，并参照表 B3-1-2 准备相应的设备和工具。

表 B3-1-2　能力训练操作条件

序号	操作条件	参考建议
1	气动元件安装面板	带工字槽面板或网孔板，应符合气动元件快速安装需求
2	气动动力元件	静音空气压缩机，一般采用中低型，满足教学中对压缩空气的压力和排量要求即可
3	气源处理装置	气动三联件／气动二联件
4	气动执行元件	双作用气缸
5	气动控制元件	按钮式二位三通换向阀 1 只　　滚轮式二位三通换向阀 1 只

75

（续）

序号	操作条件	参考建议
5	气动控制元件	二位五通双气控换向阀 1 只　　单向节流阀 2 只
6	气动辅助元件	压力表、气管、管接头等辅助元件及材料

（二）安全及注意事项

1）气缸安装牢靠，且活塞杆伸出时保持安全距离。

2）元件安装距离合理，气管不交叉，不缠绕。

3）气源压力设置在合理范围，一般为 0.4～0.6MPa。

4）打开气源，注意观察，以防管路未连接牢固而崩开。

5）观察、记录回路运行情况，对设备使用中出现的问题进行分析和解决。

6）完成后关闭气源，拆下元件和管路放回原位，对破损老化元件及时维护或更换。

板材对齐装置气动控制回路安装与调试

（三）操作过程

根据表 B3-1-3 完成板材对齐装置气动控制回路安装与调试。

表 B3-1-3　操作步骤及要求

序号	步骤	操作说明	操作要求
1	正确识读气动控制回路图	按照气动控制回路图，正确辨识元件名称及数量	填写回路元件清单
2	选型气动元件	在元件库中选择对应的元件，包含型号及数量	参考元件清单进行核对
3	安装气动元件	合理布局元件位置，并牢固安装在面板上	

工作任务 B-3
气动速度控制回路的搭建与调试

（续）

序号	步骤	操作说明	操作要求
4	管路连接	以经济环保的原则，剪裁合适长度的气管，参照控制回路图进行回路连接	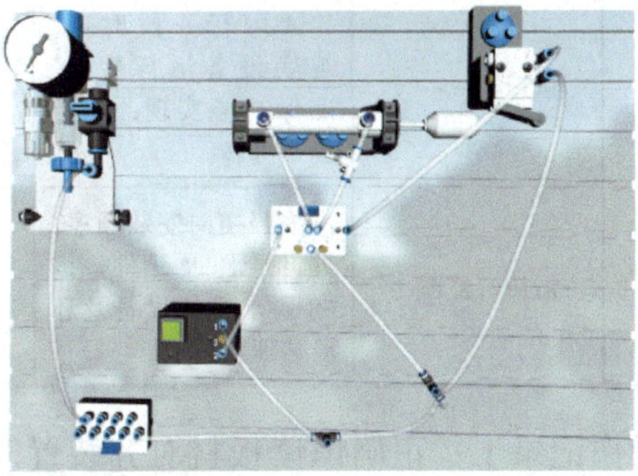
5	检查回路	确认元件安装牢固；确认管路安装牢靠且正确	参照元件清单及控制回路图检查
6	调试	打开气源，将系统工作压力调至0.4~0.6MPa；调节单向节流阀开口度	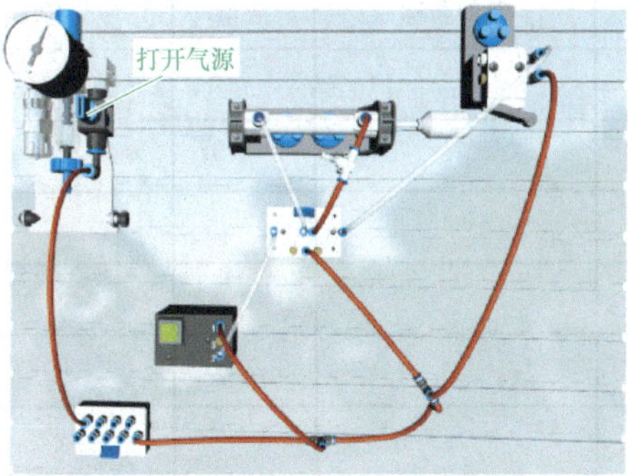 打开气源
6	调试	按下按钮式二位三通换向阀按钮，气缸活塞杆（较慢）伸出	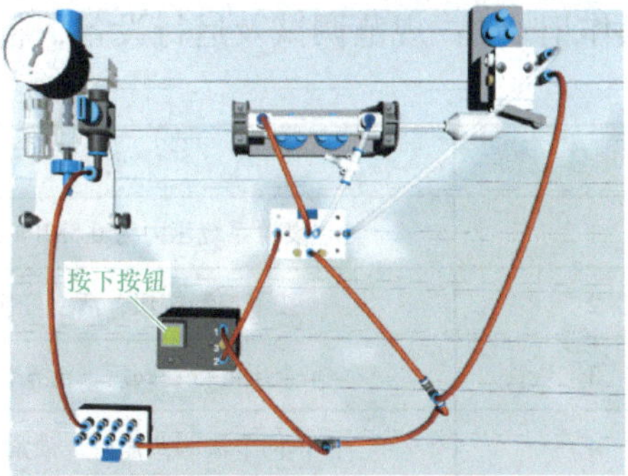 按下按钮
6	调试	气缸活塞杆压下滚轮式二位三通换向阀滚轮，气缸活塞杆（快速）缩回	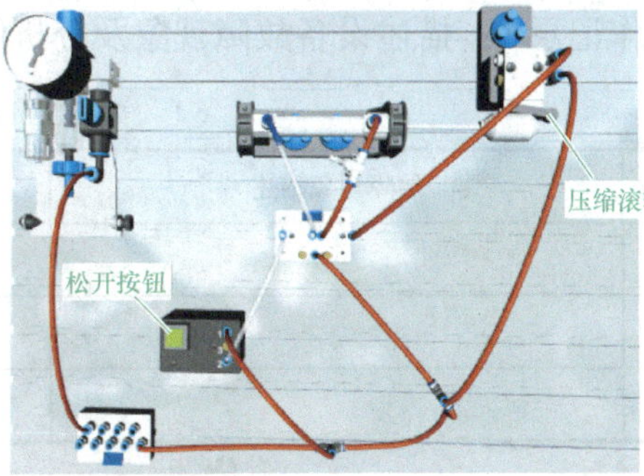 压缩滚轮；松开按钮

77

（续）

序号	步骤	操作说明	操作要求
7	试运行	试运行一段时间，观察设备运行情况，确保功能实现，运行稳定可靠	
8	清洁、整理	按照逆向安装顺序，拆卸管路及元件；按6S要求进行设备及环境整理	没有元件遗留在设备表面；设备表面及周围保持清洁；如有废料或杂物，及时清理

操作记录 1：正确识读板材对齐装置气动控制回路，列出元器件清单，简要写出其功能，绘制图形符号并记录型号，将结果填入表 B3-1-4 中。

表 B3-1-4　记录表 1

序号	元件名称	数量	功能	图形符号	型号
1					
2					
3					
4					
5					
6					

操作记录 2：规范调试及运行设备，将结果填入表 B3-1-5 中。

表 B3-1-5　记录表 2

序号	要求	是	否
1	设置系统压力为 0.5MPa±0.1MPa	○	○
2	按下控制按钮，活塞杆慢速伸出	○	○
3	完全压下行程阀后，活塞杆快速缩回	○	○
4	单向节流阀调速后，锁紧螺母锁紧	○	○

操作记录 3：描述设备故障现象及分析解决方案，将结果填入表 B3-1-6 中。

表 B3-1-6　记录表 3

序号	故障现象描述	解决方案
1		
2		
3		

问题情境一

本任务中,如需要将气缸伸出的速度调慢,应该调节哪一个单向节流阀?通过实际操作来验证一下。

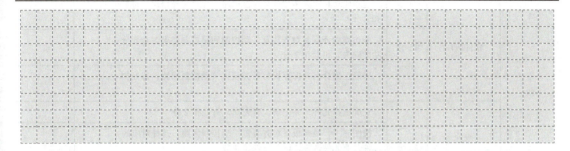

问题情境二

如果需要分别控制单作用气缸两个方向的运动速度,应该如何实现?

情境提示:
1)单作用气缸的非控制端可能不具备安装单向节流阀的条件。
2)两个单向节流阀不同方向串联,接入气缸的一端,可以控制两个方向的运动速度。

(四)学习结果评价

通过以上学习和实践操作,对相关知识的学习和能力训练完成情况做出客观评价,并填写学习结果评价表 B3-1-7。

表 B3-1-7　学习结果评价表

评价项目	评分内容	分值	评分细则	成绩	扣分记录
职业素养	操作过程安全规范	15 分	按要求穿戴工装,但不整齐,每处扣 1 分		
			未能按照要求穿戴工装,扣 5 分		
			工、量具使用不符合规范,每处扣 2 分		
			气管使用未做到经济环保,每处扣 2 分		
			气管安装方式不规范或交叉堆叠,每处扣 2 分		
	工作环境保持整洁	10 分	导线、废料随意丢弃,每处扣 1 分		
			工作台表面遗留元件、工具,每处扣 1 分		
			操作结束,元件、工具未能整齐摆放,每处扣 1 分		

（续）

评价项目	评分内容	分值	评分细则	成绩	扣分记录
专业素养	软件应用	15分	能抄绘板材对齐装置气动控制回路，元件选择错误，每处扣2分		
			能仿真验证板材对齐装置气动控制回路控制要求，有部分功能缺失，每处扣2分		
			未能正确命名并保存板材对齐装置气动控制回路，每处扣2分		
	回路搭建（操作记录1）	20分	正确选择元件，并记录，有失误，每处扣2分		
			按图施工，根据板材对齐装置气动控制回路，选择对应的元件，有元件选择错误，每处扣4分		
			正确连接，将所选用元件正确安装到面板上，有安装松动，每处扣4分		
	调试运行（操作记录2）	30分	设定压缩空气工作压力为0.4～0.6MPa，未能达到压力要求或不符合操作要求，扣2分		
			气缸活塞杆伸出后未能压下行程阀，位置不准确，扣5分		
			气缸活塞杆伸出/缩回速度符合控制要求，未能满足动作要求，扣5分		
	分析记录（操作记录3）	10分	正确描述板材对齐装置气动控制回路工作过程，描述有缺失，扣2分		
			未如实记录板材对齐装置气动控制回路故障，或不能完成故障调试，扣5分		

六、课后作业

1）单向节流阀适用于什么应用场合？其图形符号是怎样的？

2）运用气动仿真软件绘制板材对齐装置气动控制回路，并验证。

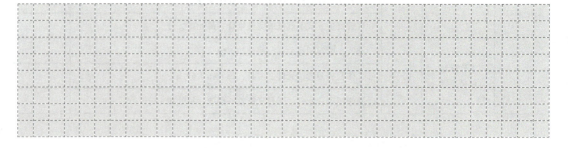

3）扫码完成测评。

七、拓展知识

实现自动化的关键便是气动元件的使用。气动元件为动力传动形式，是利用气体压力对能量进行传递，是自动化生产线的关键零部件。

我国气动元件的市场占有率有限，在产品性能、种类上同国外企业相比有一定的差距。在"中国制造2025"的指导下，近两年来，我国气压动力机械及元件制造商在构建智能化、高端化生产线上的投资不断提升，推动产品高端化、产业集群规模不断扩大。到2020年时，我国气动元件制造产量已经增长至42009万件，形成了一定的规模。

气动元件的崛起，有利于降低自动化产线成本，进而推动我国自动化建设。更重要的是，这有利于保障我国自动化产线核心技术安全，为保障我国制造业发展奠定基础。

注：主要数据来源于中研普华产业研究院《2020—2025年中国气动元件行业现状分析及投资价值研究报告》。

职业能力 B-3-2　能搭建与调试气动快速运动回路

一、核心概念

1）快速排气阀：简称快排阀，是一种用于实现执行元件背压力快速释放，从而提高运动速度的方向控制阀。

2）快速运动回路：在气动控制回路中，活塞杆伸出时需要进行节流控制，使活塞杆慢速伸出，活塞杆缩回时，无杆腔内空气经快速排气阀排出，使活塞杆快速退回。

二、学习目标

1）能说出快速排气阀的原理，并能绘制图形符号。
2）能绘制元件图形符号，并能表述其在回路中发挥的作用。
3）能识读推出气缸快速缩回气动控制回路图。
4）能根据推出气缸快速缩回气动控制回路图完成回路安装，并能按工作要求调节气缸运行速度。
5）培养尊重科学、积极思考的问题解决能力。

三、工作情境

执行元件的快速复位是常见的控制要求。可以通过限制压缩空气流量的方式来实现，一般采用安装单向节流阀来控制气缸活塞杆伸出的速度。

但在实际应用中，为了便于调试和检修，减少排气时的管道能量损失，执行元件迅速复位常采用快速排气阀。

图 B3-2-1 所示为板材对齐装置，它利用一个双作用气缸作为执行元件，推动板材对齐。气缸活塞杆伸出完成板材对齐后，应自动迅速缩回，避免阻挡流水线后续板材的到来，并提高生产效率，推出气缸快速缩回气动控制回路如图 B3-2-2 所示。

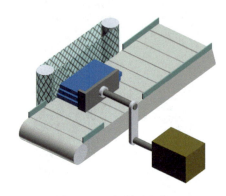

图 B3-2-1　板材对齐装置

工作任务 B-3
气动速度控制回路的搭建与调试

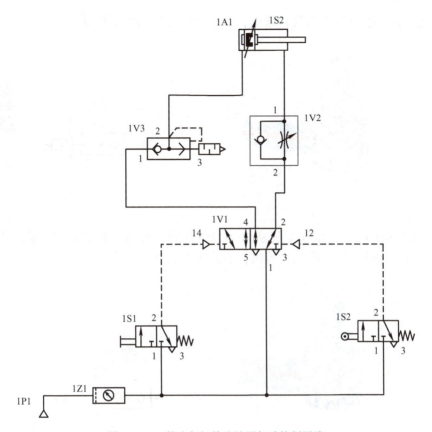

图 B3-2-2　推出气缸快速缩回气动控制回路

四、基本知识

1. 快速排气阀

（1）实物及图形符号

快速排气阀是一种用于实现执行元件背压力快速释放，从而提高运动速度的方向控制阀。其实物与图形符号如图 B3-2-3 所示。

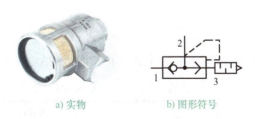

a) 实物　　　　b) 图形符号

图 B3-2-3　快速排气阀实物与图形符号

（2）结构及工作过程

快速排气阀有 3 个气动接口，分别是进气口、出气口和排气口。

如图 B3-2-4 所示，当压缩空气从进气口流入时，在压力的作用下，阀芯处于右侧，封闭了排气口，压缩空气从出气口流出，这是快速排气阀的工作进气。

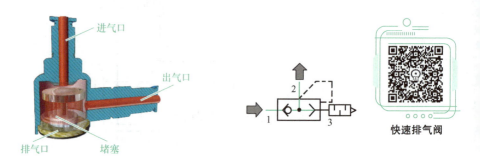

图 B3-2-4　快速排气阀的工作进气

如图 B3-2-5 所示，当压缩空气从出气口流入时，在压力的作用下，阀芯处于左侧，封闭了进气口，压缩空气从排气口流出，直接排入大气。

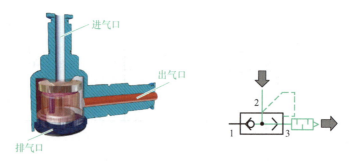

图 B3-2-5　快速排气阀的快速排气

2. 应用快速排气阀实现快速运动回路

在图 B3-2-2 所示回路中应用快速排气阀实现执行元件的快速缩回。当气缸活塞杆缩回时，气缸左腔的气体流经快速排气阀时被排入大气，而无须再经管路送至换向阀排出。由于快速排气阀一般安装在气缸附近，减少了气体在管路中的运行时间，气体能够快速排出，保证了气缸活塞杆的快速缩回。

五、能力训练

（一）操作条件

在操作前应根据任务要求制定操作计划，并参照表 B3-2-1 准备相应的设备和工具。

表 B3-2-1　能力训练操作条件

序号	操作条件	参考建议
1	气动元件安装面板	带工字槽面板或网孔板，应符合气动元件快速安装需求
2	气动动力元件	静音空气压缩机，一般采用中低型，满足教学中对压缩空气的压力和排量要求即可
3	气源处理装置	气动三联件/气动二联件

工作任务 B-3 气动速度控制回路的搭建与调试

（续）

序号	操作条件	参考建议
4	气动执行元件	双作用气缸
5	气动控制元件	方向控制阀：按钮式换向阀 1 只、二位五通双气控换向阀 1 只、滚轮式换向阀 1 只 速度控制阀： 单向节流阀 1 只　　快速排气阀 1 只
6	气动辅助元件	压力表、气管、管接头等辅助元件及材料

（二）安全及注意事项

1）气缸安装牢靠，且活塞杆伸出时保持安全距离。
2）元件安装距离合理，气管不交叉，不缠绕。
3）气源压力设置在合理范围，一般为 0.4～0.6MPa。
4）打开气源，注意观察，以防管路未连接牢固而崩开。
5）观察、记录回路运行情况，对设备使用中出现的问题进行分析和解决。
6）完成后关闭气源，拆下元件和管路放回原位，对破损老化元件及时维护或更换。

推出气缸快速缩回气动控制回路安装与调试

（三）操作过程

根据表 B3-2-2 完成推出气缸快速缩回气动控制回路安装与调试。

表 B3-2-2　操作步骤及要求

序号	步骤	操作方法及说明	操作要求
1	正确识读气动控制回路图	按照气动控制回路图，正确辨识元件名称及数量	填写回路元件清单
2	选型气动元件	在元件库中选择对应的元件，包含型号及数量	参考元件清单进行核对
3	安装气动元件	合理布局元件位置，并牢固安装在面板上	

（续）

序号	步骤	操作方法及说明	操作要求
4	管路连接	以经济环保的原则，剪裁合适长度的气管，参照控制回路图进行回路连接	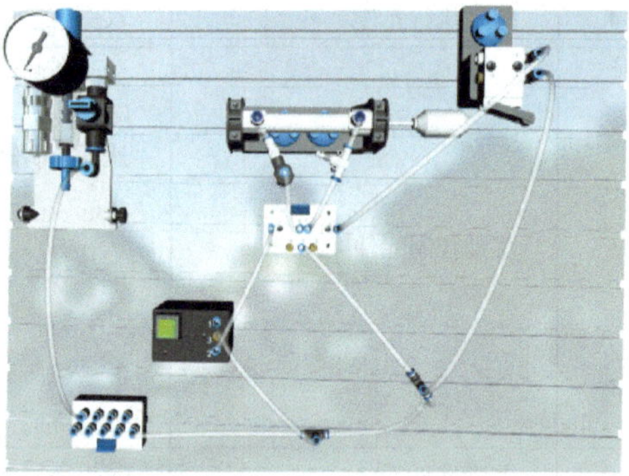
5	检查回路	确认元件安装牢固；确认管路安装牢靠且正确	参照元件清单及控制回路图检查
6	调试	打开气源，将系统工作压力调至 0.4~0.6MPa；参照工作要求试运行	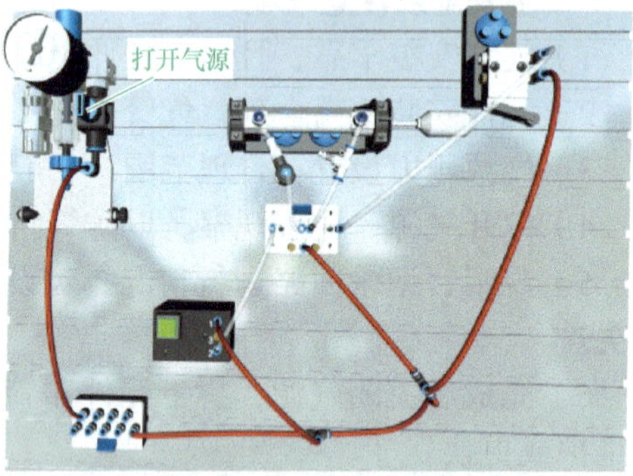
		按下按钮式二位三通换向阀按钮，气缸活塞杆伸出	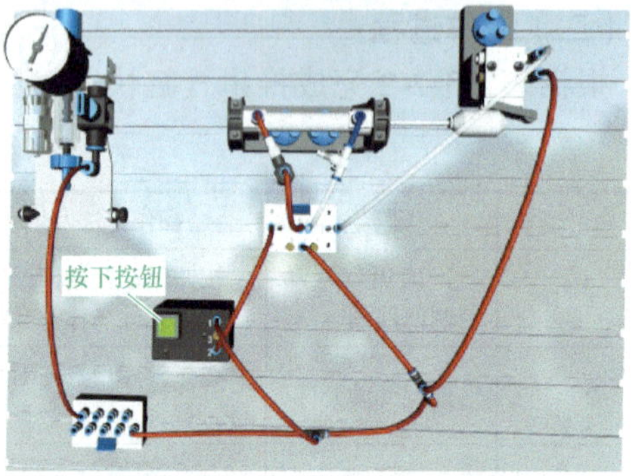
		气缸活塞杆压下滚轮式二位三通换向阀滚轮，气缸活塞杆缩回	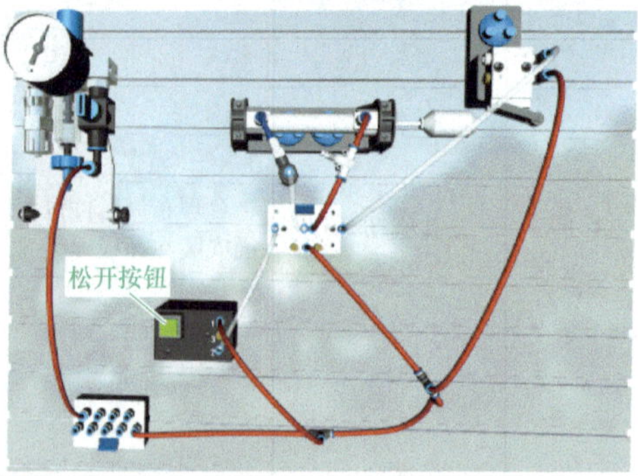

（续）

序号	步骤	操作方法及说明	操作要求
7	试运行	试运行一段时间，观察设备运行情况，确保功能实现，运行稳定可靠	
8	清洁、整理	按照逆向安装顺序，拆卸管路及元件；按 6S 要求进行设备及环境整理	没有元件遗留在设备表面；设备表面及周围保持清洁；如有废料或杂物，及时清理

操作记录 1：正确识读推出气缸快速缩回气动控制回路，列出元器件清单，简要写出其功能，绘制图形符号并记录型号，将结果填入表 B3-2-3 中。

表 B3-2-3　记录表 1

序号	元件名称	数量	功能	图形符号	型号
1					
2					
3					
4					
5					
6					

操作记录 2：规范调试及运行设备，将结果填入表 B3-2-4 中。

表 B3-2-4　记录表 2

序号	要求	是	否
1	设置系统压力为 0.5±0.1MPa	○	○
2	按下控制按钮，活塞杆慢速伸出	○	○
3	完全压下行程阀后，活塞杆快速缩回	○	○
4	单向节流阀调速后，锁紧螺母锁紧	○	○

操作记录 3：描述设备故障现象及分析解决方案，将结果填入表 B3-2-5 中。

表 B3-2-5　记录表 3

序号	故障现象描述	解决方案
1		
2		
3		

问题情境一

请充分查找资料，列举快速排气阀应用的场合，并说明快速排气阀是如何使用的。

（续）

情境提示：
1）需要气缸快速返回的场合。
2）大型场合的地板采暖、空调和供水系统。

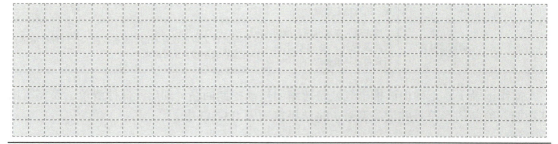

问题情境二

若气缸在有负载条件下运行，在运行过程中，突然负载产生波动，气缸速度是否会发生变化？

情境提示：
1）由于气体的可压缩性，当突然增大负载时，气缸内的气体被压缩，气缸活塞速度将减慢。
2）由于同样的原因，当突然减小负载时，气缸内的气体膨胀，气缸活塞速度将加快，也称为"自走"现象。

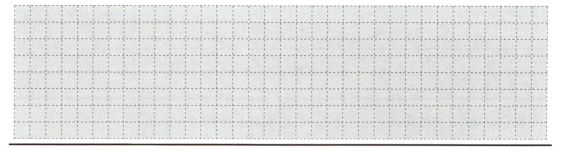

（四）学习结果评价

通过以上学习和实践操作，对相关知识的学习和能力训练完成情况做出客观评价，并填写学习结果评价表 B3-2-6。

表 B3-2-6　学习结果评价表

评价项目	评分内容	分值	评分细则	成绩	扣分记录
职业素养	操作过程安全规范	15 分	按要求穿戴工装，但不整齐，每处扣 1 分		
			未能按照要求穿戴工装，扣 5 分		
			工、量具使用不符合规范，每处扣 2 分		
			气管使用未做到经济环保，每处扣 2 分		
			气管安装方式不规范或交叉堆叠，每处扣 2 分		
	工作环境保持整洁	10 分	导线、废料随意丢弃，每处扣 1 分		
			工作台表面遗留元件、工具，每处扣 1 分		
			操作结束，元件、工具未能整齐摆放，每处扣 1 分		

（续）

评价项目	评分内容	分值	评分细则	成绩	扣分记录
专业素养	软件应用	15 分	能抄绘推出气缸快速缩回气动控制回路，元件选择错误，每处扣 2 分		
			能仿真验证推出气缸快速缩回气动控制回路控制要求，有部分功能缺失，每处扣 2 分		
			未能正确命名并保存推出气缸快速缩回气动控制回路，每处扣 2 分		
	回路搭建（操作记录 1）	20 分	正确选择元件，并记录，有失误每处扣 2 分		
			按图施工，根据推出气缸快速缩回气动控制回路，选择对应的元件，有元件选择错误，每处扣 4 分		
			正确连接，将所选用元件正确安装到面板上，有安装松动，每处扣 4 分		
专业素养	调试运行（操作记录 2）	30 分	设定压缩空气工作压力为 0.4～0.6MPa，未能达到压力要求或不符合操作要求，扣 2 分		
			气缸活塞杆伸出后未能压下行程阀，位置不准确，扣 5 分		
			气缸活塞杆伸出/缩回速度符合控制要求，未能满足动作要求，扣 5 分		
	分析记录（操作记录 3）	10 分	正确描述推出气缸快速缩回气动控制回路工作过程，描述有缺失，扣 2 分		
			未如实记录推出气缸快速缩回气动控制回路故障，或不能完成故障调试，扣 5 分		

六、课后作业

1）快速排气阀适用于什么应用场合？其图形符号是怎样的？

2）在图 B3-2-6 中的虚线框内补画需要的元件，以实现气缸伸出时速度可调，缩回时可快速缩回（可有不同方案）。

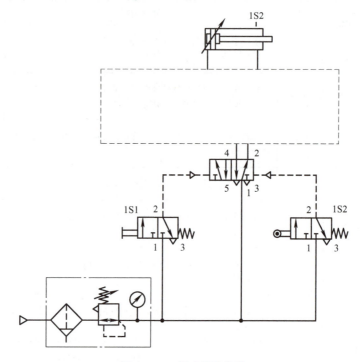

图 B3-2-6　调速回路设计

工作任务 B-4
气动逻辑控制回路的搭建与调试

 职业能力 B-4-1　能搭建与调试气动逻辑控制回路

一、核心概念

1) 气动逻辑元件：以压缩空气为介质，通过元件的可动部件（如膜片、阀芯）在气控信号作用下动作，改变气流方向以实现一定的逻辑功能的气体控制元件。

2) 梭阀：为气动"或"逻辑信号选择元件，当两个进气口信号有一个满足时就能产生输出，为"或"逻辑关系。

3) 双压阀：为气动"与"逻辑信号判断元件，当两个进气口信号都满足时才能产生输出，为"与"逻辑关系。

二、学习目标

1) 能识读板材成型装置气动控制回路图。
2) 能说出梭阀、双压阀的工作原理，并能绘制图形符号。
3) 能根据元件铭牌对气动元件进行选型，并完成元件安装。
4) 能根据板材成型装置气动控制回路图完成管路连接。
5) 能正确设置压力、流量等参数，按照控制功能进行调试。
6) 能正确记录常见故障，并进行故障分析排除。
7) 逐步养成认真负责、严谨细致、精心专注、一丝不苟的职业态度。

三、工作情境

图 B4-1-1 所示为板材成型装置，它利用一个气缸对塑料板材进行成型加工。气缸活塞杆在两个按钮 1S1、1S2 同时按下时伸出，带动曲柄连杆机构，使机构中的上模实现下压动作，对塑料板材进行压制成型。按下另一按钮 1S3 使气缸活塞杆缩回，曲柄连杆机构带动上模上升，完成成型加工。

该回路用两个手动阀作为起动阀，经过"与"逻辑判断后将信号送到主阀的控制信号端，来控制气缸活塞杆的伸出。另一个手动阀将停止信号送到主阀的另一控制信号端，来实现气缸活塞杆的缩回。主阀采用双气控换向阀。

设备操作时，同时按下 1S1、1S2 两个按钮后气缸活塞杆伸出，这时双手已经全部离开了可能造成危害的区域，保证了操作者的安全。由于机构只能在两只手同时操作按钮时才能动作，是常用的一种安全保护回路。

板材成型装置气动控制回路如图 B4-1-2 所示。请完成板材成型装置气动控制回路的识读，并在实训设备上进行该回路的搭建与调试。

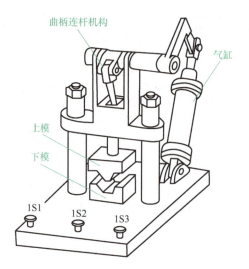

图 B4-1-1　板材成型装置

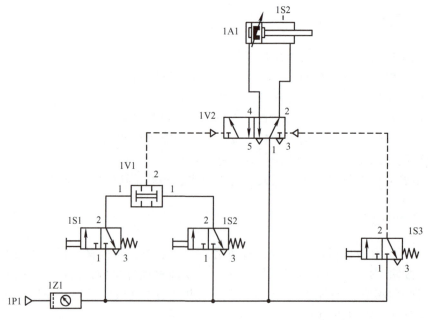

图 B4-1-2　板材成型装置气动控制回路

四、基本知识

气动逻辑控制一般需要气动逻辑元件实现控制功能，气动逻辑元件是以压缩空气为介质，通过元件的可动部件（如膜片、阀芯）在气控信号作用下动作，改变气流方向以实现一定的逻辑功能的气体控制元件。

（一）"或"逻辑

1. 梭阀

（1）梭阀实物及图形符号

梭阀属于气动逻辑元件，主要用于信号的选择，当两个进气口信号有一个满足时就能产生输出，为逻辑"或"关系。梭阀实物与图形符号如图 B4-1-3 所示。

（2）梭阀结构及工作过程

梭阀由阀体、进气口、出气口和阀芯组成，其结构如图 B4-1-4 所示。

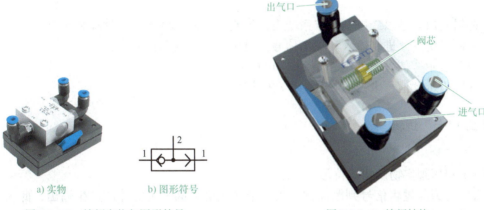

a）实物　　　　　b）图形符号

图 B4-1-3　梭阀实物与图形符号　　　　图 B4-1-4　梭阀结构

工作过程：梭阀由两个进气口和一个出气口组成。若在梭阀的任一进气口上输入信号，则该进气口相对的阀口就被关闭，在出气口上就有信号输出。即梭阀只要在任一进气口上输入信号，在出气口上就会有信号输出，如图 B4-1-5 所示。

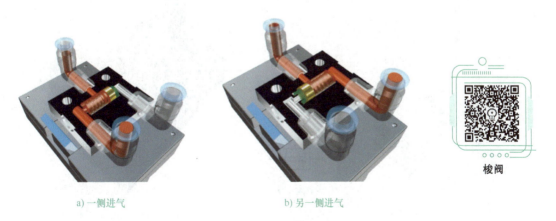

a）一侧进气　　　　　　　b）另一侧进气

图 B4-1-5　梭阀工作过程

2. "或"逻辑控制

"或"逻辑经常用于电、气控制回路中进行两地或多地控制，真值表见表 B4-1-1。"或"逻辑的功能在气动回路中可以通过控制信号的并联和梭阀控制这两种方法来实现，如图 B4-1-6 所示。

表 B4-1-1 "或"逻辑真值表

进气口	进气口	出气口
0	0	0
1	0	1
0	1	1
1	1	1

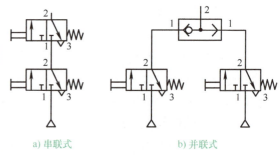

a) 串联式　　　b) 并联式

图 B4-1-6　"或"逻辑控制信号连接方式

逻辑真值表是以二进制数字系统表达控制系统的信号输入、处理和输出。
控制系统的二进制输入和输出信号仅设定为两种状态：0 或 1。
"1"表示"信号已占用/已操作/已接通"。
"0"表示"信号未占用/未操作/未接通"。

（二）"与"逻辑

1. 双压阀

（1）双压阀实物及图形符号

双压阀为与逻辑信号判断元件。当两个输入信号都满足时才能产生输出，此为"与"逻辑关系。双压阀有两个进气口和一个出气口，其实物与图形符号如图 B4-1-7 所示。

（2）双压阀结构及工作过程

双压阀由阀体、进气口、出气口和阀芯组成，其结构如图 B4-1-8 所示。

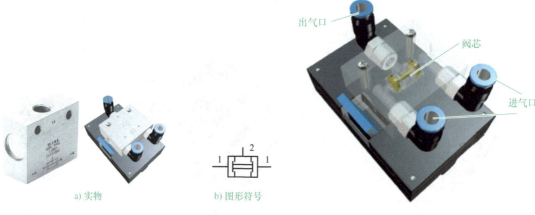

a) 实物　　　b) 图形符号

图 B4-1-7　双压阀实物及图形符号　　　图 B4-1-8　双压阀结构

工作过程：若在双压阀的任一进气口上输入信号，由于阀芯的移动，此口会关闭，如图 B4-1-9a 所示。若双压阀的两个进气口均输入信号，出气口就会有信号输出，如图 B4-1-9b 所示。即只有两个进气口均有输入信号时，出气口上才会有信号输出，实现了"与"逻辑功能。

工作任务 B-4
气动逻辑控制回路的搭建与调试

2. "与"逻辑控制

当输入两个或多个控制信号时,只有都满足条件时才能产生输出,这就是"与"逻辑关系,其真值表见表 B4-1-2。"与"逻辑的功能在气动回路中可以通过控制信号的串联和双压阀控制这两种方法来实现,如图 B4-1-10 所示。

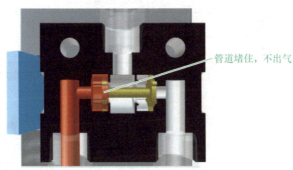

双压阀

a) 一侧进气,不导通

b) 双侧同时进气,导通

图 B4-1-9 双压阀工作过程

表 B4-1-2 "与"逻辑真值表

进气口	进气口	出气口
0	0	0
1	0	0
0	1	0
1	1	1

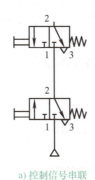
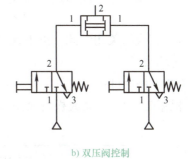

a) 控制信号串联　　　　　b) 双压阀控制

图 B4-1-10 "与"逻辑控制信号连接方式

五、能力训练

(一)操作条件

在操作前应根据任务要求制定操作计划,并参照表 B4-1-3 准备相应的设备和工具。

95

表 B4-1-3　能力训练操作条件

序号	操作条件	参考建议
1	气动元件安装面板	带工字槽面板或网孔板，应符合气动元件快速安装需求
2	气动动力元件	静音空气压缩机，一般采用中低型，满足教学中对压缩空气的压力和排量要求即可
3	气源处理装置	气动三联件/气动二联件
4	气动执行元件	双作用气缸
5	气动控制元件	方向控制阀：手动控制按钮3只、二位五通双气控换向阀1只 逻辑控制阀： 双压阀1只
6	气动辅助元件	压力表、气管、管接头等辅助元件及材料

（二）安全及注意事项

1）根据任务要求制定操作计划，合理安排任务进度，做到在规定时间内完成操作训练。

2）气缸安装牢靠，且活塞杆伸出时保持安全距离。

3）元件安装距离合理，气管不交叉，不缠绕。

4）气源压力设置在合理范围，一般为 0.4～0.6MPa。

5）打开气源，注意观察，以防管路未连接牢固而崩开。

6）观察、记录回路运行情况，对设备使用中出现的问题进行分析和解决。

7）完成后关闭气源，拆下元件和管路放回原位，对破损老化元件及时维护或更换。

板材成型装置气动控制回路安装与调试

（三）操作过程

根据表 B4-1-4 完成板材成型装置气动控制回路的安装与调试。

表 B4-1-4　操作步骤及要求

序号	步骤	操作方法及说明	操作要求
1	正确识读气动控制回路图	按照气动控制回路图，正确辨识元件名称及数量	填写回路元件清单
2	选型气动元件	在元件库中选择对应的元件，包含型号及数量	参考元件清单进行核对

工作任务 B-4
气动逻辑控制回路的搭建与调试

（续）

序号	步骤	操作方法及说明	操作要求
3	安装气动元件	合理布局元件位置，并牢固安装在面板上	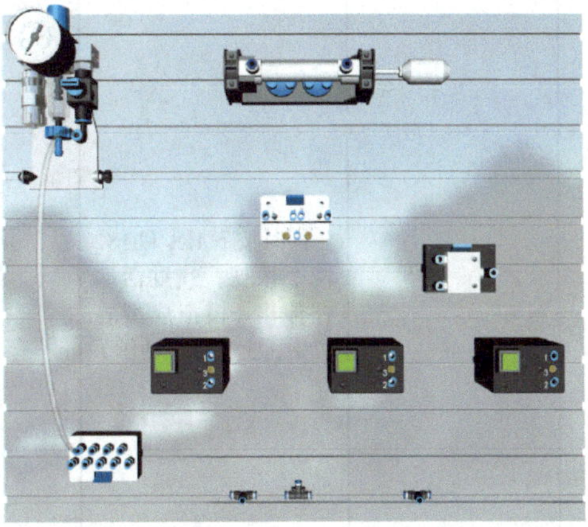
4	管路连接	以经济环保的原则，剪裁合适长度的气管，参照控制回路图进行回路连接	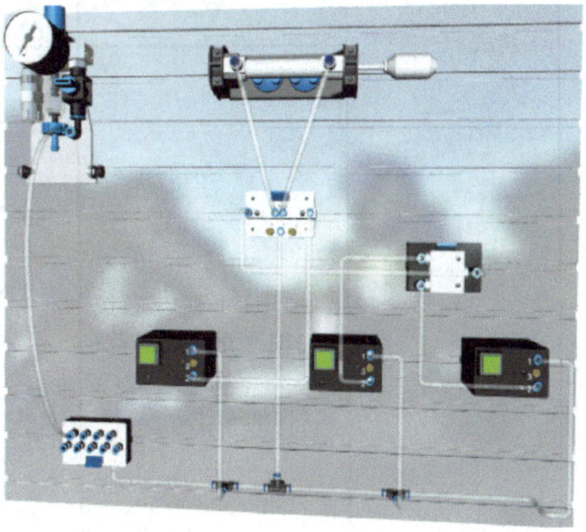
5	检查回路	确认元件安装牢固；确认管路安装牢靠且正确	参照元件清单及控制回路图检查
6	调试	打开气源，将系统工作压力调至0.4～0.6MPa；参照工作要求试运行	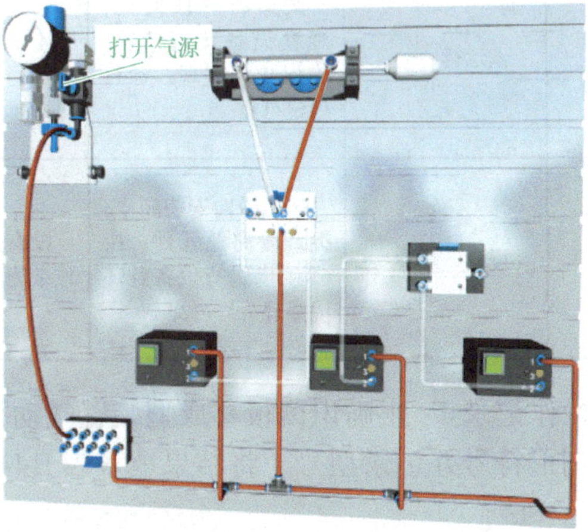

（续）

序号	步骤	操作方法及说明	操作要求
6	调试	同时按下 1S1 和 1S2 两个按钮，气缸活塞杆伸出（模拟成型装置中，上模下压动作）	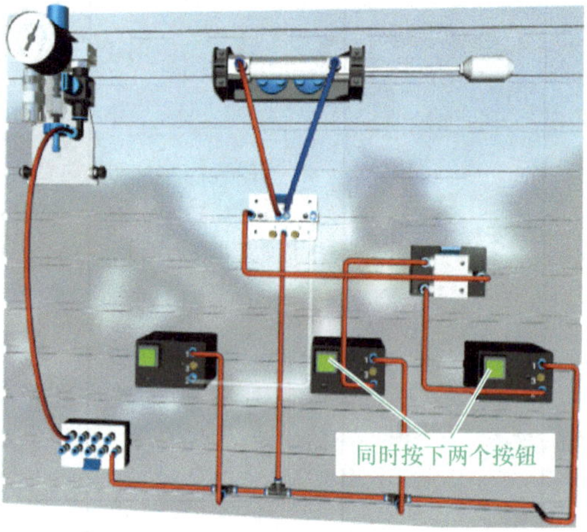
		松开 1S1 和 1S2，按下 1S3 按钮，活塞杆缩回（模拟成型装置中，上模抬起动作）	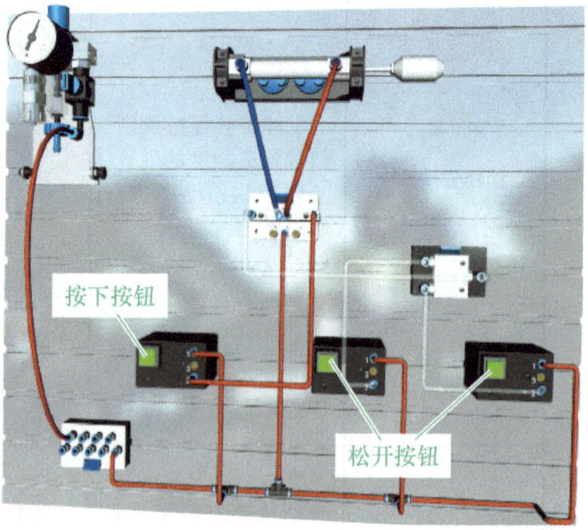
7	试运行	试运行一段时间，观察设备运行情况，确保功能实现，运行稳定可靠	
8	清洁、整理	按照逆向安装顺序，拆卸管路及元件；按 6S 要求进行设备及环境整理	没有元件遗留在设备表面；设备表面及周围保持清洁；如有废料或杂物，及时清理

操作记录 1：正确识读板材成型装置气动控制回路，列出元件清单，简要写出其功能，绘制图形符号并记录型号，将结果填入表 B4-1-5 中。

表 B4-1-5　记录表 1

序号	元件名称	数量	功能	图形符号	型号
1					
2					
3					
4					
5					
6					

操作记录 2：规范调试及运行设备，将结果填入表 B4-1-6 中。

表 B4-1-6　记录表 2

序号	要求	是	否
1	设置系统压力为 0.4～0.6MPa	○	○
2	按下按钮 1S1 或 1S2，气缸不动作	○	○
3	同时按下按钮 1S1 和 1S2，气缸活塞杆伸出	○	○
4	按下 1S3 按钮，活塞杆缩回	○	○
5	系统运行正常	○	○

在操作中，气动回路常见故障现象及原因分析见表 B4-1-7。

表 B4-1-7　气动回路常见故障现象及原因分析

故障现象	解决方案
管路连接正确，系统无法启动	方案一：工作压力设定有误，低于 0.25MPa 方案二：逐一检查气管通气，是否存在虚接 方案三：单向节流阀锁紧
按下按钮 1S1 或 1S2，气缸伸出	方案一：双压阀误选，检查并更换 方案二：二位三通换向阀初始位应为常断，存在误拿误装，检查并更换
气缸运行速度调节无效	方案一：压缩空气未达到工作范围 方案二：单向节流阀安装方向与回路图不一致，误装

问题情境一

如果本任务（见图 B4-1-2）中要求气缸缩回通过松开 1S1 和 1S2 中任意一个来实现，试分析各项要求，该如何设计回路。

（续）

情境提示：
1）考虑信号逻辑，将"与"逻辑换成"或"逻辑。
2）若气缸缩回不需要驱动，需要考虑主阀的控制功能改变。

问题情境二

在公共场合，常利用气动技术控制门的开关动作，如图 B4-1-11 所示。若在门内外各装有一对开关按钮，可以实现两地控制。门内的两个开门按钮为 1S1（开）和 1S3（关）；门外的两个关门按钮为 1S2（开）和 1S4（关）。同时要求控制门开关的速度，保证通行的安全性，如何根据控制要求进行回路设计或改造。

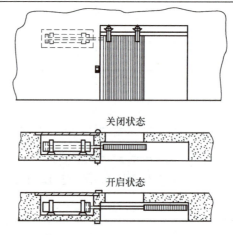

图 B4-1-11　两地控制的气动开关门装置示意图

情境提示：
1）通过情境描述分析可知，按钮 1S1 和 1S2 通过"或"逻辑控制开门；按钮 1S3 和 1S4 通过"或"逻辑控制关门。
2）开/关情况下都要调速，需要考虑安装单向节流阀进行调速。

（四）学习结果评价

通过以上学习和实践操作，对相关知识的学习和能力训练完成情况做出客观评价，并填写学习结果评价表 B4-1-8。

表 B4-1-8　学习结果评价表

评价项目	评分内容	分值	评分细则	成绩	扣分记录
职业素养	操作过程安全规范	15 分	按要求穿戴工装，但不整齐，每处扣 1 分		
			未能按照要求穿戴工装，扣 5 分		
			工、量具使用不符合规范，每处扣 2 分		
			气管使用未做到经济环保，每处扣 2 分		
			气管安装方式不规范或交叉堆叠，每处扣 2 分		
	工作环境保持整洁	10 分	导线、废料随意丢弃，每处扣 1 分		
			工作台表面遗留元件、工具，每处扣 1 分		
			操作结束，元件、工具未能整齐摆放，每处扣 1 分		
专业素养	软件应用	15 分	能抄绘气动与逻辑控制回路，元件选择错误，每处扣 2 分		
			能仿真验证气动逻辑控制回路的控制要求，有部分功能缺失，每处扣 2 分		
			未能正确命名并保存气动逻辑控制回路，每处扣 2 分		
	回路搭建（操作记录 1）	20 分	正确选择元件，并记录，有失误每处扣 2 分		
			按图施工，根据气动逻辑控制回路，选择对应的元件，有元件选择错误，每处扣 4 分		
			正确连接，将所选用元件正确安装到面板上，有安装松动，每处扣 4 分		
	调试运行（操作记录 2）	30 分	设定压缩空气工作压力为 0.4～0.6MPa，未能达到压力要求或不符合操作要求，扣 2 分		
			同时按下按钮 1S1 和 1S2，气缸活塞杆未伸出，扣 5 分		
			按下 1S3 按钮，活塞杆未能缩回，扣 5 分		
	分析记录	10 分	正确描述气动逻辑控制回路工作过程，描述有缺失，扣 2 分		
			不能完成故障调试，每处扣 5 分		

六、课后作业

1）气动逻辑元件有哪些对应的逻辑功能？请在表 B4-1-9 中填出元件名称、图形符号，并对功能进行简要描述。

表 B4-1-9　气动逻辑元件

元件名称	图形符号	功能描述

2）将问题情境一中的回路在气动仿真软件中绘制并验证。

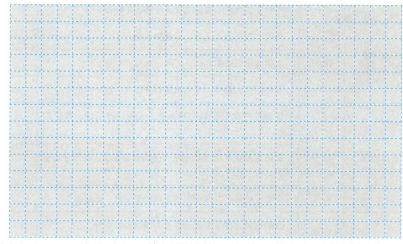

3）请在图 B4-1-12 的基础上，将问题情境二中的开关门气动控制回路补充完整。

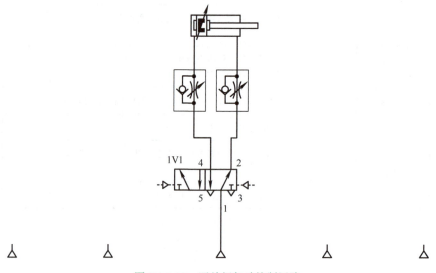

图 B4-1-12　开关门气动控制回路

4）扫码完成测评。

工作任务 B-4
气动逻辑控制回路的搭建与调试

职业能力 B-4-2 能搭建与调试气动时间控制回路

一、核心概念

1）气控延时阀：使压缩空气输出信号的状态发生变化，从而与输入信号形成一定的时间差。延时阀是一个组合阀，由二位三通换向阀、单向节流阀和储气罐组成。

2）气控延时阀特性：通常延时阀的时间调节范围为 0～30s。分为延时断开型延时阀和延时接通型延时阀。

二、学习目标

1）认识二位三通延时阀，能描述元件结构，并绘制图形符号。
2）能识读圆柱工件分离机构气动控制回路，并能说出其动作过程。
3）会正确使用相关气动设备。
4）能根据控制回路图进行元件选型，能进行回路抄绘仿真，验证功能。
5）能独立完成设备的调试，并进行相关故障的排除。
6）具有科学探索、积极尝试的职业精神。

三、工作情境

图 B4-2-1 所示为圆柱工件分离机构，双作用气缸将圆柱形工件推向测量装置，工件通过气缸的连续运动而被分离。通过控制阀上的旋钮调整气缸在末端停留的时间，保证工件推出。气缸的进程时间 t_1=0.6s，回程时间 t_3=0.4s，气缸在前进的末端位置停留时间 t_2=2.0s，周期循环时间 t_4=3.0s。

圆柱工件分离机构气动控制回路图如图 B4-2-2 所示。请完成圆柱工件分离机构气动控制回路的识读，运用仿真软件抄绘该回路图，并在实训设备上完成该回路的搭建与调试。

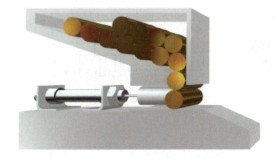 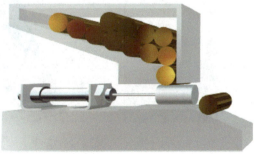

图 B4-2-1 圆柱工件分离机构

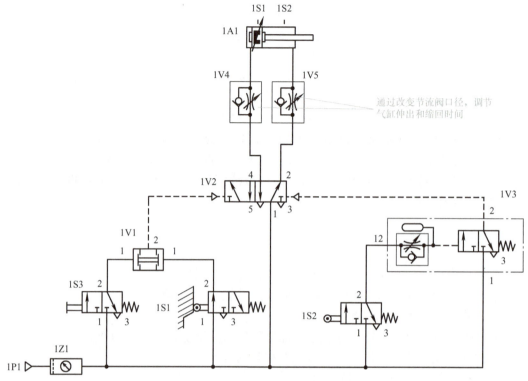

图 B4-2-2 圆柱工件分离机构气动控制回路图

四、基本知识

1. 气控延时阀实物及图形符号

气控延时阀的作用是使输出信号的状态发生变化，从而与输入信号形成一定的时间差。延时阀是一个组合阀，由二位三通换向阀、单向节流阀和气室组成。通常延时阀的时间调节范围为 0~30s。通过增大气室可以使延时时间加长。其实物及图形符号如图 B4-2-3 所示。

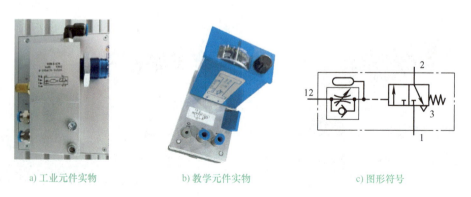

a) 工业元件实物　　　b) 教学元件实物　　　c) 图形符号

图 B4-2-3　延时阀实物及图形符号

工作任务 B-4
气动逻辑控制回路的搭建与调试

2. 气控延时阀结构及工作过程

气控延时阀利用节流阀和气室来调节换向阀控制口充气压力的变化速率，以实现延时。图 B4-2-4 所示为气控延时阀结构及工作过程，当控制口没有压缩空气时，进气口和工作口是不通的；当控制口有压缩空气进入，不断向气室充气，且气室压力达到一定值时，阀芯移动，使进气口与工作口连通。通过调节旋钮（或节流阀）的开口度来调节压力的上升速度，从而达到调节延时时间的效果。

如果延时阀控制口切换到初始位置（无气压信号），压缩气体从储气罐中经单向节流阀的单向支路排出。换向阀弹簧复位，回到初始位置。

延时阀

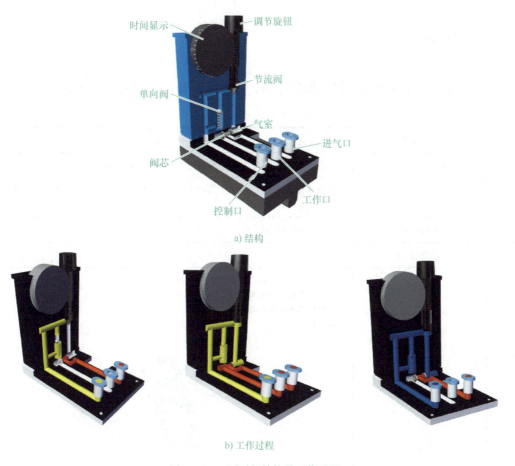

图 B4-2-4　延时阀结构及工作过程

接收到信号且延时一段时间后，换向阀进、出气口才接通的延时阀，称为延时接通型延时阀；若改变换向阀的常态位置，接收到信号延时一段时间后，换向阀进、出气口才断开的延时阀，称为延时断开型延时阀。延时断开型延时阀图形符号如图 B4-2-5 所示。

图 B4-2-5　延时断开型延时阀图形符号

延时断开型延时阀包括一个二位三通常通换向阀。初始状态下，进气口 1 和出气口 2 导通。当换向阀控制口 12 接收到信号且达到一定值后，出气口 2 和排气口 3 导通，进气口 1 断开。

五、能力训练

（一）操作条件

1. 元器件准备

在操作前应根据任务要求制定操作计划，并参照表 B4-2-1 准备相应的设备和工具。

表 B4-2-1　能力训练操作条件

序号	操作条件	参考建议
1	气动元件安装面板	带工字槽面板或网孔板，应符合气动元件快速安装需求
2	气动动力元件	静音空气压缩机，一般采用中低型，满足教学中对压缩空气的压力和排量要求即可
3	气源处理装置	气动三联件 / 气动二联件
4	气动执行元件	双作用气缸
5	气动控制元件	方向控制阀：按钮式换向阀 1 只、滚轮式换向阀 2 只 速度控制阀：调速阀 2 只 逻辑控制阀：双压阀 1 只 延时阀： 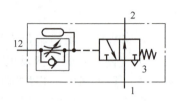 延时接通型延时阀 1 只
6	气动辅助元件	压力表、气管、管接头等辅助元件及材料

2. 回路运行验证准备

在气动仿真软件中抄绘圆柱工件分离机构气动控制回路，见表 B4-2-2 仿真运行，熟悉回路运行原理。

工作任务 B-4
气动逻辑控制回路的搭建与调试

表 B4-2-2 圆柱工件分离机构气动控制回路仿真动作过程

序号	动作条件	回路运行状态
1	行程阀1S1保持压下状态时，按下按钮1S3	
2	活塞杆持续伸出至压下行程阀1S2，延时一定时间后活塞杆缩回	

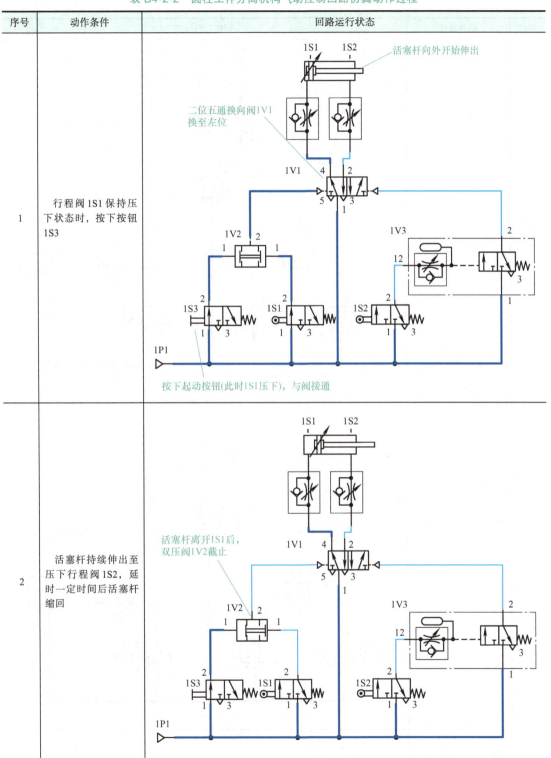

107

(续)

序号	动作条件	回路运行状态
2	活塞杆持续伸出至压下行程阀1S2，延时一定时间后活塞杆缩回	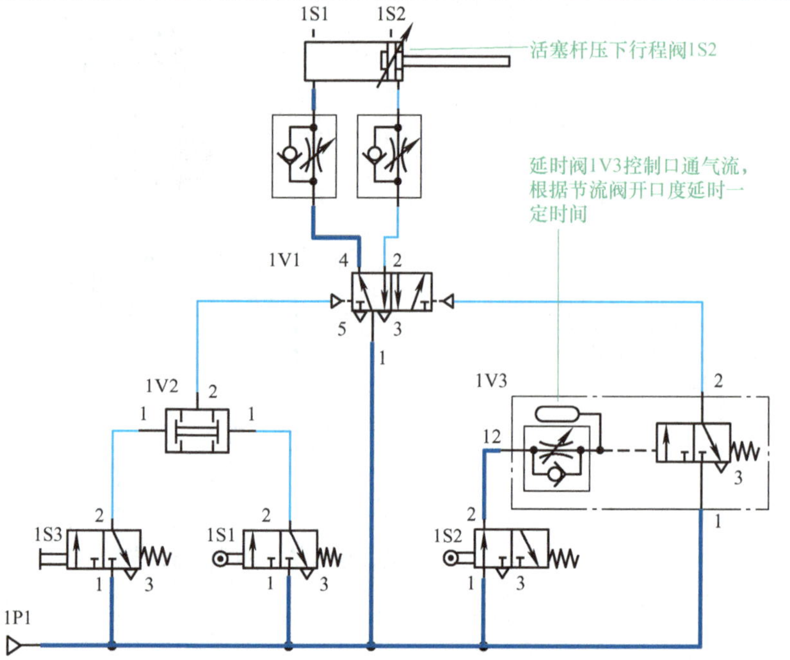 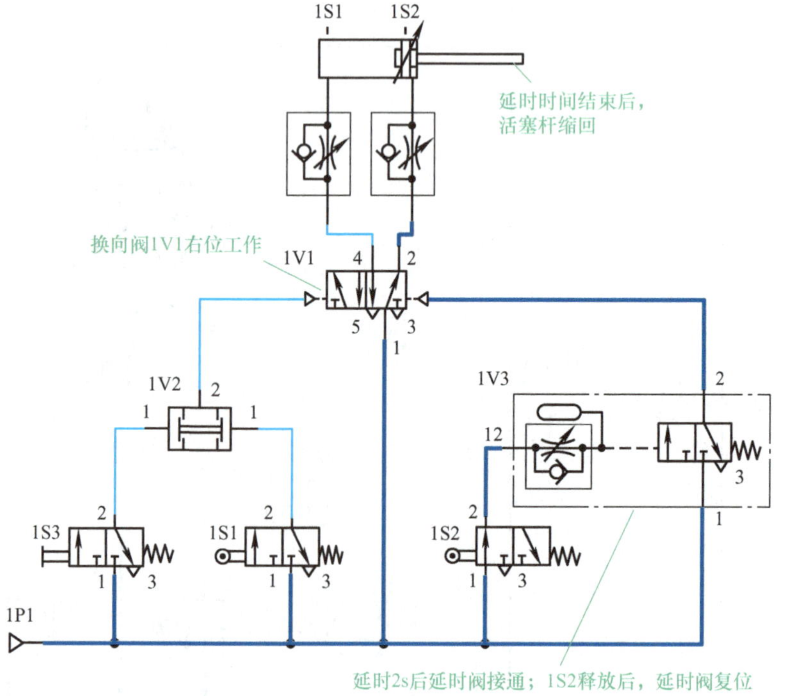 活塞杆压下行程阀1S2 延时阀1V3控制口通气流，根据节流阀开口度延时一定时间 延时时间结束后，活塞杆缩回 换向阀1V1右位工作 延时2s后延时阀接通；1S2释放后，延时阀复位
3	按钮1S3保持压下的情况下，气缸持续往复运动	

（二）安全及注意事项

1）根据任务要求制定操作计划，合理安排任务进度，做到在规定时间内完成操作训练。

2）气缸安装牢靠，且活塞杆伸出时保持安全距离。

3）元件安装距离合理，气管不交叉，不缠绕。

4）气源压力设置在合理范围，一般为 0.4～0.6MPa。

5）打开气源，注意观察，以防管路未连接牢固而崩开。

6）观察、记录回路运行情况，对设备使用中出现的问题进行分析和解决。

7）完成后关闭气源，拆下元件和管路放回原位，对破损老化元件及时维护或更换。

圆柱工件分离机构气动控制回路安装与调试

（三）操作过程

根据表 B4-2-3 完成圆柱工件分离机构气动控制回路的安装与调试。

表 B4-2-3 操作步骤及要求

序号	步骤	操作方法及说明	操作要求
1	正确识读气动控制回路图	按照气动控制回路图，正确辨识元件名称及数量	填写回路元件清单
2	选型气动元件	在元件库中选择对应的元件，包含型号及数量	参考元件清单进行核对
3	安装气动元件	合理布局元件位置，并牢固安装在面板上；确保行程阀 1S1 在活塞杆初始位置压下；确保行程阀 1S2 可以在活塞杆完全伸出位置被压下	
4	管路连接	以经济环保的原则，剪裁合适长度的气管，参照控制回路图进行回路连接	
5	检查回路	确认元件安装牢固；确认管路安装牢靠且正确	参照元件清单及回路原理图检查

（续）

序号	步骤	操作方法及说明	操作要求
6	调试	打开气源，将系统工作压力调至 0.4～0.6MPa；调整延时阀延时时间为 2s	
		按下 1S3 按钮，调整单向节流阀开口度，实现活塞杆以 0.6s 的时间伸出到底（模拟推出气缸推料）	按下按钮1S3
		气缸活塞杆伸出至压下行程阀 1S2，保持该位置，停留 2s	延时2s
		延时后，调整单向节流阀开口度，实现活塞杆以 0.4s 的时间缩回至初始位置，压下行程阀 1S1（模拟推料完成，气缸复位，待下一次起动）	
7	试运行	若按钮阀不松，则实现持续往复运动；试运行一段时间，观察设备运行情况，确保功能实现，运行稳定可靠	
8	清洁、整理	按照逆向安装顺序，拆卸管路及元件；按 6S 要求进行设备及环境整理	没有元件遗留在设备表面；设备表面及周围保持清洁；如有废料或杂物，及时清理

操作记录1：正确识读圆柱工件分离机构气动控制回路，列出元件清单，简要写出其功能，绘制图形符号并记录型号，将结果填入表 B4-2-4 中。

工作任务 B-4 气动逻辑控制回路的搭建与调试

表 B4-2-4 记录表 1

序号	元件名称	数量	功能	图形符号	型号
1					
2					
3					
4					
5					
6					
7					

操作记录 2：规范调试及运行设备，将结果填入表 B4-2-5 中。

表 B4-2-5 记录表 2

序号	要求	是	否
1	设置系统压力为 0.4～0.6MPa	○	○
2	行程阀能完全压下，驱动下一步动作	○	○
3	进程时间 t_1=0.6s，回程时间 t_3=0.4s	○	○
4	气缸在前进的末端位置停留时间 t_2=2.0s	○	○
5	实现循环动作	○	○

操作记录 3：描述设备故障现象及分析解决方案，将结果填入表 B4-2-6 中。

表 B4-2-6 记录表 3

序号	故障现象描述	解决方案
1		
2		
3		

问题情境一

在实际工业应用中，延时阀的时间调节旋钮在同一开口度时，若气源压力不同，会不会影响延时阀延时的时间长短？请按照图 B4-2-6 连接回路，测试不同气源压力下延时时间长短，并写出结论。将结果填入表 B4-2-7 和表 B4-2-8 中。

图 B4-2-6 测试延时阀在不同压力下延时时间长短回路图

（续）

表 B4-2-7 元件清单列表

序号	元件名称	数量	功能

表 B4-2-8 延时阀延时时间长短测试记录及结论

序号	开口度设定	气源压力设定/MPa	延时时间记录	结论
1	请绘制调节状态	0.2		
2		0.4		顺时针旋转，延时时间_____
3		0.6		逆时针旋转，延时时间_____
4	请绘制调节状态	0.2		同开口度下，压力增大，延时时间变_____；
5		0.4		压力减小，延时时间_____
6		0.6		

问题情境二

图 B4-2-7 是自动化设备中应用的延时弹出装置，当上部薄板零部件到达传送位置时，由气缸构成的顶出机构将零件顶起，经过导向滑道进入下一项工序。气缸顶出后，需要有一定的延时，保证零件能完全离开推板。

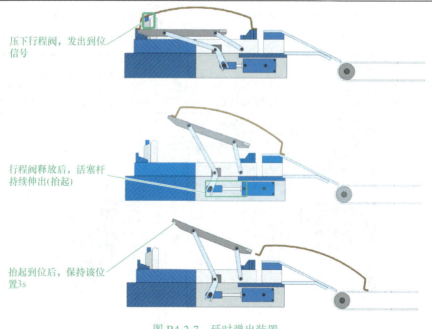

图 B4-2-7 延时弹出装置

（续）

请根据控制要求，绘制气动控制回路图。
情境提示：
1）选择什么类型气缸？
2）用什么元件实现到位信号发出后气缸动作（行程阀）？
3）用什么元件实现延时复位？

（四）学习结果评价

通过以上学习和实践操作，对相关知识的学习和能力训练完成情况做出客观评价，并填写学习结果评价表 B4-2-9。

表 B4-2-9　学习结果评价表

评价项目	评分内容	分值	评分细则	成绩	扣分记录
职业素养	操作过程安全规范	15 分	按要求穿戴工装，但不整齐，每处扣 1 分		
			未能按照要求穿戴工装，扣 5 分		
			工、量具使用不符合规范，每处扣 2 分		
			气管使用未做到经济环保，每处扣 2 分		
			气管安装方式不规范或交叉堆叠，每处扣 2 分		
	工作环境保持整洁	10 分	导线、废料随意丢弃，每处扣 1 分		
			工作台表面遗留元件、工具，每处扣 1 分		
			操作结束，元件、工具未能整齐摆放，每处扣 1 分		
专业素养	软件应用	15 分	能抄绘圆柱工件分离机构气动控制回路，元件选择错误，每处扣 2 分		
			能仿真验证圆柱工件分离机构气动控制回路的控制要求，有部分功能缺失，每处扣 2 分		
			未能正确命名并保存圆柱工件分离机构气动控制回路，每处扣 2 分		
	回路搭建（操作记录 1）	20 分	正确选择元件，并记录，有失误每处扣 2 分		
			按图施工，根据圆柱工件分离机构气动控制回路，选择对应的元件，有元件选择错误，每处扣 4 分		
			正确连接，将所选用元件正确安装到面板上，有安装松动，每处扣 4 分		
	调试运行（操作记录 2）	30 分	设定压缩空气工作压力为 0.4～0.6MPa，未能达到压力要求或不符合操作要求，扣 2 分		
			按下手动按钮，气缸活塞杆未伸出，扣 5 分		
			行程阀能满足驱动条件，且设置下一动作延时时间为 2s，功能不满足，每处扣 5 分		
			活塞杆进程和回程速度设置正确，不满足，每处扣 3 分		
	分析记录（操作记录 3）	10 分	正确描述圆柱工件分离机构气动控制回路工作过程，描述有缺失，扣 2 分		
			不能完成故障调试，每处扣 5 分		

六、课后作业

1）请按要求填写表 B4-2-10。

表 B4-2-10　元件及对应信息

名称	元件符号	功能描述
二位五通双气控换向阀		
延时阀（常断型）		
延时阀（常通型）		

2）延时回路无延时或延时不显著，试分析原因。

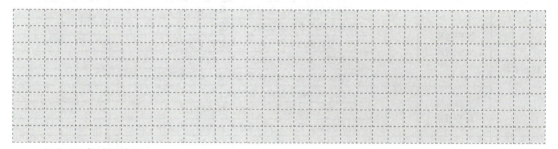

3）扫码完成测评。

工作任务 B-5
气动压力顺序控制回路的搭建与调试

 职业能力 B-5-1　能搭建与调试气动压力控制回路

一、核心概念

1）压力控制元件：一般包括减压阀、溢流阀和顺序阀等。
2）压力顺序阀：将元件进气口上的压力与预先设定的压力值比较，当输入压力大于预设压力时，压力顺序阀会输出一个气控信号压力，进行下一步驱动。压力顺序阀是通过调节设定气压的大小来控制回路各执行元件顺序动作的元件。

二、学习目标

1）能描述压力顺序阀的结构和工作原理，并绘制图形符号。
2）能识读压印机气动控制回路，并能说出其动作过程。
3）会正确使用相关气动设备，并能根据控制要求调节压力控制参数。
4）能根据控制回路图进行元件选型，进行回路抄绘仿真，验证功能。
5）能根据控制回路图安装气动控制回路并设置系统参数。
6）能独立完成设备的调试，并进行相关故障的排除。
7）具有良好的团队合作和问题解决能力。

三、工作情境

压印机如图 B5-1-1 所示。它主要通过双作用气缸对工件进行压印加工，其工作原理是：当按下开始压印按钮时，气缸活塞杆伸出，活塞杆完全伸出时对工件进行压印，当压力达到其设定压力时，压印工作完成，此时气缸活塞杆自动缩回。压印机可根据不同材料压印所需的压力来进行压力值大小的设定。

根据工作要求，压印机气动控制回路如图 B5-1-2 所示。请完成压印机气动控制回路的识读，运用仿真软件抄绘该回路图，并在实训设备上完成该回路的搭建与调试。

四、基本知识

压力控制元件一般包括减压阀、溢流阀和顺序阀等。将元件进气口上的压力与预先设定的压力值比较，当输入压力大于预设压力时，压力顺序阀会输出一个气控信号压力，进行下一步驱动。能实现通过调节设定气压的大小来控制回路各执行元件顺序动作的元件称为压力顺序阀。

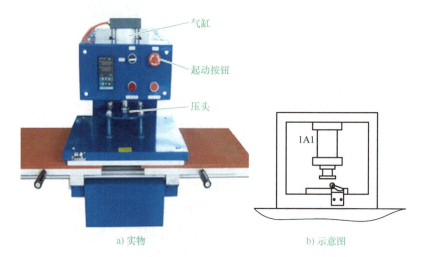

a) 实物　　　　　　　　b) 示意图

图 B5-1-1　压印机

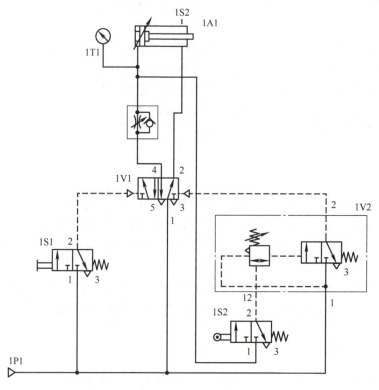

图 B5-1-2　压印机气动控制回路

工作任务 B-5 气动压力顺序控制回路的搭建与调试

1. 压力顺序阀实物及图形符号

压力顺序阀实物及图形符号如图 B5-1-3 所示。

从压力顺序阀图形符号看出,它由两部分组合而成,右侧主阀为一个单气控的二位三通换向阀;左侧导阀为一个通过调节外部输入压力和弹簧力平衡来控制主阀换向的顺序阀。

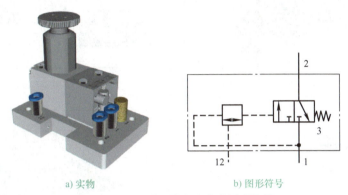

a) 实物　　　　　　b) 图形符号

图 B5-1-3　压力顺序阀实物及图形符号

2. 压力顺序阀结构及工作过程

压力顺序阀结构如图 B5-1-4 所示。

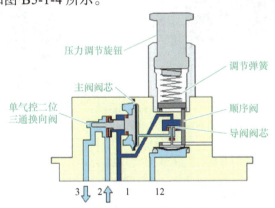

图 B5-1-4　压力顺序阀结构

压力顺序阀工作过程为:初始状态下进气口有压缩空气接入,但出气口无信号输出,被检测的压力信号由导阀控制口输入,其压力和调节弹簧的力相平衡。当控制口压力达到设定值时,就能克服弹簧力使导阀阀芯抬起。导阀阀芯抬起后,主阀进气口的压缩空气就能进入主阀阀芯的右侧,推动主阀阀芯左移实现换向,使主阀出气口与进气口导通,产生输出信号,如图 B5-1-5 所示。

由于调节弹簧的弹簧力可以通过压力调节旋钮进行预先调节设定,所以压力顺序阀只有在控制口 12 的输入气压达到设定压力时,才会产生输出信号。这样就可以利用压力顺序阀实现通过压力大小控制的顺序动作。

压力顺序阀

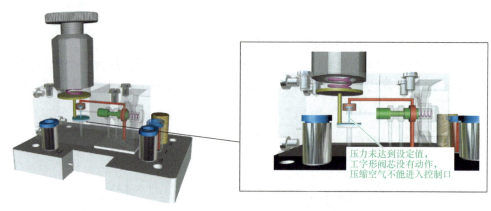

a) 控制口压力未达到时

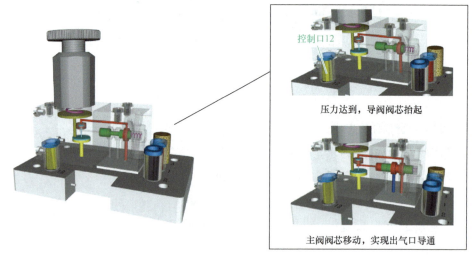

b) 控制口压力达到后

图 B5-1-5　压力顺序阀工作过程

五、能力训练

（一）操作条件

1. 元件准备

在操作前应根据任务要求制定操作计划，并参照表 B5-1-1 准备相应的设备和工具。

表 B5-1-1　能力训练操作条件

序号	操作条件	参考建议
1	气动元件安装面板	带工字槽面板或网孔板，应符合气动元件快速安装需求
2	气动动力元件	静音空气压缩机，一般采用中低型，满足教学中对压缩空气的压力和排量要求即可
3	气源处理装置	气动三联件/气动二联件
4	气动执行元件	双作用气缸

工作任务 B-5
气动压力顺序控制回路的搭建与调试

（续）

序号	操作条件	参考建议
5	气动控制元件	方向控制阀：手动控制按钮1只、滚轮式换向阀1只、二位五通双气控换向阀1只 速度控制阀：调速阀1只 压力控制阀： 压力顺序阀1只
6	气动辅助元件	压力表、气管、管接头等辅助元件及材料

2. 压印机回路分析

按照图 B5-1-2 所示的压印机气动控制回路进行压印机压杆动作分析。

（1）压印机压杆压印时的进、排气回路

进气回路：按下 1S1 按钮，换向阀 1S1 的左位工作，气体从进气口 1 进入，从出气口 2 出来。气体通过气管线连接到二位五通气控阀（1V1），使得气控阀的左位工作。压缩空气经 1V1 的进气口 1 和出气口 4 进入单向节流阀。然后进入双作用气缸 1A1 的无杆腔，推动活塞杆向右运动。在向右运动的过程中活塞杆压下滚轮式二位三通换向阀 1S2 的滚轮，滚轮式二位三通换向阀右位工作。

排气回路：气体从双作用气缸 1A1 的有杆腔出来，进入气控阀 1V1 的左位，从出气口 2 进入，从排气口 3 出来，进行排气。

（2）压印机压杆缩回时的进、排气回路

进气回路：当双作用气缸 1A1 活塞杆压下行程开关 1S2 时，行程换向阀 1S2 左位工作；此时气体进入压力顺序阀 1V2，当控制口 12 的输入气压达到设定压力时，压力顺序阀左位工作，进气口 1 和出气口 2 接通，使二位五通气控阀右位工作，气体进入双作用气缸 1A1 的有杆腔，推动活塞向左运动。

排气回路：气体从双作用气缸的无杆腔出来，进入单向节流阀，从节流阀出来进入气控阀（1V1）右位，进行排气。

3. 回路运行验证准备

请在气动仿真软件中抄绘压印机气动控制回路，在下面空格中绘制气缸活塞杆伸出（压印）状态下的气路状态，将压缩空气（高压）经过的管路做颜色标记（或加粗）。

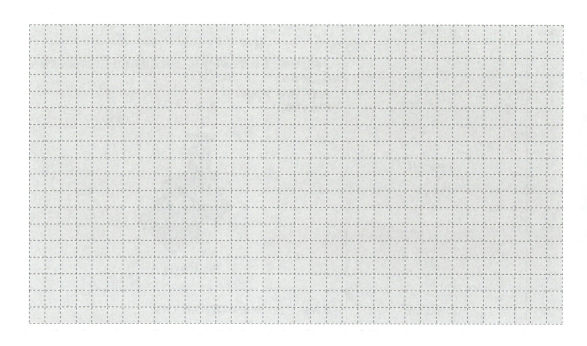

（二）安全及注意事项

1）根据任务要求制定操作计划，合理安排任务进度，做到在规定时间内完成操作训练。

2）气缸安装牢靠，且活塞杆伸出时保持安全距离。

3）元件安装距离合理，气管不交叉，不缠绕。

4）气源压力设置在合理范围，一般为 0.4～0.6MPa。

5）打开气源，注意观察，以防管路未连接牢固而崩开。

6）观察、记录回路运行情况，对设备使用中出现的问题进行分析和解决。

7）完成后关闭气源，拆下元件和管路放回原位，对破损老化元件及时维护或更换。

压印机气动控制回路安装与调试

（三）操作过程

根据表 B5-1-2 完成压印机气动控制回路的安装与调试。

表 B5-1-2 操作步骤及要求

序号	步骤	操作方法及说明	操作要求
1	正确识读气动控制回路图	按照气动控制回路图，正确辨识元件名称及数量	填写回路元件清单
2	选型气动元件	在元件库中选择对应的元件，包含型号及数量	参考元件清单进行核对

工作任务 B-5
气动压力顺序控制回路的搭建与调试

（续）

序号	步骤	操作方法及说明	操作要求
3	安装气动元件	合理布局元件位置，并牢固安装在面板上，且确保行程阀1S2在活塞杆伸出位置被压下；旋松压力调节旋钮	
4	管路连接	以经济环保的原则，剪裁合适长度的气管，参照控制回路图进行回路连接	
5	检查回路	确认元件安装牢固；确认管路安装牢靠且正确	参照元件清单及控制回路图检查
6	调试	打开气源，将系统工作压力调至0.4～0.6MPa；适当旋紧压力调节旋钮	打开气源

（续）

序号	步骤	操作方法及说明	操作要求
6	调试	按下 1S1 按钮，调整单向节流阀开口度，活塞杆向外伸出（模拟气缸下行待压印）	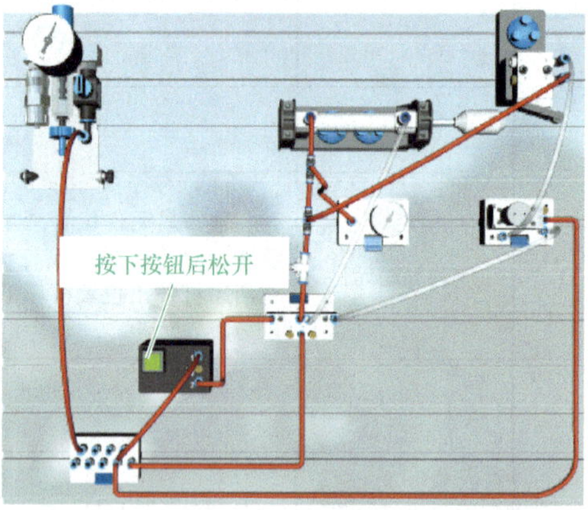 按下按钮后松开
		气缸活塞杆运行至压下行程阀 1S2，保持该位置，待压力升高到设定值，如 0.5MPa（模拟压印过程）	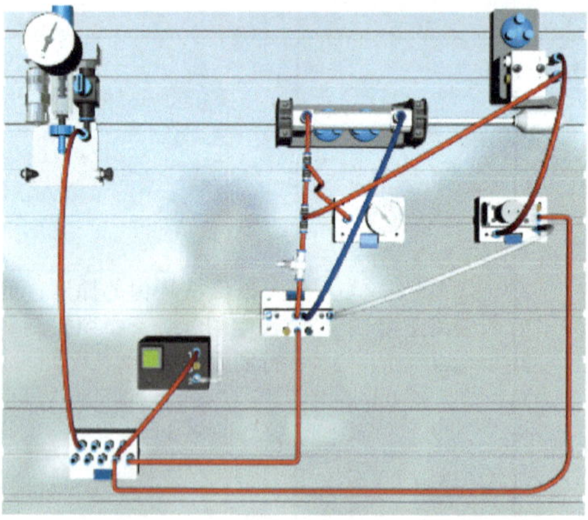  
		达到设定压力值后，活塞杆快速缩回至初始位置（模拟压印一次完成，压头抬起，待下一次起动）	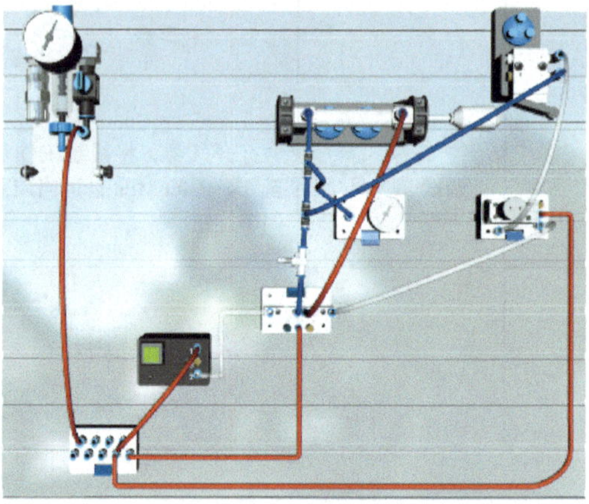

（续）

序号	步骤	操作方法及说明	操作要求
7	试运行	调整压力调节旋钮，至合适压印压力。试运行一段时间，观察设备运行情况，确保功能实现，运行稳定可靠	
8	清洁、整理	按照逆向安装顺序，拆卸管路及元件；按6S要求进行设备及环境整理	没有元件遗留在设备表面；设备表面及周围保持清洁；如有废料或杂物，及时清理

操作记录1：正确识读压印机气动控制回路，列出元件清单，简要写出其功能，绘制图形符号并记录型号，将结果填入表B5-1-3中。

表 B5-1-3 记录表1

序号	元件名称	数量	功能	图形符号	型号
1					
2					
3					
4					
5					
6					
7					
8					

操作记录2：规范调试及运行设备，将结果填入表B5-1-4中。

表 B5-1-4 记录表2

序号	要求	是	否
1	设置系统压力为0.4～0.6MPa	○	○
2	行程阀能完全压下，驱动下一步动作	○	○
3	设置压印压力为0.5MPa	○	○
4	活塞杆慢速伸出到位后达到一定压力（压印过程），然后快速复位	○	○

操作记录3：描述设备故障现象并分析解决方案，将结果填入表B5-1-5中。

表 B5-1-5　记录表 3

序号	故障现象描述	解决方案
1		
2		
3		

问题情境一

压印机气动控制回路中为什么需要选择带缓冲的双作用气缸？是从哪几个角度考虑的？压力顺序阀和系统压力之间的关系是怎样的？

情境提示：
1）从考虑压力与负载的角度出发。
2）从气缸行程控制的角度出发。
3）从冲击影响压印质量的角度出发。

问题情境二

图 B5-1-6 所示为塑料压模设备，用双作用气缸驱动冲模对塑料元件进行压模加工。当按钮按下时，模具伸出，在塑料上进行压模。请根据控制要求，在图 B5-1-7 中设计并绘制该设备气动控制回路。

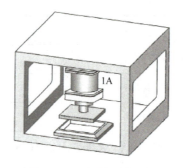

图 B5-1-6　塑料压模设备

要求：1）当达到设定压力值时，模具缩回，要求模压压力可调。
　　　2）如果活塞杆不在初始位置，必须通过手动驱动二位五通换向阀使气路复位。
　　　3）初始状态时所有阀都未被驱动，压缩空气通入气缸的有杆腔，活塞杆保持在缩回状态。

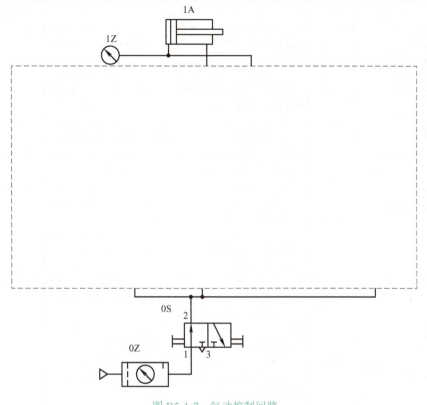

图 B5-1-7 气动控制回路

（四）学习结果评价

通过以上学习和实践操作，对相关知识的学习和能力训练完成情况做出客观评价，并填写学习结果评价表 B5-1-6。

表 B5-1-6 学习结果评价表

评价项目	评分内容	分值	评分细则	成绩	扣分记录
职业素养	操作过程安全规范	15 分	按要求穿戴工装，但不整齐，每处扣 1 分		
			未能按照要求穿戴工装，扣 5 分		
			工、量具使用不符合规范，每处扣 2 分		
			气管使用未做到经济环保，每处扣 2 分		
			气管安装方式不规范或交叉堆叠，每处扣 2 分		
	工作环境保持整洁	10 分	导线、废料随意丢弃，每处扣 1 分		
			工作台表面遗留元件、工具，每处扣 1 分		
			操作结束，元件、工具未能整齐摆放，每处扣 1 分		

（续）

评价项目	评分内容	分值	评分细则	成绩	扣分记录
专业素养	软件应用	15 分	能抄绘压印机气动控制回路，元件选择错误，每处扣 2 分		
			能仿真验证压印机气动控制回路的控制要求，有部分功能缺失，每处扣 2 分		
			未能正确命名并保存压印机气动控制回路，每处扣 2 分		
	回路搭建（操作记录1）	20 分	正确选择元件，并记录，有失误每处扣 2 分		
			按图施工，根据压印机气动控制回路，选择对应的元件，有元件选择错误，每处扣 4 分		
			正确连接，将所选用元件正确安装到面板上，有安装松动，每处扣 4 分		
	调试运行（操作记录2）	30 分	设定压缩空气工作压力为 0.4～0.6MPa，未能达到压力要求或不符合操作要求，扣 2 分		
			按下手动按钮，气缸活塞杆未伸出，扣 5 分		
			行程阀能满足驱动条件，且设置压印压力为 0.5MPa，功能不满足，每处扣 5 分		
			活塞杆进程和回程速度设置正确，不满足，每处扣 3 分		
	分析记录（操作记录3）	10 分	正确描述压印机气动控制回路工作过程，描述有缺失，扣 2 分		
			不能完成故障调试，每处扣 5 分		

六、课后作业

1）请思考，压印机气动控制回路在活塞杆伸出过程中，起动按钮为点动式，为什么按钮松开了，活塞杆依旧保持伸出状态？

2）请对比气动压力控制元件，填写表 B5-1-7。

表 B5-1-7　气动压力控制元件对比

元件名称	减压阀	溢流阀	压力顺序阀	
图形符号				
工作原理				
举例应用场合				

七、拓展知识

压力开关是一种当输入压力值达到设定值时，电气触点接通，发出电信号；输入压力低于设定值时，电气触点断开的元件。压力开关常用于需要进行压力控制和保护的场合。压力开关实物如图 B5-1-8 所示。

图 B5-1-8　压力开关实物

工作任务 B-6
电－气控制回路的搭建与调试

职业能力 B-6-1　能搭建与调试点动往复电－气控制回路

一、核心概念

1）电－气控制回路：在气动控制系统中，为了使控制回路响应速度更快、动作更准确、自动化程度更高，一般要加入电信号和电控元件，与气控元件一起组成电－气控制系统。

2）二位三通单电磁换向阀：属于气动控制元件，它依靠电磁力和弹簧力实现换向。

二、学习目标

1）具有机电行业安全生产、节约资源、保护环境意识。
2）能描述电磁换向阀的原理，并绘制图形符号。
3）能识读冲压装置电－气控制回路，并能说出其控制回路的动作过程。
4）会正确使用相关气动设备，并能根据控制要求调节压力控制参数。
5）能根据控制回路图进行元件选型，能进行回路抄绘仿真，验证功能。
6）能根据控制回路图正确安装气动控制回路并设置系统参数。
7）能独立完成设备的调试，并进行相关故障的排除。

三、工作情境

在气动控制系统中，为了使控制回路响应速度更快、动作更准确、自动化程度更高，一般要加入电信号和电控元件，与气控元件一起组成电－气控制系统。

如图 B6-1-1 所示，气动冲床是一种采用光电保护技术，配合电－气控制或程序控制，能大大提高安全性能的设备。冲床采用机械起动的双按钮开关（或脚踏开关）设计，不仅大大提高了工作效率，降低了生产成本，还可添加加热模具和智能温度控制器，适用于热压、贴牌、压花等工艺。

图 B6-1-2 所示为气动冲床电－气控制回路，是通过两个电气开关的逻辑"与"来实现安全控制的，这也是最简单的电－气控制系统。

请完成气动冲床电－气控制回路的识读，并在实训设备上完成该回路的搭建与调试，验证控制功能。

工作任务 B-6
电－气控制回路的搭建与调试

图 B6-1-1　气动冲床示意图

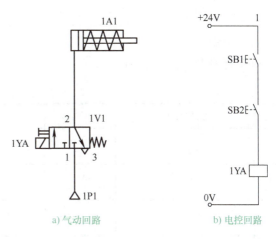

a) 气动回路　　　　　　b) 电控回路

图 B6-1-2　气动冲床电－气控制回路

四、基本知识

1. 二位三通单电磁换向阀

（1）实物及图形符号

二位三通单电磁换向阀属于气动控制元件，它依靠电磁力和弹簧力实现换向。二位三通单电磁换向阀由进气口1、出气口2、排气口3和一个电磁线圈组成，分为常闭型和常开型两种。二位三通单电磁换向阀实物与图形符号如图 B6-1-3 所示。

a) 实物　　　　b) 常开型图形符号　　　c) 常闭型图形符号　　d) 电磁线圈图形符号

图 B6-1-3　二位三通单电磁换向阀实物与图形符号

（2）工作过程

常开型二位三通单电磁换向阀如图 B6-1-3b 所示，在电磁线圈没加电压作用时，1口关闭，2口和3口接通；电磁线圈得电，1口与2口接通；电磁线圈失电，二位三通单电磁换向阀在弹簧作用下复位，则1口关闭。

如果没有电压作用在电磁线圈上，则二位三通单电磁换向阀可以手动驱动。

常闭型二位三通单电磁换向阀动作过程与此相反。

（3）特点及适用场合

电磁阀具有换向频率高、响应速度快和动作准确的特点，但由于受电磁吸力的影响，只用于小型阀。适用于小型自动化电－气控制系统，也可用作大型电－气控制系统的信号控制元件。

2. 相关电气常识介绍

（1）电源

电源符号及功能见表 B6-1-1。

表 B6-1-1　电源符号及功能

序号	元件名称	图形符号	元件功能
1	电源正极	+24V	电源正极 24V 接线端
2	电源负极	0V	电源负极 0V 接线端
3	接线端子	○	连接导线的位置
4	导线	——	用于连接两个接线端
5	T 形接线	⊥	导线的连接点

（2）手动开关

手动开关符号及功能见表 B6-1-2。

表 B6-1-2　手动开关符号及功能

序号	元件名称	图形符号	元件功能
1	按钮（常开）	E-\	按下该按钮时，触点闭合；释放该按钮时，触点立即断开
2	按钮（常闭）	E-7	按下该按钮时，触点断开；释放该按钮时，触点立即闭合
3	按键开关（常开）	E-\	按下该按键开关时，触点闭合，并锁定闭合状态；再按下该按键开关时，触点断开
4	按键开关（常闭）	E-7	按下该按键开关时，触点断开，并锁定断开状态；再按下该按键开关时，触点闭合

（3）行程开关

行程开关符号及功能见表 B6-1-3 所示。

表 B6-1-3　行程开关符号及功能

序号	元件名称	图形符号	元件功能
1	行程开关（常开）	\	执行机构驱动该行程开关时，触点闭合；执行机构释放该行程开关时，触点立即断开
2	行程开关（常闭）	7	执行机构驱动该行程开关时，触点断开；执行机构释放该行程开关时，触点立即闭合

工作任务 B-6
电–气控制回路的搭建与调试

（4）接近开关

接近开关符号及功能见表 B6-1-4。

表 B6-1-4　接近开关符号及功能

序号	元件名称	图形符号	元件功能
1	磁感应式接近开关		当该开关接近磁场时，开关触点闭合（只能检测磁性介质，检测的范围与磁场强度有关，磁场越强，范围越广）
2	电感式接近开关		当该开关感应电磁场发生变化时，开关触点闭合（只能检测金属介质，传感器直径越大，检测距离越大）
3	电容式接近开关		当该开关静电场发生变化时，开关触点闭合（能检测任意介质）
4	光电式接近开关		当该开关光路被阻碍时，开关触点闭合（能检测大部分介质）

（5）继电器

继电器符号及功能见表 B6-1-5。

表 B6-1-5　继电器符号及功能

序号	元件名称	图形符号	元件功能
1	继电器线圈		当继电器线圈流过电流时，继电器主触点闭合；当继电器线圈无电流流过时，继电器主触点立即断开
2	继电器常开触点		线圈得电时，该触点闭合；线圈失电时，该触点断开
3	继电器常闭触点		线圈得电时，该触点断开；线圈失电时，该触点闭合
4	通电延时继电器线圈		当继电器线圈流过电流时，经过预置时间延时，继电器主触点闭合；当继电器线圈无电流流过时，继电器主触点断开
5	延时闭合的动合触点		线圈得电时，该触点经过一段延时闭合；线圈失电时，该触点立即断开
6	延时断开的动断触点		线圈得电时，该触点经过一段延时断开；线圈失电时，该触点立即闭合

（续）

序号	元件名称	图形符号	元件功能
7	断电延时继电器线圈		当继电器线圈流过电流时，继电器触点立即闭合；当继电器线圈无电流流过时，经过预置时间延时，继电器触点断开
8	延时断开的动合触点		线圈得电时，该触点立即闭合；线圈失电时，该触点经过一段延时断开
9	延时闭合的动断触点		线圈得电时，该触点立即断开；线圈失电时，该触点经过一段延时闭合

（6）电磁线圈

电磁线圈符号及功能见表 B6-1-6。

表 B6-1-6　电磁线圈符号及功能

元件名称	图形符号	元件功能
电磁线圈		电磁线圈可用于驱动电磁阀动作

五、能力训练

（一）操作条件

1. 元件准备

在操作前应根据任务要求制定操作计划，并参照表 B6-1-7 准备相应的设备和工具。

表 B6-1-7　操作准备条件

序号	操作条件准备	参考建议
1	气动安装面板	带工字槽面板或网孔板，应符合气动元件快速安装需求；配置 24V 电源模块及基本继电器模块（按钮模块、中间继电器模块等）
2	气动动力元件	静音空气压缩机，一般采用中低型，满足教学中对压缩空气的压力和排量要求即可
3	气源处理装置	气动三联件/气动二联件
4	气动执行元件	单作用气缸
5	气动控制元件	方向控制阀：二位三通电磁阀（带弹簧复位）
6	辅助元件	压力表、气管、管接头、导线等辅助元件及材料

2. 气动冲床回路分析

如图 B6-1-2 所示，气源送到主阀 1V1 进气口 1，由于为常开型单电磁换向阀，此时进气口 1 关闭，出气口 2 与排气口 3 接通（换向阀处于零位状态），主阀 1V1 不动作，单作用气缸 1A1 的活塞杆在弹簧的作用下处于缩回状态。

当同时按下按钮 SB1 和 SB2 时，电磁线圈 1YA 得电，主阀 1V1 上的电磁铁动作，主阀换向，进气口 1 与出气口 2 接通，压缩空气从 1 口进，从 2 口出，驱动单作用气缸 1A1 活塞杆伸出，实行冲压，如图 B6-1-4 所示。

当释放 SB1 或 SB2 任意一个时，电磁线圈 1YA 失电，主阀 1V1 在弹簧的作用下复位，驱动单作用气缸 1A1 的操作力消失，1A1 的活塞杆在弹簧的作用下缩回，冲压结束。

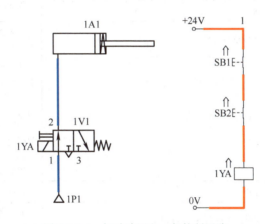

图 B6-1-4　气动冲压电－气控制回路

（二）安全及注意事项

1）根据任务要求制定操作计划，合理安排任务进度，做到在规定时间内完成操作训练。

2）电源为直流，注意电压等级。

3）气缸安装牢靠，且活塞杆伸出时保持安全距离。

4）元件安装距离合理，气管不交叉，不缠绕，气管和导线连接完毕后整理，按约 10cm 的间距用扎带束紧。

5）气源压力设置在合理范围，一般为 0.4～0.6MPa。

6）打开气源，注意观察，以防管路未连接牢固而崩开。

7）观察、记录回路运行情况，对设备使用中出现的问题进行分析和解决。

8）完成后要先关闭气源和电源，再进行气路和电路的拆卸，拆下的元件和管路放回原位，对破损老化元件及时维护或更换。

9）检查、处理气管和导线的破损情况。

（三）操作过程

参照表 B6-1-8 完成气动冲床电－气控制回路的安装与调试。

表 B6-1-8　操作过程及要求

序号	步骤	操作方法及说明	质量标准
1	正确识读电－气控制回路图	按照电－气控制回路图正确辨识元件名称及数量	填写回路元件清单
2	选型气动元件	在元件库中选择对应的元件，包含型号及数量	参考元件清单进行核对，型号、数量正确，功能正常
3	安装气动元件	合理布局元件位置，并牢固安装在面板上	元件布局合理，安装可靠无松动
4	管路连接	以经济环保的原则，剪裁合适长度的气管，参照气动回路图进行回路连接	气管型号与元件匹配，长度合适、不紧绷，连接可靠、无漏气
5	电路连接	选择合适长度的导线，按电控回路图连接	导线不紧绷、不大量冗余，连接可靠、不虚接
6	检查回路	确认元件安装牢固；确认管路、电路安装牢靠且正确	参照元件清单及控制回路图检查
7	调试	打开控制电源	将系统工作压力调至 0.4～0.6MPa；电源为 DC 24V，带保险装置
7	调试	信号到位检测	从信号的输入开始，逐个检查电气控制信号是否正常工作，包含： 1）按下气动按钮，工作状态指示灯是否亮 2）手动测试行程开关，在适当的检测区内，有否正常信号响应 3）有控制信号时，电磁阀的线圈工作指示灯是否正常亮等
7	调试	打开气源	调整工作压力范围 0.4～0.6MPa
7	调试	同时按下按钮 SB1 和 SB2	电磁阀 LED 灯亮起（得电）；活塞缸向外伸出
7	调试	松开按钮 SB1 或 SB2	电磁阀 LED 灯熄灭（失电）；活塞缸缩回
8	试运行	试运行一段时间，观察设备运行情况，确保功能实现，运行稳定可靠。故障调试时，请先切断电源和气源，排除故障后重新接入气源和电源	
9	清洁、整理	按照逆向安装顺序，拆卸管路及元件；按 6S 要求进行设备及环境整理	没有元件遗留在设备表面；设备表面及周围保持清洁；如有废料或杂物，及时清理

操作记录 1：正确识读气动冲床电－气控制回路，列出元件清单，简要写出其功能，绘制图形符号并记录型号，将结果填入表 B6-1-9 中。

表 B6-1-9　记录表 1

序号	元件名称	数量	功能	图形符号	型号
1					
2					
3					
4					

操作记录 2：规范调试及运行设备，将结果填入表 B6-1-10 中。

表 B6-1-10　记录表 2

序号	要求	是	否
1	确认系统压力设置为 0.4～0.6MPa	○	○
2	电源 DC 24V 正常，电源指示灯亮起	○	○
3	只按下 SB1 或 SB2，回路不动作	○	○
4	同时按下 SB1 和 SB2，电磁阀 LED 灯亮起，活塞杆向外伸出	○	○
5	任意松开 SB1 或 SB2，活塞杆缩回	○	○

操作记录 3：描述设备故障现象及分析解决方案，将结果填入表 B6-1-11 中。

表 B6-1-11　记录表 3

序号	故障现象描述	解决方案
1		
2		
3		

问题情境一

自锁回路：试识读单作用气缸自锁回路（见图 B6-1-5），并描述工作过程。

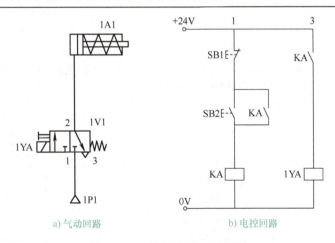

a) 气动回路　　　　b) 电控回路

图 B6-1-5　单作用气缸自锁回路

（续）

情境提示：

1）按下按钮 SB2，中间继电器 KA 线圈得电，KA 常开触点闭合自锁，二位三通换向阀电磁线圈 1YA 得电，压缩空气从进气口进气，克服弹簧力推动气缸活塞杆伸出，停在最前端。

2）按下按钮 SB1，中间继电器 KA 线圈失电，KA 常开触点断开，二位三通换向阀电磁线圈 1YA 失电，气缸开始排气，在弹簧力的作用下，气缸活塞杆恢复原状。

问题情境二

延时回路：请识读图 B6-1-6 所示单作用气缸延时回路，并描述工作过程。

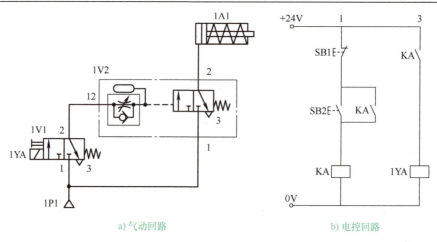

a）气动回路　　　　　　　　　b）电控回路

图 B6-1-6　单作用气缸延时回路

情境提示：

当按下按钮 SB2 时，电磁线圈 1YA 通电，压缩空气经节流阀进入气囊，经过一段时间储气罐中气压升高到一定值后，二位三通换向阀换向，活塞杆伸出；当按下按钮 SB1 后，活塞杆缩回。

问题情境三

互锁回路：识读图 B6-1-7 所示互锁回路，分析动作过程，请描述该回路是如何实现互锁的？

工作任务 B-6
电-气控制回路的搭建与调试

（续）

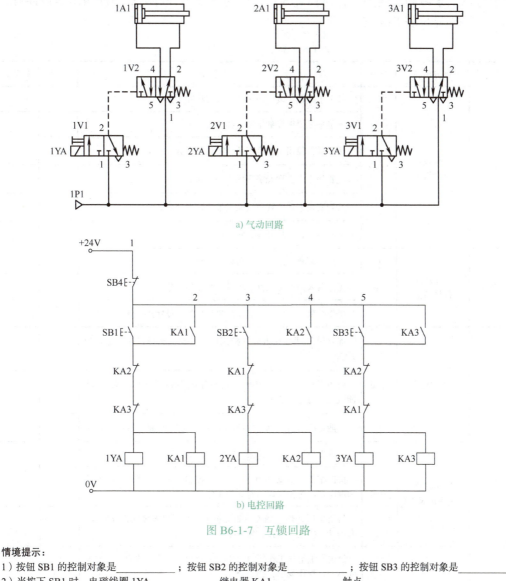

a) 气动回路

b) 电控回路

图 B6-1-7 互锁回路

情境提示：
1) 按钮 SB1 的控制对象是_____；按钮 SB2 的控制对象是_____；按钮 SB3 的控制对象是_____。
2) 当按下 SB1 时，电磁线圈 1YA_____，继电器 KA1_____，触点_____。
3) 当按下 SB2 时，电磁线圈 2YA_____，继电器 KA2_____，触点_____。
4) 当按下 SB3 时，电磁线圈 3YA_____，继电器 KA3_____，触点_____。

结论：

137

（四）学习结果评价

通过以上学习和实践操作，对相关知识的学习和能力训练完成情况做出客观评价，并填写学习结果评价表 B6-1-12。

表 B6-1-12　学习结果评价表

评价项目	评分内容	分值	评分细则	成绩	扣分记录
职业素养	操作过程安全规范	15 分	按要求穿戴工装，但不整齐，每处扣 1 分		
			未能按照要求穿戴工装，扣 5 分		
			工、量具使用不符合规范，每处扣 2 分		
			气管使用未做到经济环保，每处扣 2 分		
			气管安装方式不规范或交叉堆叠，每处扣 2 分		
			带电插拔、连接导线，每处扣 2 分		
职业素养	工作环境保持整洁	10 分	导线、废料随意丢弃，每处扣 1 分		
			工作台表面遗留元件、工具，每处扣 1 分		
			操作结束，元件、工具未能整齐摆放，每处扣 1 分		
专业素养	软件应用	15 分	能抄绘气动冲床电－气控制回路，元件选择错误，每处扣 2 分		
			能仿真验证气动冲床电－气控制回路的控制要求，有部分功能缺失，每处扣 2 分		
			未能正确命名并保存气动冲床电－气控制回路，每处扣 2 分		
	回路搭建（操作记录 1）	20 分	正确选择元件，并记录，有失误，每处扣 2 分		
			按图施工，根据气动冲床电－气控制回路，选择对应的元件和继电器，选择错误，每处扣 4 分		
			将所选用元件正确安装到面板上，并正确连接气管及导线，有松动、错接、漏接，每处扣 2 分		
	调试运行（操作记录 2）	30 分	设定压缩空气工作压力为 0.4～0.6MPa，未能达到压力要求或不符合操作要求，扣 2 分		
			检查电源，打开电源，指示灯亮起，不符合扣 2 分		
			气缸动作与控制要求不一致，每处扣 5 分		
			在通电、通气下插拔导线、气管，每次扣 5 分		
	分析记录（操作记录 3）	10 分	正确描述气动冲床电－气控制回路工作过程，描述有缺失，扣 2 分		
			不能如实记录故障现象，扣 5 分		
			不能根据故障进行分析，并排除故障，扣 5 分		

六、课后作业

1）分析下列设备和元件分别属于气动控制系统的哪个组成部分？

2）请在图 B6-1-8 中将单作用活塞缸各部分的名称与序号连线。

密封圈　　活塞杆　　端盖　　进气口　　弹簧　　排气口

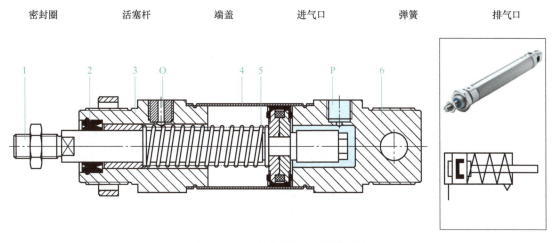

图 B6-1-8　单作用活塞杆结构图

七、拓展知识

1. 先导式机控换向阀

先导式二位三通换向阀实物如图 B6-1-9a 所示，为避免换向阀开启时驱动力过大，可将机控阀与气控阀组合，以构成先导式机控换向阀，其中机控阀为导阀，气控阀为主阀，控制气信号取自进气口。若驱动滚轮动作，导阀打开，压缩空气进入主阀中，使主阀口打开。其图形符号如图 B6-1-9b 所示。

 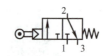

a) 实物　　b) 先导式机控换向阀图形符号　　c) 先导式电控换向阀图形符号

图 B6-1-9　先导式二位三通换向阀

图形符号中含有滚轮，表示驱动滚轮可产生控制气信号。

2. 先导式电控换向阀

先导式电控换向阀由小型直动式电磁阀和大型气控换向阀构成。它是利用直动式电磁阀输出的先导气压来操纵大型气控换向阀（主阀）换向的，控制信号取自电信号。其图形符号如图 B6-1-9c 所示。当需要驱动大流量的换向阀时，可以选择先导式电磁阀，工业中大多使用先导式电磁阀。

图形符号中含有电磁线圈，表示电磁阀产生控制信号。

职业能力 B-6-2　能设计与装调行程控制的电-气控制回路

一、核心概念

1）电-气控制系统中可以使用行程开关或磁控接近开关来实现对气缸活塞位置的检测。
2）通过中间继电器，电-气控制系统可以完成更复杂的控制。

二、学习目标

1）能绘制气动和电气元件图形符号，并能表述在回路中发挥的功能。
2）能识读气动速度控制回路图，具有回路修改或局部设计的能力。
3）能正确按照气动速度控制回路图完成元件选择，并安装。
4）能以经济适用的原则进行管路连接，独立调试达到回路控制功能。

三、工作情境

图 B6-2-1 所示为气动工作台，它利用一个双作用双杆气缸作为执行元件，带动工作台往复运动。在低载情况下有着广泛的运用，相较于通过丝杠螺母带动的机械式工作台，气动工作台结构更简单，运行更迅速，维护保养更简便。

可以通过对气缸活塞位置的检测，运用电-气控制系统使其实现自动的往复运动。

其电-气控制回路如图 B6-2-2 所示。请完成气动工作台电-气控制回路的识读，并在实训平台上完成该回路的搭建，进行控制功能验证。

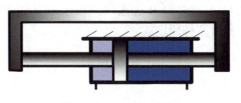

图 B6-2-1　气动工作台

四、基本知识

1. 双作用双杆气缸

（1）实物及图形符号

双作用双杆气缸与普通的双作用气缸相比，其活塞杆从缸盖的两侧均伸出气缸外。能够承受更大的径向力，因此多用于需要承载上方装置并带动其运动的应用场景，气动工作台就是一个典型的应用。其实物与图形符号如图 B6-2-3 所示。

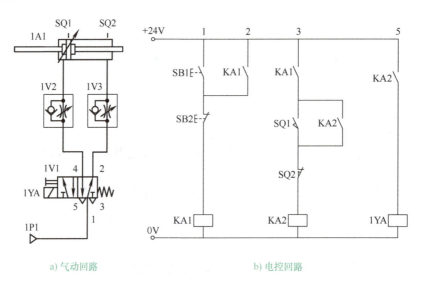

a) 气动回路　　　　　　　　　b) 电控回路

图 B6-2-2　气动工作台电－气动控制回路

a) 实物　　　　　　　b) 图形符号

图 B6-2-3　双作用双杆气缸实物与图形符号

（2）结构及工作过程

双作用双杆气缸与普通双作用气缸结构相似，如图 B6-2-4 所示，由压缩空气驱动气缸动作。当压缩空气从气口 A 或气口 B 进入时，在压缩空气作用下，活塞动作。在实际使用中，常分为缸固定式和活塞杆固定式。

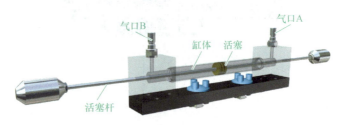

图 B6-2-4　双作用双杆气缸结构及工作过程

2. 行程开关

行程开关也称为限位开关，包括无机械触点的接近开关和有机械触点的行程开关。图 B6-2-5 所示为常见的机械接触式行程开关实物与图形符号。

双作用双杆气缸

工作任务 B-6
电－气控制回路的搭建与调试

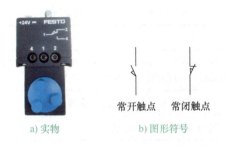

a) 实物　　　　　　b) 图形符号

图 B6-2-5　机械接触式行程开关实物与图形符号

3. 磁控接近开关

磁控接近开关是气动系统所特有的，直接安装在缸筒上，通过检测安装在气缸活塞上的磁环来确定气缸活塞的位置，以达到控制气缸动作行程的目的。

磁控接近开关省去了安装其他类型传感器时所需要的支架连接件，节省了空间，安装调试也简单得多。

磁控接近开关根据其内部电路结构的不同，可以分为两线型磁控接近开关、三线 PNP 型磁控接近开关和三线 NPN 型磁控接近开关三种。其实物与图形符号如图 B6-2-6 所示。

a) 实物　　　　b) 两线型图形符号　　　c) 三线型图形符号

图 B6-2-6　磁控接近开关实物与图形符号

4. 行程开关控制的气动工作台电－气控制回路

通过行程开关对气缸工作位置的检测，结合继电器控制，可以使工作台自动地实现往复运动，如图 B6-2-2 所示。

按下按钮 SB1，继电器 KA1 通电，开启工作台的运动。工作台左行压下行程开关 SQ1 后，换向阀电磁线圈 1YA 通电，换向阀换向，气缸活塞杆带动工作台右行。右行压下行程开关 SQ2 后，换向阀电磁线圈 1YA 断电，换向阀复位，气缸活塞杆带动工作台左行。如此周而复始，不断循环。直至按下按钮 SB2，继电器 KA1 断电，换向阀电磁线圈断电，气缸活塞杆带动工作台左行到终点后停止运动。

五、能力训练

（一）操作条件

操作前应根据任务要求制定操作计划，并参照表 B6-2-1 准备相应的设备和工具。

表 B6-2-1　能力训练操作条件

序号	操作条件准备	参考建议
1	气动安装面板	带工字槽面板或网孔板，应符合气动元件快速安装需求；配置 24V 电源模块及基本继电器模块（按钮模块、中间继电器模块等）
2	气动动力元件	静音空气压缩机，一般采用中低型，满足教学中对压缩空气的压力和排量要求即可
3	气源处理装置	气动三联件/气动二联件
4	气动执行元件	双作用双杆气缸
5	气动控制元件	方向控制阀：二位五通电磁阀（带弹簧复位） 速度控制阀：单向节流阀
6	辅助元件	压力表、气管、管接头、导线等辅助元件及材料

（二）安全及注意事项

1）根据任务要求制定操作计划，合理安排任务进度，做到在规定时间内完成操作训练。

2）电源为直流，注意电压等级。

3）气缸安装牢靠，且活塞杆伸出时保持安全距离。

4）元件安装距离合理，气管不交叉，不缠绕，气管和导线连接完毕后整理，按约 10cm 的间距用扎带束紧。

5）气源压力设置在合理范围，一般为 0.4～0.6MPa。

6）打开气源，注意观察，以防管路未连接牢固而崩开。

7）观察、记录回路运行情况，对设备使用中出现的问题进行分析和解决。

8）完成后要先关闭气源和电源，再进行气路和电路的拆卸，拆下的元件和管路放回原位，对破损老化元件及时维护或更换。

9）检查、处理气管和导线的破损情况。

（三）操作过程

参照表格 B6-2-2 完成气动工作台电 – 气动控制回路的安装与调试。

表 B6-2-2　操作过程及要求

序号	步骤	操作方法及说明	质量标准
1	正确识读电 – 气动控制回路图	按照电 – 气动控制回路图，正确辨识元件名称及数量	填写回路元件清单
2	选型气动元件	在元件库中选择对应的元件，包含型号及数量	参考元件清单进行核对，型号、数量正确，功能正常
3	安装气动元件	合理布局元件位置，并牢固安装在面板上	元件布局合理，安装可靠无松动
4	管路连接	以经济环保的原则，剪裁合适长度的气管，参照气动回路图进行回路连接	气管型号与元件匹配，长度合适、不紧绷，连接可靠、无漏气
5	电路连接	选择合适长度的导线，按电控回路图连接	导线不紧绷、不大量冗余，连接可靠、不虚接

（续）

序号	步骤	操作方法及说明	质量标准
6	检查回路	确认元件安装牢固；确认管路、电路安装牢靠且正确	参照元件清单及电－气控制回路图检查
7	调试	打开控制电源	电源为 DC 24V，带保险装置，电源指示灯正常
		信号到位检测	从信号的输入开始，逐个检查电气控制信号是否正常工作
		打开气源	将系统工作压力调至 0.4～0.6MPa
		按下按钮 SB1	气缸开始连续往复运动
		按下按钮 SB2	气缸运动停止，并恢复缩回状态（初始位置）
8	试运行	试运行一段时间，观察设备运行情况，确保功能实现，运行稳定可靠。故障调试时，请先切断电源和气源，排除故障后重新接入电源进行信号调试，确认无误后开启气源运行	
9	清洁、整理	按照逆向安装顺序，拆卸管路及元件；按 6S 要求进行设备及环境整理	没有元件遗留在设备表面；设备表面及周围保持清洁；如有废料或杂物，及时清理

操作记录 1：正确识读气动工作台电－气控制回路，列出元件清单，简要写出其功能，绘制图形符号并记录型号，将结果填入表 B6-2-3 中。

表 B6-2-3　记录表 1

序号	元件名称	数量	功能	图形符号	型号

操作记录 2：规范调试及运行设备，将结果填入表 B6-2-4 中。

表 B6-2-4 记录表 2

序号	要求	是	否
1	设置系统压力 0.4～0.6MPa，读压力表	○	○
2	电源 DC 24V 正常，电源指示灯亮起	○	○
3	按下按钮 SB1，气缸开始连续动作	○	○
4	按下按钮 SB2，气缸回到初始位置停止	○	○

操作记录 3：描述设备故障现象及分析解决方案，将结果填入表 B6-2-5 中。

表 B6-2-5 记录表 3

序号	故障现象描述	解决方案
1		
2		
3		
4		

问题情境一

如果需要使用双电控二位五通换向阀，液压辊轧机装置控制回路图如图 B6-2-7 所示。请补充绘制电气回路。

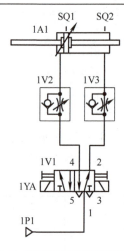

图 B6-2-7 液压辊轧机装置控制回路图

请画出液压辊轧机电气控制原理图。

（续）

问题情境二

为什么气缸要带磁性？带磁性的气缸与普通气缸有何不同？

情境提示：
带磁性气缸和不带磁性气缸的区别在于气缸是否带磁环，是否可以与外部传感器配合进行气缸行程控制。

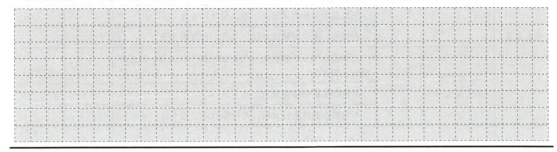

（四）学习结果评价

通过以上学习和实践操作，对相关知识的学习和能力训练完成情况做出客观评价，并填写学习结果评价表 B6-2-6。

表 B6-2-6　学习结果评价表

评价项目	评分内容	分值	评分细则	成绩	扣分记录
职业素养	操作过程安全规范	15 分	按要求穿戴工装，但不整齐，每处扣 1 分		
			未能按照要求穿戴工装，扣 5 分		
			工、量具使用不符合规范，每处扣 2 分		
			气管使用未做到经济环保，每处扣 2 分		
			气管安装方式不规范或交叉堆叠，每处扣 2 分		
			带电插拔、连接导线，每处扣 2 分		
	工作环境保持整洁	10 分	导线、废料随意丢弃，每处扣 1 分		
			工作台表面遗留元件、工具，每处扣 1 分		
			操作结束，元件、工具未能整齐摆放，每处扣 1 分		
专业素养	软件应用	15 分	能抄绘气动工作台电 – 气控制回路，元件选择错误，每处扣 2 分		
			能仿真验证气动工作台电 – 气控制回路的控制要求，有部分功能缺失，每处扣 2 分		
			未能正确命名并保存气动工作台电 – 气控制回路，每处扣 2 分		
	回路搭建（操作记录 1）	20 分	正确选择元件，并记录，有失误每处扣 2 分		
			按图施工，根据气动工作台电 – 气控制回路，选择对应的元件，及对应继电器，有件选择错误，每处扣 4 分		
			将所选用元件正确安装到面板上，并正确连接气管及导线，有松动、错接、漏接，每处扣 2 分		

（续）

评价项目	评分内容	分值	评分细则	成绩	扣分记录
专业素养	调试运行（操作记录2）	30分	设定压缩空气工作压力为0.4～0.6MPa，未能达到压力要求或不符合操作要求，扣2分		
			检查电源，打开电源，指示灯亮起，不符合扣2分		
			气缸动作与控制要求不一致，每处扣5分		
			在通电、通气下插拔导线、气管，每次扣5分		
	分析记录（操作记录3）	10分	正确描述气动工作台电－气控制回路工作过程，描述有缺失，扣2分		
			不能如实记录故障现象，扣5分		
			不能根据故障进行分析，并排除故障，扣5分		

六、课后作业

1. 判断题
1）行程阀是通过气缸活塞前段凸起触发动作的。　　　　　　　　（　　）
2）通过两个二位三通换向阀的串联可以实现逻辑"与"和逻辑"或"。（　　）

2. 选择题
1）连续往返气动系统通过（　　）来实现。
A. 梭阀　　　　B. 行程阀　　　　C. 节流阀　　　　D. 双压阀
2）行程阀控制气缸连续往返气动系统用到的主换向阀是（　　）。
A. 电磁换向阀　　　　　　　　B. 双气控换向阀
C. 单气控换向阀　　　　　　　D. 手动换向阀
3）（多选）行程阀控制气缸连续往返气动系统用到的阀包括（　　）。
A. 梭阀　　　　B. 行程阀　　　　C. 快排阀　　　　D. 换向阀

3. 简答题
纯气动控制与继电器控制各有什么特点和优势？

职业能力 B-6-3　能设计与装调时间控制的电–气控制回路

一、核心概念

1）时间继电器：当加入（或去掉）输入的动作信号时，时间继电器输出电路需经过规定的准确时间才产生跳跃式变化（或触点动作），时间继电器是一种使用在较低电压或较小电流的电路上，用来接通或切断较高电压或较大电流的电路的电气元件。

2）时间继电器根据其延时方式的不同，分为通电延时型和断电延时型。

二、学习目标

1）能描述时间继电器的作用，绘制其图形符号。
2）会正确使用相关气动设备，并能根据控制要求调节时间控制参数。
3）能根据控制回路图进行元件选型，能进行回路抄绘仿真，验证功能。
4）能独立完成设备的调试，并进行相关故障的排除。

三、工作情境

图 B6-3-1 所示为气动金属薄片焊接机，通过双作用气缸活塞杆头部安装的焊接组件，对待焊薄片压紧、焊接。焊接过程中，需要活塞杆在压紧、加热保持一段时间后自行缩回。

这种需要延时的控制功能，可以运用延时阀来实现。但是由于焊接需要加热，要配备相应的电源。因此，采用电路元件实现时间控制，能够利用现有电源的同时，简化气动系统的复杂度，从而提高设备的稳定性。

请完成气动金属薄片焊接机电–气控制回路的设计，并在实训设备上完成该回路的安装与调试。

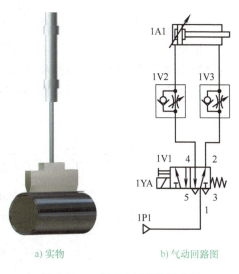

a) 实物　　　　　　b) 气动回路图

图 B6-3-1　气动金属薄片焊接机

四、基本知识

1. 时间继电器

时间继电器是继电器控制中常用的定时元件，当加入（或去掉）输入的动作信号时，其输出电路需经过规定的准确时间才产生跳跃式变化（或触头动作），是一种使用在较低电压或较小电流的电路上，用来接通或切断较高电压或较大电流电路的电气元件。

时间继电器根据其延时方式的不同，分为通电延时型时间继电器和断电延时型时间继电器。通电延时型时间继电器获得输入信号后立即开始延时，待延时完毕，其执行部分输出信号以操纵控制电路，信号消失后，继电器立即恢复到动作前的状态。断电延时型时间继电器恰恰相反，当获得输入信号时，执行部分立即有输出信号，在输入信号消失后，继电器却需要经过一定的延时，才能恢复到动作前的状态。

电子式时间继电器由于时间设置方便，定时精确，能够实时观察时间等显著优势，是目前使用的主要类型。图 B6-3-2 和图 B6-3-3 所示为时间继电器及其图形符号。

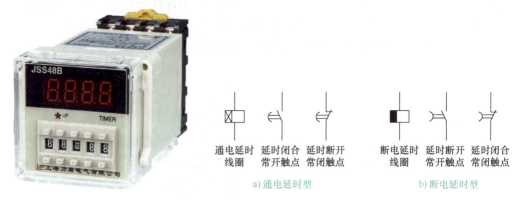

图 B6-3-2　时间继电器　　　　　　　图 B6-3-3　时间继电器的图形符号

2. 气动金属薄片焊接机的电－气控制回路

根据焊接机的工作过程，可以将加热器和换向阀的电磁线圈 1YA 并联接入电路中，使气缸活塞杆伸出时加热器同步开始工作。调定的时间过后，活塞杆缩回，加热器同步停止工作。电－气控制回路图如图 B6-3-4 所示。

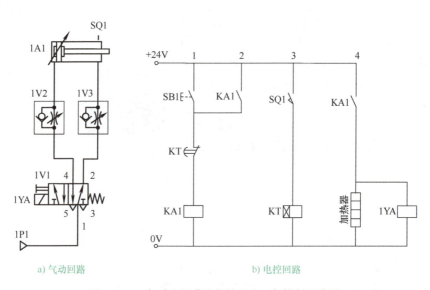

图 B6-3-4　气动金属薄片焊接机电－气控制回路图

五、能力训练

（一）操作条件

操作前应根据施工要求制定操作计划，并参照表 B6-3-1 准备相应的设备和工具。

表 B6-3-1　能力训练操作条件

序号	操作条件准备	参考建议
1	气动安装面板	带工字槽面板或网孔板，应符合气动元件快速安装需求；配置 24V 电源模块及基本继电器模块（按钮模块、中间继电器模块等）
2	气动动力元件	静音空气压缩机，一般采用中低型，满足教学中对压缩空气的压力和排量要求即可
3	气源处理装置	气动三联件 / 气动二联件
4	气动执行元件	双作用双杆气缸
5	气动控制元件	方向控制阀：二位五通电磁阀（带弹簧复位） 速度控制阀：单向节流阀
6	电气元件	时间继电器（或模块）、行程开关
7	辅助元件	压力表、气管、管接头、导线等辅助元件及材料

（二）安全及注意事项

1）根据任务要求制定操作计划，合理安排任务进度，做到在规定时间内完成操作训练。

2）电源为直流，注意电压等级。

3）气缸安装牢靠，且活塞杆伸出时保持安全距离。

4）元件安装距离合理，气管不交叉，不缠绕，气管和导线连接完毕后整理，按约 10cm 的间距用扎带束紧。

5）气源压力设置在合理范围，一般为 0.4 ～ 0.6MPa。

6）打开气源，注意观察，以防管路未连接牢固而崩开。

7）观察、记录回路运行情况，对设备使用中出现的问题进行分析和解决。

8）完成后要先关闭气源和电源，再进行气路和电路的拆卸，拆下的元件和管路放回原位，对破损老化元件及时维护或更换。

9）检查、处理气管和导线的破损情况。

（三）操作过程

参照表格 B6-3-2 完成气动金属薄片焊接机电 – 气控制回路的安装与调试。

表 B6-3-2 操作步骤及要求

序号	步骤	操作方法及说明	质量标准
1	正确识读电-气动控制回路图	按照电-气动控制回路图,正确辨识元件名称及数量	填写回路元件清单
2	选型气动元件	在元件库中选择对应的元件,包含型号及数量	参考元件清单进行核对,型号、数量正确,功能正常
3	安装气动元件	合理布局元件位置,并牢固安装在面板上	元件布局合理,安装可靠无松动
4	管路连接	以经济环保的原则,剪裁合适长度的气管,参照气动回路图进行回路连接	气管型号与元件匹配,长度合适、不紧绷,连接可靠、无漏气
5	电路连接	选择合适长度的导线,按电控回路图连接	导线不紧绷、不大量冗余,连接可靠不虚接
6	检查回路	确认元件安装牢固;确认管路、电路安装牢靠且正确	参照元件清单及控制回路图检查
7	调试	打开电源,进行信号检测	电源为 DC 24V,带保险装置,指示灯正常;逐一进行信号到位检测
		打开气源	将系统工作压力调至 0.4~0.6MPa
		按下按钮 SB1,气缸活塞杆伸出,到终点后暂停	气缸开始运动
		暂停时间过后,气缸活塞杆缩回,停止	气缸回到初始位置,停止运动
8	试运行	试运行一段时间,观察设备运行情况,确保功能实现,运行稳定可靠。故障调试时,请先切断电源和气源,排除故障后重新接入电源进行信号调试,确认无误后开启气源运行	
9	清洁、整理	按照逆向安装顺序,拆卸管路及元件;按 6S 要求进行设备及环境整理	没有元件遗留在设备表面;设备表面及周围保持清洁;如有废料或杂物,及时清理

操作记录 1:正确识读气动金属薄片焊接机电-气控制回路,列出元件清单,简要写出其功能,绘制图形符号并记录型号,将结果填入表 B6-3-3 中。

表 B6-3-3 记录表 1

序号	元件名称	数量	功能	图形符号	型号
1					
2					
3					
4					
5					

操作记录 2：规范调试及运行设备，将结果填入表 B6-3-4 中。

表 B6-3-4　记录表 2

序号	要求	是	否
1	设置系统压力 0.4～0.6MPa，读压力表	○	○
2	电源 DC 24V 正常，电源指示灯亮起	○	○
3	按下按钮 SB1，气缸活塞杆开始伸出	○	○
4	活塞杆伸出到位后延时缩回	○	○

操作记录 3：描述设备故障现象及分析解决方案，将结果填入表 B6-3-5 中。

表 B6-3-5　记录表 3

序号	故障现象描述	解决方案
1		
2		
3		
4		

问题情境一

如图 B6-3-5 所示，如果采用纯气动控制方式，应如何设计本任务中的气动控制回路？

情境提示：
1）活塞杆需要满足不同速度的进程、回程控制；
2）活塞杆到达相应位置后，活塞杆压紧、加热的功能，需要考虑位置信号和延时功能。

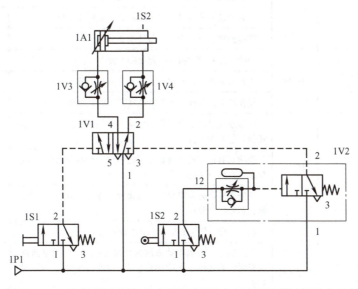

图 B6-3-5　延时阀控制的气动金属薄片焊接机控制回路图（设计参考）

（续）

参考图 B6-3-5，描述系统运行控制过程。

（四）学习结果评价

通过以上学习和实践操作，对相关知识的学习和能力训练完成情况做出客观评价，并填写学习结果评价表 B6-3-6。

表 B6-3-6　学习结果评价表

评价项目	评分内容	分值	评分细则	成绩	扣分记录
职业素养	操作过程安全规范	15 分	按要求穿戴工装，但不整齐，每处扣 1 分		
			未能按照要求穿戴工装，扣 5 分		
			工、量具使用不符合规范，每处扣 2 分		
			气管使用未做到经济环保，每处扣 2 分		
			气管安装方式不规范或交叉堆叠，每处扣 2 分		
			带电插拔、连接导线，每处扣 2 分		
	工作环境保持整洁	10 分	导线、废料随意丢弃，每处扣 1 分		
			工作台表面遗留元件、工具，每处扣 1 分		
			操作结束，元件、工具未能整齐摆放，每处扣 1 分		
专业素养	软件应用	15 分	能抄绘气动金属薄片焊接机电-气控制回路，元件选择错误，每处扣 2 分		
			能仿真验证气动金属薄片焊接机电-气控制回路的控制要求，有部分功能缺失，每处扣 2 分		
			未能正确命名并保存气动金属薄片焊接机电-气控制回路，每处扣 2 分		
	回路搭建（操作记录 1）	20 分	正确选用元件，并记录，有失误每处扣 2 分		
			按图施工，根据气动金属薄片焊接机电-气控制回路，选择对应的元件，及对应继电器，有件选择错误，每处扣 4 分		
			将所选用元件正确安装到面板上，并正确连接气管与导线，有松动、错接、漏接，每处扣 2 分		

（续）

评价项目	评分内容	分值	评分细则	成绩	扣分记录
专业素养	调试运行（操作记录2）	30分	设定压缩空气工作压力为0.4～0.6MPa，未能达到压力要求或不符合操作要求，扣2分		
			检查电源，打开电源，指示灯亮起，不符合，扣2分		
			气缸动作与控制要求不一致，每处扣5分		
			在通电、通气下插拔导线、气管，每次扣5分		
	分析记录（操作记录3）	10分	正确描述气动金属薄片焊接机电－气控制回路工作过程，描述有缺失，扣2分		
			不能如实记录故障现象，扣5分		
			不能根据故障进行分析，并排除故障，扣5分		

六、拓展知识

随着气动技术的普遍使用，一台机器上往往需要大量的电磁阀，由于每个阀都需要单独的连接电缆，因此如何减少连接电缆就成为一个不容忽视的问题。由于气路板方式无法实现阀的电信号传输，因此产品公司在已解决气路简化的基础上又尝试着对电路进行简化，致力于电－气组合体——阀岛的研究，即电控部分通过一个接口方便地连接到气路板并对其上的电磁阀进行控制，不再需要对单个电磁阀独立地引出信号控制线，在减少接线工作量的同时提高操作的准确性。

阀岛（Valve Terminal）是由多个电磁阀构成的控制元件，它集成了信号输入/输出及信号的控制，犹如一个控制岛屿，如图B6-3-6所示。

图B6-3-6 阀岛

阀岛是新一代气电一体化控制元件，已从最初带多针接口的阀岛发展为带现场总线的阀岛，继而出现可编程阀岛及模块式阀岛。阀岛技术和现场总线技术相结合，不仅使电磁阀的布线变得容易，而且也大大简化了复杂系统的调试、性能检测、诊断及维护工作，使两者的优势得到充分发挥，具有广泛的应用前景。

（1）带多针接口的阀岛

可编程控制器的输入和输出控制信号均通过一根带多针插头的多股电缆与阀岛相连，而传感器输出的信号则通过一根多股电缆连接到阀岛的电信号输入口上。因此，可编程控制器与电磁阀、传感器输入信号之间的接口简化为只有一个多针插头和一根多股电缆。与传统方式实现的控制系统比较可知，采用多针接口的阀岛后，系统不再需要接线盒。同时，所有电信号的处理、保护功能（如极性保护、光电隔离、防水等）都已在阀岛上实现。

（2）带现场总线的阀岛

使用多针接口的阀岛使设备的接口大为简化，但用户还必须根据设计要求自行将可编程控制器的输入/输出口与来自阀岛的电缆进行连接，而且该电缆随着控制回路的复杂程度而加粗，随着阀岛与可编程控制器间的距离增大而加长。为克服这一缺点，出现了新一代阀岛——带现场总线的阀岛。

工作任务 B-6
电－气控制回路的搭建与调试

职业能力 B-6-4　能设计与装调 PLC 控制的电－气控制回路

一、核心概念

1）控制要求较复杂时，继电器控制往往会过于庞大和复杂，因此工业中常使用 PLC（可编程控制器）作为控制核心。

2）FX_{3U} 型可编程控制器结构紧凑、功能强大，适合于小型设备的控制。

二、学习目标

1）能描述可编程控制器的结构和功能。
2）能绘制可编程控制器的外部输入、输出接线图。
3）会正确使用相关气动设备，并能根据控制要求调节压力控制参数。
4）能根据控制回路图进行元件选型，能进行回路抄绘仿真，验证功能。
5）能根据控制回路图正确安装气动控制回路，并设置系统参数。
6）能独立完成设备的调试，并进行相关故障的排除。

三、工作情境

图 B6-4-1 所示为气动折弯机，它有一个主冲头，由双作用气缸 1A1 驱动；有两个次级折弯冲头，由双作用气缸 2A1 和 3A1 驱动。主冲头将板材压下，实现第一步折弯。次级折弯冲头在之后伸出，对板材进行第二步折弯。

这是一个具有顺序动作要求的工作过程，如使用继电器，控制回路将会变得非常庞大和复杂，不利于设备的检修和维护，且会降低系统的运行稳定性。

此时，可以使用可编程控制器（PLC）来对气动折弯机进行控制，气动折弯机气动控制回路如图 B6-4-2 所示。

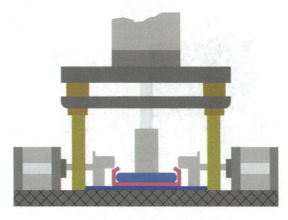

图 B6-4-1　气动折弯机

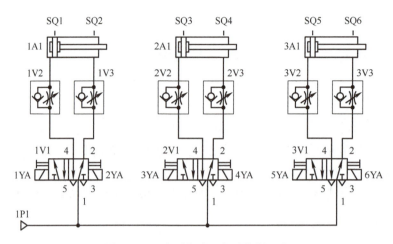

图 B6-4-2 气动折弯机气动控制回路

四、基本知识

1. PLC 简介

PLC 是计算机技术和继电器常规控制概念相结合的产物,是一种以微处理器为核心,用于数字控制的特殊计算机。图 B6-4-3 是 FX_{3U} 型可编程控制器,其结构紧凑、功能强大,非常适合于小型设备的控制。

2. PLC 的输入、输出

FX_{3U} 根据机型不同,配备了不同数量的输入、输出端子,并可根据需要通过扩展模块进行灵活配置。其中,输入端子的编号用 X 开头,输出端子的编号用 Y 开头,后面为端子序号的八进制数,见表 B6-4-1。

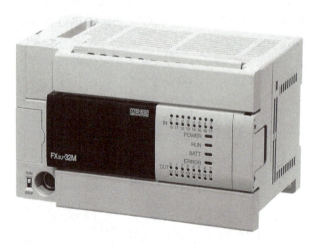

图 B6-4-3 FX_{3U} 型可编程控制器

工作任务 B-6 电–气控制回路的搭建与调试

表 B6-4-1 输入、输出端子

输入			输出		
地址	代号	功能	地址	代号	功能
X000	SB1	起动按钮 1	Y000	HL1	折弯工作指示灯
X001	SB2	起动按钮 2	Y001	1YA	驱动气缸 1V1 活塞杆伸出
X002	SQ1	气缸 1A1 活塞杆缩回到位	Y002	2YA	驱动气缸 1V1 活塞杆缩回
X003	SQ2	气缸 1A1 活塞杆伸出到位	Y003	3YA	驱动气缸 2V1 活塞杆伸出
X004	SQ3	气缸 2A1 活塞杆缩回到位	Y004	4YA	驱动气缸 2V1 活塞杆缩回
X005	SQ4	气缸 2A1 活塞杆伸出到位	Y005	5YA	驱动气缸 3V1 活塞杆伸出
X006	SQ5	气缸 3A1 活塞杆缩回到位	Y006	6YA	驱动气缸 3V1 活塞杆缩回
X007	SQ6	气缸 3A1 活塞杆伸出到位	–	–	–

按钮、行程开关等作为 PLC 的输入信号,接入 PLC 的输入端子;指示灯、换向阀电磁线圈等作为 PLC 的输出信号,接入 PLC 的输出端子,如图 B6-4-4 所示。

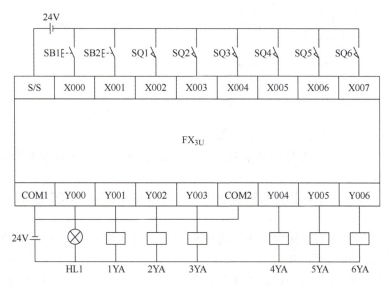

图 B6-4-4 气动折弯机 PLC I/O 接线图

3. 顺序功能图

顺序功能图将工作过程划分为若干个步骤,各步骤之间通过转换条件进行转换,实现逐步运行。顺序功能图的绘制通常遵循 GB/T 21654—2008《顺序功能表图用 GRAFCET 规范语言》的规范。图 B6-4-5 为气动折弯机工作过程的顺序功能图。

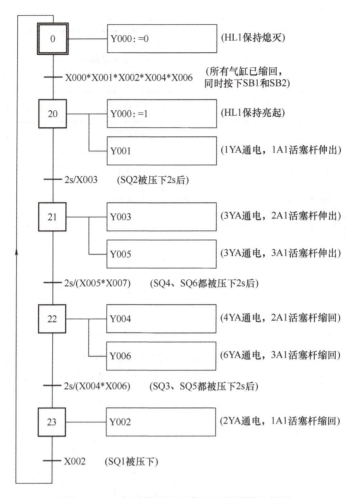

图 B6-4-5　气动折弯机工作过程的顺序功能图

折弯机的工作可划分为以下五个步骤。

步骤一：停止状态，等待启动信号。三个气缸全部缩回，同时按下按钮 SB1 和 SB2 后，转入下一步。

步骤二：主冲头落下，执行折弯步骤一。主冲头落下到位，SQ2 被压下后，延时 2s，转入下一步。

步骤三：两个折弯气缸伸出，执行折弯步骤二。两个气缸伸出到位，SQ4、SQ6 均被压下后，延时 2s，转入下一步。

步骤四：两个折弯气缸缩回。两个气缸缩回到位，SQ3、SQ5 均被压下后，延时 2s，转入下一步。

步骤五：主冲头退回。主冲头退回到位，SQ1 被压下后，转回步骤一，等待下一次循环。

4. PLC 程序编写

FX$_{3U}$ 型 PLC 可用指令语句表、梯形图、顺序功能图等方式进行程序编写。其中，顺序功能图对于描述有顺序控制要求的程序具有显著的优势。

工作任务 B-6
电－气控制回路的搭建与调试

FX$_{3U}$的编程软件有 GX Developer 和 GX Works2。图 6-4-6 为在 GX Works2 中编写顺序功能图。程序编辑界面的左边栏为顺序功能图总览，右边栏为当前选中步（或转换条件）的详细内容，采用梯形图编写。

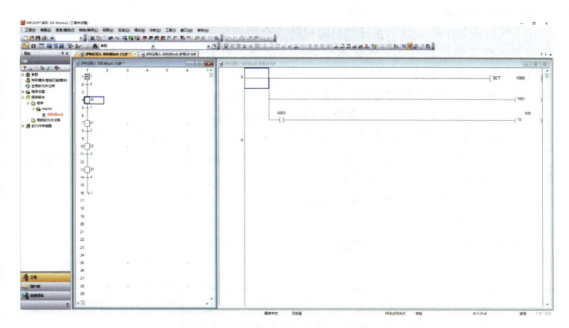

图 B6-4-6　在 GX Works2 中编写顺序功能图

五、能力训练

（一）操作条件

在操作前应根据任务要求制定操作计划，并参照表 B6-4-2 准备相应的设备和工具。

表 B6-4-2　能力训练操作条件

序号	操作条件准备	参考建议
1	气动安装面板	带工字槽面板或网孔板，应符合气动元件快速安装需求；配置 24V 电源模块及基本继电器模块（按钮模块、中间继电器模块等）
2	气动动力元件	静音空气压缩机，一般采用中低型，满足教学中对压缩空气的压力和排量要求即可
3	气源处理装置	气动三联件 / 气动二联件
4	气动执行元件	双作用双杆气缸
5	气动控制元件	方向控制阀：二位五通双电磁阀 速度控制阀：单向节流阀
6	电气元件	FX$_{3U}$ 型 PLC 组件、磁控接近开关
7	辅助元件	压力表、气管、管接头、导线等辅助元件及材料

（二）安全及注意事项

1）根据任务要求制定操作计划，合理安排任务进度，做到在规定时间内完成操作训练。

2）电源为直流，注意电压等级。

3）气缸安装牢靠，且活塞杆伸出时保持安全距离。

4）元件安装距离合理，气管不交叉，不缠绕，气管和导线连接完毕后整理，按约10cm的间距用扎带束紧。

5）气源压力设置在合理范围，一般为 0.4～0.6MPa。

6）打开气源，注意观察，以防管路未连接牢固而崩开。

7）观察、记录回路运行情况，对设备使用中出现的问题进行分析和解决。

8）完成后要先关闭气源和电源，再进行气路和电路的拆卸，拆下的元件和管路放回原位，对破损老化元件及时维护或更换。

9）检查、处理气管和导线的破损情况。

（三）操作过程

参照表格 B6-4-3 完成气动折弯机控制系统的安装与调试。

表 B6-4-3　操作步骤及要求

序号	步骤	操作方法及说明	质量标准
1	正确识读电-气控制回路图	按照电-气控制回路图，正确辨识元件名称及数量	填写回路元件清单
2	选型气动元件	在元件库中选择对应的元件，包含型号及数量	参考元件清单进行核对，型号、数量正确，功能正常
3	安装气动元件	合理布局元件位置，并牢固安装在面板上	元件布局合理，安装可靠、无松动
4	管路连接	以经济环保的原则，剪裁合适长度的气管，参照控制回路图进行回路连接	气管型号与元件匹配，长度合适、不紧绷，连接可靠、无漏气
5	电路连接	选择合适长度的导线，按电气接线图连接	导线不紧绷、不大量冗余，连接可靠、不虚接
6	检查回路	确认元件安装牢固；确认管路、电路安装牢靠且正确	参照元件清单及控制回路图检查
7	PLC 程序编写	根据控制要求，完成 PLC 程序编写	程序完整，保存并调试
8	调试	打开电源，下载及写入程序	电源为 DC 24V，带保险装置
8	调试	打开气源	将系统工作压力调至 0.4～0.6MPa
9	试运行	试运行一段时间，观察设备运行情况，确保功能实现，运行稳定可靠。故障调试时，请先切断电源和气源，排除故障后重新接入电源进行信号调试，确认无误后开启气源运行	
10	清洁、整理	按照逆向安装顺序，拆卸管路及元件；切断设备及 PLC 电源，恢复设备；按 6S 要求进行设备及环境整理	没有元件遗留在设备表面；设备表面及周围保持清洁；如有废料或杂物，及时清理

工作任务 B-6 电－气控制回路的搭建与调试

操作记录 1：正确识读气动折弯机控制回路，列出元件清单，简要写出其功能，绘制图形符号并记录型号，将结果填入表 B6-4-4 中。

表 B6-4-4 记录表 1

序号	元件名称	数量	功能	图形符号	型号

操作记录 2：规范调试及运行设备，将结果填入表 B6-4-5 中。

表 B6-4-5 记录表 2

序号	要求	是	否
1	正确设置系统压力 0.4～0.6MPa	○	○
2	电源 DC 24V 正常，电源指示灯亮起	○	○
3	同时按下按钮 SB1、SB2，气缸开始连续动作	○	○
4	一个循环结束，气缸回到初始位置停止	○	○

操作记录 3：描述设备故障现象及分析解决方案，将结果填入表 B6-4-6 中。

表 B6-4-6 记录表 3

序号	故障现象描述	解决方案
1		
2		
3		
4		

问题情境一

如果需要将三线 NPN 型的磁控接近开关接入 PLC 的 X001 端子，液压辊轧机装置 PLC 的外部应该如何接线？

情境提示：液压辊轧机装置 PLC 的外部接线图如图 B6-4-7 所示。

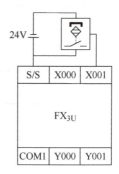

图 B6-4-7　液压辊轧机装置 PLC 的外部接线图

（四）学习结果评价

通过以上学习和实践操作，对相关知识的学习和能力训练完成情况做出客观评价，并填写学习结果评价表 B6-4-7。

表 B6-4-7　学习结果评价表

评价项目	评分内容	分值	评分细则	成绩	扣分记录
职业素养	操作过程安全规范	15 分	按要求穿戴工装，但不整齐，每处扣 1 分		
			未能按照要求穿戴工装，扣 5 分		
			工、量具使用不符合规范，每处扣 2 分		
			气管使用未做到经济环保，每处扣 2 分		
			气管安装方式不规范或交叉堆叠，每处扣 2 分		
			带电插拔、连接导线，每处扣 2 分		
	工作环境保持整洁	10 分	导线、废料随意丢弃，每处扣 1 分		
			工作台表面遗留元件、工具，每处扣 1 分		
			操作结束，元件、工具未能整齐摆放，每处扣 1 分		

（续）

评价项目	评分内容	分值	评分细则	成绩	扣分记录
专业素养	软件应用	15 分	能抄绘气动折弯机控制回路图，元件选择错误，每处扣 2 分		
			能仿真验证气动折弯机控制回路的控制要求，有部分功能缺失，每处扣 2 分		
			未能正确命名并保存气动折弯机控制回路图，每处扣 2 分		
	回路搭建（操作记录 1）	20 分	正确选择元件，并记录，有失误，每处扣 2 分		
			按图施工，根据气动折弯机控制回路图，选择对应的元件及继电器，有选择错误，每处扣 4 分		
			将所选元件正确安装到面板上，并正确连接气管及导线，有松动、错接、漏接，每处扣 2 分		
	调试运行（操作记录 2）	30 分	设定压缩空气工作压力为 0.4～0.6MPa，未能达到压力要求或不符合操作要求，扣 2 分		
			检查电源，打开电源，指示灯亮起，不符合，扣 2 分		
			气缸动作与控制要求不一致，每处扣 5 分		
			在通电、通气下插拔导线、气管，每次扣 5 分		
	分析记录（操作记录 3）	10 分	正确描述气动折弯机控制回路工作过程，描述有缺失，扣 2 分		
			不能如实记录故障现象，扣 5 分		
			不能根据故障进行分析，并排除故障，扣 5 分		

六、拓展知识

带有急停功能的气动控制系统

使用急停装置可使机床或设备在危险情况下立即停机，从而避免人员和机床设备受到危害，如图 B6-4-8 所示。

图 B6-4-8　急停装置

急停开关为红色，卡口式，下面为黄色，安装位置明显，可轻易触及。

对急停功能的要求如下：

1）必须能够立即中断操作流程。

2）必须能够立即切断控制系统的电源供给。

3）工作元件（如压力缸）必须能够进入一个无危险的位置。

4）只有在恢复电源供给后，才允许重新起动控制系统。

急停电路如图 B6-4-9 所示，按钮 SB1 和接近开关 SQ1 起动气缸。气缸到达其终端位置后由接近开关 SQ2 控制将其转换为回程。通过卡口式急停开关 SB2 关断控制系统。急停时，气缸应从任意位置回到其初始位置。

当气缸进入终端位置时，控制系统在解锁急停开关 SB2 之后才可以应答并重新开始运行。

防止制动器意外运动的保护回路如图 B6-4-10 所示，如果关断 1YA 或 2YA 的电压，带有中间关断位置的三位五通换向阀可使活塞立即停止运动。通过对二位三通换向阀 1S1 的打击式操作可关断全部气路的压力供给。

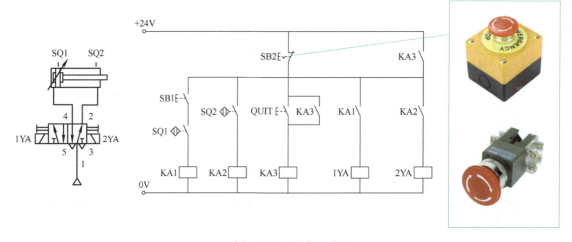

图 B6-4-9　急停电路

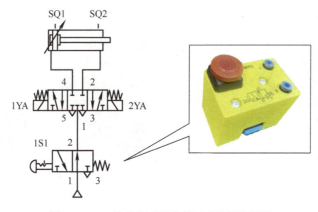

图 B6-4-10　防止制动器意外运动的保护回路

模块C
液压系统安装与调试

工作任务C-1　认识磨床工作台液压传动系统

工作任务C-2　液压元件及组件的安装与调试

工作任务C-3　液压方向控制回路的识读与搭建

工作任务C-4　液压压力控制回路的设计与装调

工作任务C-5　液压速度控制回路的设计与装调

工作任务 C-1
认识磨床工作台液压传动系统

 职业能力 C-1-1　能分析磨床工作台液压传动系统工作原理

一、核心概念

1）液压传动：一种以液体为工作介质，以液体的压力能进行运动和动力传递的传动方式。

2）液压传动系统的组成：由动力元件、执行元件、控制元件、辅助元件和工作介质五部分组成。

二、学习目标

1）能说出液压传动的原理及其优缺点。
2）能描述磨床工作台液压系统的工作原理。
3）能掌握液压传动系统的组成部分及在系统中的作用。
4）能识读液压系统图形符号。
5）能使用液压仿真软件抄绘液压系统回路图。
6）通过了解我国液压技术的发展，增强文化自信与民族自豪感。

三、工作情境

机床工作台是液压传动系统的典型应用，图 C1-1-1 所示为平面磨床，图 C1-1-2 所示为磨床工作台液压系统结构原理图，通过它可以直观了解液压系统应具备的基本功能和组成部分。请分析该系统的组成及其各自的作用，并在仿真软件中抄绘平面磨床液压系统回路图。

四、基本知识

液压传动以液体为工作介质，通过动力元件将原动机的机械能转换为液体的压力能，然后经过管道等附件和液压控制元件调节，通过执行元件将液体的压力能转换为机械能，驱动负载实现直线或回转运动。

工作任务 C-1
认识磨床工作台液压传动系统

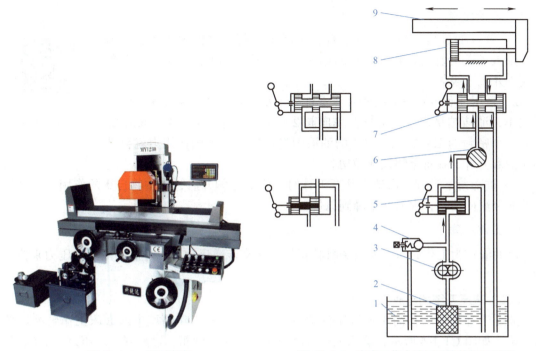

图 C1-1-1　平面磨床

图 C1-1-2　磨床工作台液压系统结构原理图

1—油箱　2—过滤器　3—液压泵　4—溢流阀　5、7—换向阀
6—节流阀　8—液压缸　9—工作台

（一）液压千斤顶

1. 组成

如图 C1-1-3 所示，液压千斤顶由手动柱塞液压泵（杠杆、泵体、小活塞）和液压缸（大活塞、缸体）组成。

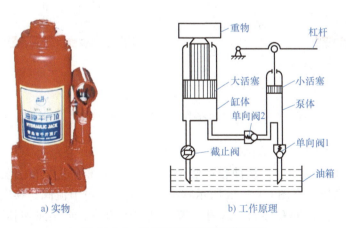

a) 实物　　　　　　　　　b) 工作原理

图 C1-1-3　千斤顶实物图及工作原理

2. 工作过程

1）泵吸油过程：向上提起杠杆，小活塞上行，泵体中工作容积增大，形成了部分真空，在大气压的作用下，油箱中的油液经油管打开单向阀1并流入泵体中。

2）泵压油和重物举升过程：压下杠杆，小活塞下移，泵体中工作容积减小，油液被挤出。油液推开单向阀2，经油管进入液压缸。液压缸也是一个密封的工作容积，进入的油液因受挤压而产生的作用力就会推动大活塞上升，并将重物顶起做功。

液压千斤顶

3）重物落下过程：需要大活塞下移时，将截止阀开启，在重物自重的作用下，液压缸的油液流回油箱，大活塞下降到原位。

3. 工作原理

以油液作为工作介质，通过密封容积的变化来传递运动，通过油液内部的压力来传递动力。

（二）液压系统的组成

液压千斤顶是一种简单的液压传动装置。下面分析工作情境中的磨床工作台液压传动系统。如图C1-1-4所示，磨床工作台液压传动系统由油箱、过滤器、液压泵、溢流阀、节流阀、换向阀、液压缸以及连接这些元件的油管、接头组成。

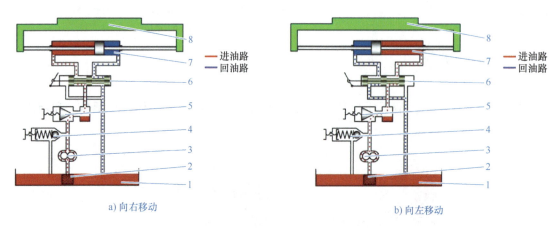

a）向右移动　　　　　　　　　　　　b）向左移动

图 C1-1-4　磨床工作台移动原理

1—油箱　2—过滤器　3—液压泵　4—溢流阀　5—节流阀　6—换向阀　7—液压缸　8—工作台

1. 工作过程分析

液压泵由电动机驱动后，从油箱中吸油。油液经过滤器进入液压泵，在泵腔中从入口低压到泵出口高压。在图C1-1-4a所示状态下，油液通过节流阀、换向阀进入液压缸左腔，推动活塞使工作台向右移动；这时，液压缸右腔的油液经换向阀和回油管排回油箱。在图C1-1-4b所示状态下，油液通过节流阀、换向阀进入液压缸右腔，推动活塞使工作台向左移动。

2. 液压系统的组成

液压传动系统主要由以下五部分组成。

1) 液压动力元件：将原动机的机械能转换为液体的压力能（液压能）。
2) 液压执行元件：将液压泵输入的压力能转换为带动工作机构运动的机械能。
3) 液压控制元件：用来控制和调节油液的压力、流量和流动方向。
4) 辅助元件：将前面三部分连接在一起，组成一个系统，起储油、过滤、测量和密封等作用，保证系统正常工作。
5) 传动介质：系统中传递能量的流体。

3. 液压元件的图形符号

图 C1-1-2 所示的是磨床工作台液压系统结构原理图，它有直观性强、容易理解的优点，当液压系统发生故障时，根据原理图检查十分方便，但图形比较复杂，绘制比较麻烦。为了方便绘制液压传动系统原理图，国家标准规定了表示液压系统元件基本职能的图形符号（GB/T 786.1—2021），采用图形符号来表示各液压元件既方便又清晰。

图 C1-1-5 所示为磨床工作台液压系统控制回路。图形符号只表示元件的功能、操作控制方法及外部接口，不表示元件的具体结构和技术参数，也不表示连接口的实际位置和元件安装位置。

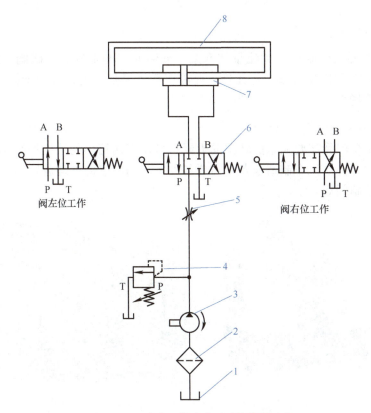

图 C1-1-5 磨床工作台液压系统控制回路

1—油箱 2—过滤器 3—液压泵 4—溢流阀 5—节流阀 6—换向阀 7—液压缸 8—工作台

(三)液压技术的应用

液压技术满足机械设备的自动化、高性能、大容量、体积小、重量轻等方面的要求。所以虽然它是一门比较新的技术分支,但是在传递机构、操作机构和作业自动化控制机构等方面应用广泛。

1. 工程机械(见图C1-1-6)

工程机械中大量运用液压技术,如道路机械、建设机械、桩工机械、搅拌车等。

图C1-1-6　工程机械应用

2. 机床(见图C1-1-7)

机床产品需要大量高压、大流量柱塞泵、插装阀、叠加阀、电磁阀、比例阀、伺服阀、低噪声叶片泵和轻型柱塞泵等元件。而液压系统更是广泛地应用于机床工件的夹紧、工作台的移动等场合。

3. 汽车制造业(见图C1-1-8)

汽车、摩托车产品需要大量的转向助力泵;自动变速箱用的液压控制元件、各种类型的密封件和气动元件;汽车制造设备则需要各种泵、阀、气源处理装置等;载重汽车用齿轮泵、油缸和控制阀等。

图C1-1-7　数控机床

图C1-1-8　汽车制造设备

工作任务 C-1　认识磨床工作台液压传动系统

4. 冶金设备（见图 C1-1-9）

冶金设备中常用液压起动；冶金、矿山设备需要大量柱塞泵、插装阀、电磁阀、比例阀、伺服阀、油缸、液压系统总成及气动元件等。

5. 武器装备（见图 C1-1-10）

现代武器装备，特别是现代化大型武器，离不开液压传动。现代武器装备液压系统的维修和保养已成为重要研究课题之一。

图 C1-1-9　模锻液压机

图 C1-1-10　导弹发射车

五、能力训练

（一）分析磨床工作台液压系统的组成

根据磨床工作台液压系统结构原理图，分析各组成部分名称，并填入表 C1-1-1 中。

表 C1-1-1　磨床工作台液压系统组成

序号	组成部分	名称
1	液压动力元件	
2	液压执行元件	
3	液压控制元件	
4	辅助元件	

（二）操作过程

参照表 C1-1-2，用仿真软件抄绘磨床工作台液压系统回路图。

表 C1-1-2　操作过程及要求

序号	步骤	操作方法及说明	操作要求
1	打开仿真软件	开始→快捷图表	—
2	新建空白绘图区域	单击"新建"快捷按钮或在"文件"菜单下，执行"新建"命令	—
3	选择元件	在元件库选择元件并拖拽至绘图区域	元件布局合理
4	连线	将各元件连线	避免交叉、重叠
5	检查回路图	—	参照原理图，检查回路图完整性
6	仿真	—	仿真验证回路图

备注：具体操作图示可参见工作任务 A-1 中操作过程部分。

问题情境一

图 C1-1-11 所示为推土机刀片提升机构（仅体现推土机刀片动作原理），理解机构运动过程和回路图符号表达，并完成表 C1-1-3 的填写。

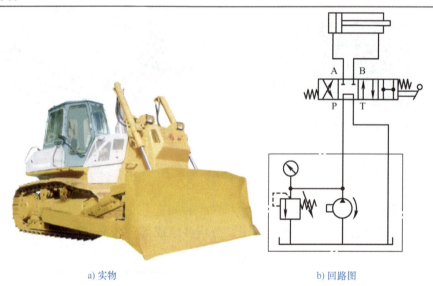

a) 实物　　　　　　　　　　　　b) 回路图

图 C1-1-11　推土机刀片提升机构

表 C1-1-3　推土机刀片提升机构系统组成

序号	组成部分	名称
1	液压动力元件	
2	液压执行元件	
3	液压控制元件	
4	辅助元件	

工作任务 C-1
认识磨床工作台液压传动系统

（续）

问题情境二

查阅资料：液压传动主要应用于哪些领域？

（三）学习结果评价

通过以上学习和实践操作，对相关知识的学习和能力训练完成情况做出客观评价，并填写学习结果评价表 C1-1-4。

表 C1-1-4　学习结果评价表

评价项目	评分内容	分值	评分细则	成绩	扣分记录
职业素养	操作过程安全规范	10 分	按要求穿戴工装，但不整齐，每处扣 1 分		
			未能按照要求穿戴工装，扣 5 分		
			元件拿取方式不规范，油管随地乱放，每处扣 2 分		
	工作环境保持整洁	10 分	工作台表面遗留元件，每处扣 1 分		
			操作结束元件、工具未能整齐摆放，每处扣 1 分		
专业素养	软件应用	35 分	能抄绘平面磨床工作台液压系统控制回路图，元件选择错误，每处扣 2 分		
			能仿真验证平面磨床工作台液压系统控制要求，有部分功能缺失，每处扣 2 分		
			未能正确命名并保存平面磨床工作台液压系统控制回路图，每处扣 2 分		
	元件选型	20 分	按图施工，根据平面磨床工作台液压系统控制回路图，选择对应的元件，有元件选择错误，每处扣 4 分		
	分析记录	25 分	正确描述液压传动工作原理，描述有缺失，扣 2 分		
			正确描述液压系统各部分名称及作用，描述有缺失，扣 2 分		
			能结合实例描述液压系统应用特点，描述有缺失，扣 2 分		

六、课后作业

1）液压传动系统由哪几个部分组成，各组成部分的作用是什么？

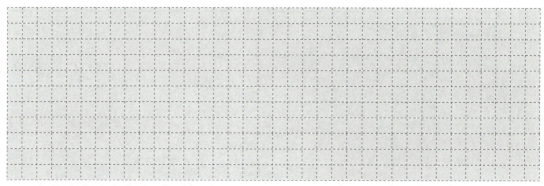

2）简述液压千斤顶工作过程。

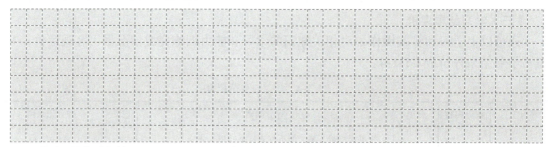

3）扫码完成测评。

七、拓展知识

液压系统辅助元件介绍

液压辅助元件是液压系统中既不直接参与能量转换，也不直接参与方向、压力和流量等控制的，却是不可缺少的元件或装置。

1. 油箱

主要用于储存系统所需的足够油液，散发油液热量，分离溶入油液中的空气，沉淀油液中的杂质。如图 C1-1-12 所示，液压油箱一般由钢板焊接而成，其容量大小和具体结构需要根据液压系统的实际要求专门设计。

图 C1-1-12　液压油箱

2. 过滤器

过滤器就是用于滤去油液杂质，保证系统正常工作的元件，图 C1-1-13 所示为回油管路过滤器。根据滤除杂质颗粒大小不同，过滤器的过滤精度分为粗、普通、精和特精四级。不同的液压系统，应根据其工作压力和对过滤精度的要求，选用相应的过滤器。

3. 蓄能器

蓄能器是一种储存油液压力能的装置，它在液压系统中的功用主要有：做辅助动力源或紧急动力源；保压和补充泄漏；吸收压力冲击和消除压力脉动。根据液体加载方式不同，蓄能器有弹簧式蓄能器、配重式蓄能器和充气式蓄能器三类。图 C1-1-14 所示为充气式蓄能器。实际应用时应按不同用途选用不同类型的蓄能器。

图 C1-1-13　回油管路过滤器

图 C1-1-14　充气式蓄能器

4. 压力表

液压系统各工作点的压力通常用压力表来观测，如图 C1-1-15 所示，考虑到测量仪表的线性度，选用压力表量程约为系统最高工作压力的 1.5 倍。压力表开关用于接通或切断压力表的油路，可防止系统压力突变损坏压力表。

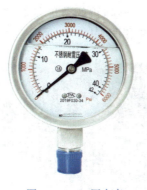

图 C1-1-15　压力表

5. 油管及管接头

管件用来连接液压元件、输送液压油液，要求有足够的强度，良好的密封性能，较小的压力损失，且装拆方便。常用的油管有钢管、铜管、橡胶管、塑料管和尼龙管等。图 C1-1-16 所示为橡胶油管。应根据液压系统的工作压力来选择油管的种类和壁厚，根据系统的通流量来确定油管的内径。对应于不同的油管，应选用相应的管接头，如焊接式、卡套式、扩口式、橡胶软管接头和快换接头等。图 C1-1-17 所示为不同类型的管接头。

图 C1-1-16　橡胶油管

图 C1-1-17　管接头

6. 密封装置

密封装置是保证液压系统正常工作的最基本的、也是最重要的装置之一，它主要用来防止液体的泄漏。常见的密封装置有间隙密封、密封圈密封和组合密封。

阅读素材

自行式模块运输车——模块化平板车 SMPT

港珠澳大桥上的 132 米长、3200 吨重的节段是如何运过去的？这恐怕都要归功于我国的 SMPT 平板车，如图 C1-1-18 和图 C1-1-19 所示。

图 C1-1-18　SMPT 平板车

工作任务 C-1
认识磨床工作台液压传动系统

图 C1-1-19　SMPT 平板车运输港珠澳大桥节段

SMPT 平板车是我国也是世界上承重量最优的平板车，整个车连接在一起长度超过 100m，前后端分别配一个驾驶室。从外观看，很多人会误以为 SMPT 平板车只是被放大了的平板车，事实上，这种平板车的每一个设计都可圈可点，就拿它的轮胎数量来举例，人们在研究的时候，花了不少心思，才让它能像积木一般，根据搬运重物的体积来排列。这个共有 1152 个轮子的巨型平板车，在 8 台发动机为运行动力的前提下，游刃有余地驮起超过 3000 吨重的物体。SMPT 拥有数量庞大的轮子，为这种运输车带来了很大的优势，这些车轮使运输车与地面的总接触面积明显提高，用它运输重型货物时，能在很大程度上保证受力均匀，并且也能让 SMPT 平板车在复杂的地形上较为平稳。

SMPT 平板车上的每组轮子都有着独立的传感器和液压系统，并且会在计算机中显示出每一瞬间汽车重心的移动特点。即便遇到了崎岖的路面，人们也完全不用担心，因为一旦传感器察觉到路面凹凸不平，系统会立即命令液压系统工作，从而保证车身的平稳，从而让运输车安全地通过。除了这种出类拔萃的性能，SMPT 平板车的防爆性能也尤为出色。

总而言之，SMPT 平板车只是我国众多大国重器中的一个，随着发展需求越来越多，相信在未来还会诞生更多的国之重器，共同为国家的建设贡献力量，这也表明，我国正在以自己的方式快速成长，不断进步。

工作任务 C-2
液压元件及组件的安装与调试

职业能力 C-2-1　能安装与调试简易液压泵站

一、核心概念

1）液压泵：泵站的核心元件，相当于液压系统的"心脏"，提供一定压力的油液，推动执行元件，以驱动外负载工作，是将机械能转换为液体压力能的动力元件。

2）液压泵站：独立的液压装置。它逐级按要求供油，并控制液压油的流动方向、压力和流量，适用于主机与液压装置可分离的液压机械。只要用油管将液压泵站与主机上的执行元件（液压缸或液压马达）相连，液压机械即可实现各种规定动作和工作循环。

二、学习目标

1）能描述液压泵的工作过程。
2）能说出液压泵的类型及图形符号。
3）能描述液压泵的基本构成。
4）会选用液压泵。
5）能说出液压泵站的安装形式，并能按要求装接液压泵站。
6）通过了解液压油污染，养成绿色环保的意识。

三、工作情境

图 C2-1-1 所示为自动磨床及其泵站实物图，观察自动磨床液压泵站部分，分析泵站的结构组成，并能按要求完成简易液压泵站实训装置的拆装。

a) 自动磨床　　　　　　　　　b) 泵站

图 C2-1-1　自动磨床及其泵站实物图

四、基本知识

(一)液压泵

1. 液压泵的工作原理

图 C2-1-2 所示为单柱塞泵工作原理图。由柱塞 2 和缸体 3 形成一个密封容积 V,柱塞在弹簧 4 的作用下始终压紧在偏心轮 1 上,原动机驱动偏心轮 1 旋转,使柱塞 2 做往复运动,密封容积 V 的大小发生周期性交替变化。当 V 由小变大时,就形成真空,油箱中的油液在大气压作用下,经吸油管顶开单向阀 5 进入密封容积 V 而实现吸油;反之当 V 由大变小时,密封容积 V 中吸满的油液顶开单向阀 6 流入系统而实现压油。当原动机驱动偏心轮不断旋转时,液压泵就不断地吸油和压油。

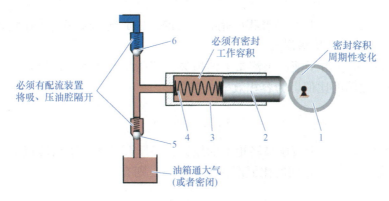

图 C2-1-2　单柱塞泵工作原理图

1—偏心轮　2—柱塞　3—缸体　4—弹簧　5、6—单向阀(配流装置)

2. 液压泵的主要性能参数

(1)压力

1)工作压力 p。液压泵实际工作时的输出压力称为工作压力,其大小取决于负载。

2)额定压力 p_n。液压泵在正常工作条件下,按试验标准规定连续运转的最高压力称为额定压力(也称公称压力、铭牌压力)。该压力受泵本身的泄漏和结构强度所制约。

(2)排量与流量

1)排量 V。指在没有泄漏情况下,泵每转一转时所能排出的油液体积。排量的大小仅与液压泵的几何尺寸有关,而与转速无关。常用单位为 cm^3/r 或者 mL/r。如果泵的排量固定,则为定量泵;若排量可变,则为变量泵。

2)理论流量 q_t。指在没有泄漏情况下,单位时间内所输出的油液体积。其大小与泵轴转速 n 和排量 V 有关,即

$$q_t = Vn \qquad (C2\text{-}1\text{-}1)$$

理论流量常用单位为 m^3/s 和 L/min。

3)实际流量 q。指单位时间内实际输出的油液体积。液压泵在运行时,泵的出口压力不等于零,因而存在部分油液泄漏,使实际流量小于理论流量。实际流量等于理论流量

q_t 减去泄漏流量 Δq，即

$$q = q_t - \Delta q \tag{C2-1-2}$$

（3）功率与效率

1）输入功率 P_i。指驱动液压泵的机械功率。当输入转矩为 T、角速度为 ω 时，则有

$$P_i = T\omega$$

2）输出功率 P_o。指液压泵在工作过程中，出口压力 p（设泵的进口压力为零）和输出流量 q 的乘积，即

$$P_o = pq \tag{C2-1-3}$$

实际上，液压泵在能量转换过程中是有损失的，因此输出功率总是比输入功率小，即 $P_o < P_i$。两者之差值即为功率损失。

3）容积效率 η_V。由于液压泵流量上的损失，液压泵的实际输出流量 q 总是小于其理论流量 q_t。两者之间的比值即为容积效率，则有

$$\eta_V = q/q_t = q/Vn \tag{C2-1-4}$$

4）机械效率 η_m。由于液压泵转矩上的损失，液压泵的实际输出转矩 T 总是大于理论上所需要的转矩 T_t，两者之间的比值即为机械效率，则有

$$\eta_m = T_t/T \tag{C2-1-5}$$

5）总效率 η。为容积效率与机械效率之积，则有

$$\eta = \eta_V \eta_m \tag{C2-1-6}$$

功率与效率关系图如图 C2-1-3 所示。

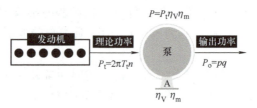

图 C2-1-3　功率与效率关系图

3. 液压泵的类型

目前，常用的液压泵有齿轮泵、叶片泵和柱塞泵等。按其输油方向能否改变，液压泵可分为单向泵和双向泵；按其在单位时间内所能输出油液的体积是否可调节，可分为定量泵和变量泵；按其额定压力的高低，又可分为低压泵、中压泵和高压泵。图 C2-1-4 所示为液压泵的图形符号。

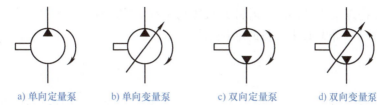

a) 单向定量泵　　b) 单向变量泵　　c) 双向定量泵　　d) 双向变量泵

图 C2-1-4　液压泵的图形符号

（1）齿轮泵

齿轮泵是机床液压系统中最常见的一种液压泵。

齿轮泵按齿轮的啮合形式可分为内啮合齿轮泵和外啮合齿轮泵，如图 C2-1-5 和图 C2-1-6 所示。外啮合齿轮泵应用最为广泛。

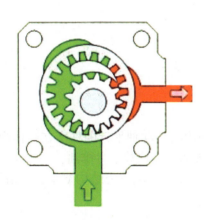

图 C2-1-5　内啮合齿轮泵

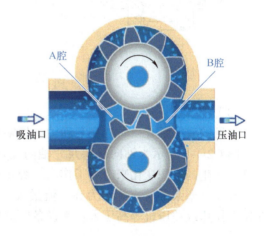

图 C2-1-6　外啮合齿轮泵

如图 C2-1-6 所示，主动齿轮由电动机带动旋转，从动齿轮与主动齿轮进行啮合旋转，A 腔轮齿不断脱离啮合，密封容积增大，从油箱吸油，充满齿槽，液压油随着齿轮的旋转进入 B 腔，B 腔轮齿不断进入啮合，容积逐渐减小，把油液挤出。

外啮合齿轮泵的优点为结构简单、抗污及自吸性好、价格低、工作可靠、维护方便；缺点为噪声和泄漏大，容积效率低。主要用于低压系统（工作压力小于 10MPa）。

外啮合齿轮泵

（2）叶片泵

叶片泵按结构不同，分为单作用式叶片泵（一般为变量泵）和双作用式叶片泵（一般为定量泵）两种。

图 C2-1-7 所示为双作用式叶片泵，当转子旋转时，叶片在离心力和液压油的作用下，其尖部紧贴在定子内表面，两个叶片与转子、定子内表面所构成的工作容积，先由小到大吸油，再由大到小排油，叶片旋转一周，完成两次吸油和两次排油。

叶片泵的优点为流量均匀、运转平稳、噪声小、压力较高、使用寿

双作用式叶片泵

命长；缺点为结构复杂、难加工、叶片易被脏污卡死。广泛应用于车床、钻床、镗床、磨床、铣床、组合机床等中低压设备的液压系统中。

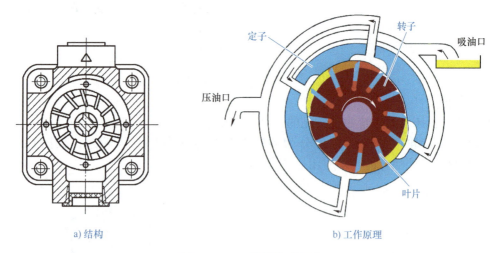

a) 结构　　　　　　　　　　　　b) 工作原理

图 C2-1-7　双作用式叶片泵

（3）柱塞泵

常见的柱塞泵有径向柱塞泵和轴向柱塞泵两种。

图 C2-1-8 所示为轴向柱塞泵，轴向柱塞泵是利用与传动轴平行的柱塞在缸体内往复运动所产生的容积变化来进行工作的。容积增大时吸油，容积减小时排油。

轴向柱塞泵的优点为压力高、流量大、便于调节流量；缺点为结构复杂、价格较贵。多用于拉床或油压机等高压大功率设备的液压系统中。

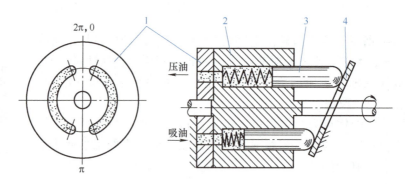

图 C2-1-8　轴向柱塞泵

1—配流盘　2—缸体　3—柱塞　4—斜盘

（二）液压泵站

液压泵站是独立的液压装置。它按要求逐级供油，并控制液压油的流动方向、压力和流量，适用于主机与液压装置可分离的液压机械。只要用油管将液压泵站与主机上的执行元件（液压缸或液压马达）相连，液压机械即可实现各种规定动作和工作循环。

图 C2-1-9 所示为液压泵站，主要功能为向液压系统提供充足动力。液压泵站采用相应尺寸的容器，并在上面固定安装电动机、液压泵和一个装有空气过滤器的封盖，容器中存放液压液。若是固定设备，容器的尺寸应相当于其体积流量的 5 倍。容器也用作杂质的沉淀池。未溶解的空气以及冷凝水等均在容器内分离。限压阀由其制造商根据最大允许泵压预先设定和铅封。

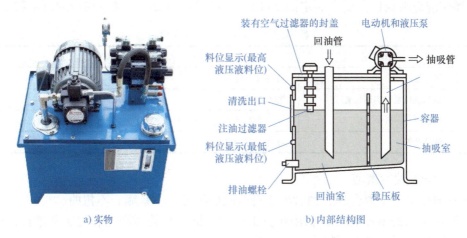

a) 实物　　　　　　　　　　　　b) 内部结构图

图 C2-1-9　液压泵站

液压泵站一般由液压泵装置、集成块/阀组合、油箱和液压管件等组合而成。

1. 液压泵装置

液压泵装置中装有液压泵和电动机，二者一般通过联轴器相连。它是液压泵站的动力源，负责将机械能转化为液压油的压力能。

2. 集成块/阀组合

集成块由液压阀及通道体组装而成，其功用是对液压油实行方向、压力、流量的调节。板式阀装在立式阀板上，在阀板后配置连接油管，其功能与集成块相同。

3. 油箱

油箱为板焊的半封闭容器，其上还装有过滤器、冷却器等，用来储油和进行油的冷却和过滤。

4. 液压管件

如图 C2-1-10 和图 C2-1-11 所示，液压管件主要包括油管和管接头。

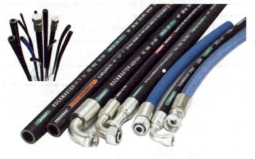

图 C2-1-10　油管

图 C2-1-11　管接头

五、能力训练

（一）操作条件

在操作前应根据任务要求制定操作计划，并参照表 C2-1-1 准备相应的设备和工具。

表 C2-1-1 能力训练操作条件

序号	操作条件	参考建议
1	液压泵	变量泵、定量泵
2	简易液压泵站实训装置	按组分配
3	拆装工具一套	内六角扳手两套、固定扳手、螺钉旋具、卡簧钳、铜棒等
4	清洗套件	棉纱、煤油等

（二）安全及注意事项

1）各部分安装距离合理，油管处于自然放松状态，不紧绷、不扭曲。

2）针对不同的液压元件，利用相应工具，严格按照其拆卸、装配步骤进行，严禁违反操作规程私自进行拆卸、装配。

3）装接前，查阅技术资料，认真观看装接视频，搞清楚相关液压泵站的结构组成及各部分装配要求。

4）观察并记录装接过程，对设备使用中出现的问题进行分析和解决。

（三）操作过程

参照表 C2-1-2 完成简易泵站的装接。

表 C2-1-2 操作步骤及要求

序号	步骤	操作方法及说明	操作要求
1	安装电动机	电动机接线盒、吊环、通风网、护罩等零部件齐全、完整、紧固	电动机与油箱安装位置准确，不完全预紧，预留下一步调整位置
2	安装液压泵及联轴器	联轴器与电动机、液压泵预装配，然后调整同轴度	电动机轴与泵轴要对正，其偏差不得大于 0.5mm，联轴器留 2～4mm 间隙
3	安装油管等辅助元件	吸油管路要尽量短，弯曲少；压力油管的安装位置应尽量靠近设备	管路连接使用合格的管接头，整个液压系统无漏液现象
4	分别选用定量泵、变量泵，通电试运行	—	调定泵站压力（3±0.2）MPa，调节排量，观察流量变化。正确记录运行过程及问题
5	工作交付	完成工作报告	写出操作步骤，分析故障现象
6	清洁整理		按照 6S 标准

问题情境一

起动液压泵后，出油口无油液输出，请分析原因。

情境提示：

1）电动机与泵旋转方向；2）进、出油口连接；3）油液黏度方面；4）堵塞方面等。

思考：是否还有其他原因？如有，请说明并提出解决方案。

（续）

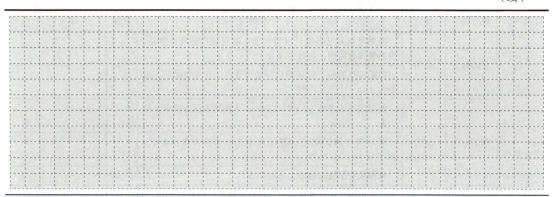

问题情境二

起动液压泵后，产生较大噪声，试分析原因。

情境提示：
1）堵塞；2）油位；3）密封；4）油液黏度；5）泵与电动机安装（如同轴度）。
思考： 是否还有其他原因？如有，请说明并提出解决方案。

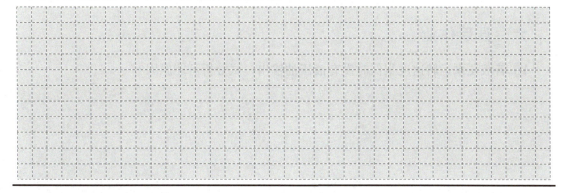

（四）学习结果评价

通过以上学习和实践操作，对相关知识的学习和能力训练完成情况做出客观评价，并填写学习结果评价表 C2-1-3。

表 C2-1-3　学习结果评价表

评价项目	评分内容	分值	评分细则	成绩	扣分记录
职业素养	操作过程安全规范	15 分	按要求穿戴工装，但不整齐，每处扣 1 分		
			未能按照要求穿戴工装，扣 5 分		
			工、量具使用不符合规范，每处扣 2 分		
			元件拿取方式不规范，油管随地乱放，每处扣 2 分		
			油管安装不符合要求，每处扣 2 分		
	工作环境保持整洁	10 分	堆油、泄漏造成环境污染，每处扣 1 分		
			工作台表面遗留工具、量具、元件，每处扣 1 分		
			操作结束，元件、工具未能整齐摆放，每处扣 1 分		

(续)

评价项目	评分内容	分值	评分细则	成绩	扣分记录
专业素养	泵站拆装	30分	熟悉液压泵站各组成部分功能，能正确拆装液压泵站，有拆装操作错误，每处扣4分		
			熟悉液压管件，能正确装接液压管件，有安装松动，每处扣4分		
	调试运行	20分	设定泵站压力为（3±0.2）MPa，未能达到压力要求，扣5分		
			泵站压力调试规范，零压起动，未能符合操作要求，扣5分		
			未排除液压泵站故障，每处扣5分		
	分析记录	25分	正确识读液压泵图形符号，描述有缺失，每处扣2分		
			正确描述常用液压泵类型、应用，描述有缺失，每处扣2分		
			正确分析各控制元件功能，描述有缺失，每处扣2分		
			未如实记录液压泵运行中的故障，扣5分		

六、课后作业

1）若液压泵运转速度很低时没有液压油输出，试分析可能原因？

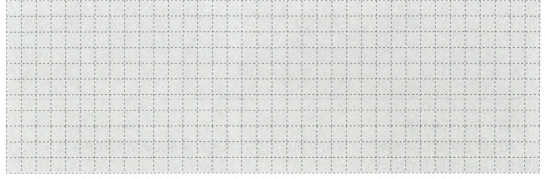

2）一台液压泵的机械效率 η_m=0.92，泵的转速 n=950r/min 时的理论流量为 q_t=160L/min，若泵的工作压力 p=2.95MPa，实际流量为 q=152L/min。

试求：①液压泵的总效率；②液压泵在上述工况下所需的电动机功率。

3）扫码完成测评。

七、拓展知识

1. 液压油

液压油是液压传动系统中的工作介质，此外，它还具有润滑、冷却和防锈作用。液压油可分为矿油型、乳化型和合成型三大类。矿油型是以机械油为原料，精炼后按需要加入添加剂。目前我国 90% 以上的液压设备中使用的是矿油型液压油，这类液压油润滑性能好，但抗燃性较差。在一些高温、易燃、易爆的工作场合，应使用合成型或乳化型液压油。液压油的分类、特性和应用见表 C2-1-4。

表 C2-1-4　液压油的分类、特性和应用

液压油分类及代号		组成和特性	应用场合
矿油型	无抑制剂的精制矿油 L-HH	精制矿物油（或加少量抗氧剂）	适用于对润滑油无特殊要求的润滑系统及机床低压液压系统，可作为液压系统代用油
	普通液压油 L-HL	精制矿物油，并改善其防锈和抗氧性	适用于中、低压液压系统及精密机床液压系统，如磨床等精密机床液压系统
	抗磨液压油 L-HM	L-HL 油，并改善其抗磨性	适用于中、高压液压系统，如工程机械、车辆液压系统
	低温液压油 L-HV	L-HM 油，并改善其黏温特性	适用于 $-40 \sim -25$ ℃ 的低温环境下工作和工作条件恶劣的液压系统
	高黏度指数液压油 L-HG	L-HM 油，并改善其黏-滑性	适用于液压和导轨润滑系统合用的机床
乳化型	水包油型乳化液 L-HFAE	水的质量分数大于 80%	适用于要求抗燃、经济、不回收废液的低压系统，如煤矿液压支架、冶金轧辊、水压机液压系统
	油包水乳化液 L-HFB	水的质量分数小于 80%	适用于要求良好的抗燃、防锈、润滑的中压系统，如连续采煤机、凿岩机液压系统
合成型	化学水溶液 L-HFAS	水的质量分数大于 80%，抗燃性好	适用于要求抗燃、经济的低压系统，如金属切削机床液压系统
	含聚合物水溶液 L-HFC	水的质量分数大于 35%，抗燃性好	适用于要求抗燃、清洁的中低压系统，也可在低温环境下使用，如自动进料机液压系统
	磷酸酯无水合成液 L-HFDR		适用于要求抗燃、高压、精密的液压系统，如压铸机、民航飞机液压系统

液压油没有可压缩性。在极高压状态下，液压油最多也只能压缩 1%～2% 的体积。

液压油可从空气中摄取气体（氮气和氧气），其所摄气体量取决于压力和温度。如果在某些设备零件中产生了负压（$p_0 < -0.03$ MPa），表明已超过最大溶气量，液压油中分离的气泡可能产生噪声和气蚀损害。

气蚀又称穴蚀，是指流体在高速流动和压力变化条件下，与流体接触的金属表面上发生洞穴状腐蚀破坏的现象。常发生在高速减压区，如离心泵叶片端。气蚀的特征是先在金属表面形成许多细小的麻点，然后逐渐扩大成洞穴。气蚀的形成原因是由于冲击应力造成的表面疲劳破坏，但液体的化学和电化学作用加速了气蚀的破坏过程。

液压油最重要的特性参数是运动黏度 v（黏滞性），单位是 m^2/s。运动黏度与温度相关（见图 C2-1-12）。40℃时，ISOVG46 的运动黏度 $v=46mm^2/s$。设备中温度越高，液压油越稀，其运动黏度值 v 越小。

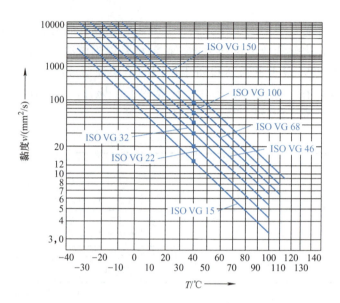

图 C2-1-12　液压油运动黏度与温度、压力的关系

2. 环保液压油

泄漏被认为是液压工业中一个"可接受"的问题，从而被人们忽略了。现在，随着更加严格的环保条例的出台，人们正在意识到，液压油不断渗透到水、潮湿的土壤中，会造成环境污染。

近些年，尽管在管接头、软管及密封技术方面取得了相当进展，但由于装配不当，应用不正确以及元件磨损、损坏等诸多原因，液压系统的泄漏问题仍然没有找到满意的解决办法。

另一方面，世界各国纷纷研究环保节能的液压传动技术，其主要的发展方向是开发可生物降解的液压油。可生物降解液压油是指既能满足机器液压系统的要求，其耗损产物又对环境不造成危害的液压油。

工作任务 C-2
液压元件及组件的安装与调试

职业能力 C-2-2　能拆装单杆活塞式液压缸

一、核心概念

1）液压执行元件：将液压泵提供的压力能转变为机械能的能量转换装置。依据输出方式的不同可分为液压缸和液压马达两类。

2）执行元件选型：根据液压缸或液压马达的实际工作条件，计算相关的主要参数，根据计算结果、行程要求、安装方式等确定执行元件的型号。

二、学习目标

1）能描述液压缸的工作原理。
2）能说出液压缸的图形符号及含义。
3）能区分不同类型液压缸，掌握选用方法及原则。
4）能理解液压系统压力与活塞力之间的关系，并会计算有效活塞力。
5）能根据实际工况选择合适的液压缸。
6）能拆装单杆活塞式液压缸。
7）培养学生分析问题、解决问题的能力。

三、工作情境

液压缸是液压执行元件。由于其自身和外在因素的影响，常会造成液压系统出现一些异常现象，如执行元件爬行、不运动和推力不足等，直接影响液压设备的工作效果，如平面磨床磨出的工件有波纹、表面粗糙度值大等。因此需要对液压缸的故障准确诊断并修理，以保证设备正常工作。

四、基本知识

（一）液压缸的工作原理及类型

液压缸是将液体的压力能转换成机械能，即将输入的压力 p 和流量 q 转化为输出的动力 F 和速度 v，使液压设备执行机构实现直线往复运动（或往复摆动）的液压执行元件，如图 C2-2-1 所示。

液压缸根据作用方式不同可分为单作用式和双作用式。单作用式液压缸只能利用液压力单方向运动，而反方向运动则要依靠重力、弹簧力等外力来实现；双作用式液压缸的正、反两个方向的运动都由液压力来实现。液压缸根据结构特点又可分为活塞式、柱塞式和摆动式三种基本类型。

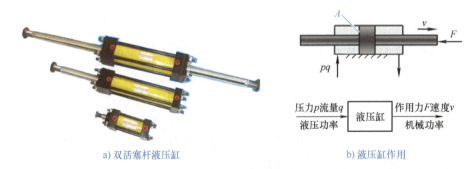

a) 双活塞杆液压缸 b) 液压缸作用

图 C2-2-1　液压缸

1. 活塞式液压缸

活塞式液压缸可分为双杆式活塞缸和单杆式活塞缸两种结构，其安装方式有活塞杆固定和缸体固定两种。

（1）双杆活塞式液压缸

双杆活塞式液压缸活塞的两端都有活塞杆。图 C2-2-2a 所示为缸体固定式液压缸。当油液从 A 口进入缸的左腔，经 B 口回油时，活塞带动工作台向右运动；反之，活塞带动工作台向左运动。这种液压缸工作台的最大运动范围略大于活塞有效行程 L 的 3 倍，占地面积较大，常用于小型设备的液压系统。图 C2-2-2b 所示为活塞杆固定式液压缸。当缸的右腔进油，左腔回油时，缸体带动工作台向右运动；反之，缸体带动工作台向左运动。其运动范围略大于缸有效行程的 2 倍，常用于行程较长的大、中型设备的液压系统。

单杆活塞式液压缸

双杆活塞式液压缸

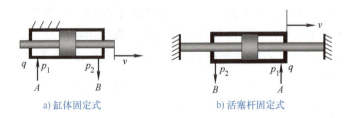

a) 缸体固定式　　b) 活塞杆固定式

图 C2-2-2　双杆活塞式液压缸

双杆活塞式液压缸两腔的有效面积相等，若分别向两腔供油，且供油压力和流量都相等，则活塞往复运动时两个方向的作用力和速度相等，即

$$F = (p_1 - p_2)A = \frac{\pi}{4}(D^2 - d^2)(p_1 - p_2) \qquad (C2\text{-}2\text{-}1)$$

$$v = \frac{q}{A} = \frac{q}{\frac{\pi}{4}(D^2 - d^2)} = \frac{4q}{\pi(D^2 - d^2)} \qquad (C2\text{-}2\text{-}2)$$

式中　F——液压缸的推力；
　　　A——液压缸两腔有效面积；
　　　v——活塞（或缸体）的运动速度；
　　　p_1——液压缸的进油压力；
　　　p_2——液压缸的出油压力；
　　　q——进入液压缸的流量；
　　　D——液压缸的内径；
　　　d——活塞杆的直径。

（2）单杆活塞式液压缸

图 C2-2-3 所示为单杆活塞式液压缸，其活塞仅一端有活塞杆。这种液压缸也有缸体固定液压缸和活塞固定液压缸两种形式，其工作原理与双杆式相同。单杆活塞式液压缸工作台的最大运动范围是活塞或缸筒有效行程的 2 倍，结构紧凑，应用广泛。

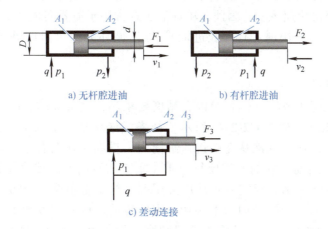

图 C2-2-3　单杆活塞式液压缸

由于活塞两端的有效作用面积 A_1、A_2 不相等，因此当向两腔分别供油，且供油压力和流量相同时，活塞或缸体向两个方向的推力 F 和速度 v 是不相同的，其计算如下：

如图 C2-2-3a 所示，当无杆腔进油，有杆腔回油时，则

$$F_1 = p_1 A_1 - p_2 A_2 = \frac{\pi}{4} D^2 p_1 - \frac{\pi}{4}(D^2 - d^2) p_2 = \frac{\pi}{4} D^2 (p_1 - p_2) + \frac{\pi}{4} d^2 p_2 \quad (\text{C2-2-3})$$

$$v_1 = \frac{q}{A_1} = \frac{4q}{\pi D^2} \quad (\text{C2-2-4})$$

如图 C2-2-3b 所示，当有杆腔进油，无杆腔回油时，则

$$F_2 = p_1 A_2 - p_2 A_1 = \frac{\pi}{4}(D^2 - d^2) p_1 - \frac{\pi}{4} D^2 p_2 = \frac{\pi}{4} D^2 (p_1 - p_2) - \frac{\pi}{4} d^2 p_1 \quad (\text{C2-2-5})$$

$$v_2 = \frac{q}{A_2} = \frac{4q}{\pi(D^2 - d^2)} \qquad (\text{C2-2-6})$$

如图 C2-2-3c 所示，即无杆腔和有杆腔同时进油，形成差动连接，此时活塞在推力差的作用下向右运动，并使有杆腔排出的油液也进入无杆腔。差动连接时的推力和速度的计算为

$$F_3 = p_1 A_1 - p_2 A_2 = \frac{\pi}{4} D^2 p_1 - \frac{\pi}{4}(D^2 - d^2) p_1 = \frac{\pi}{4} d^2 p_1 \qquad (\text{C2-2-7})$$

$$v_3 A_1 = q + v_3 A_2 \Rightarrow v_3 = \frac{q}{A_1 - A_2} = \frac{4q}{\pi d^2} \qquad (\text{C2-2-8})$$

由上可知，同样大小的液压缸在差动连接时，活塞的速度 v_3 大于非差动连接时的速度 v_1，因而可以获得快速运动。因此，单杆液压缸常用于需要实现"快进（差动连接）—工进（无杆腔进油）—快退（有杆腔进油）"工作循环的组合机床等机械设备的液压系统中。

2. 柱塞式液压缸

活塞式液压缸应用较广，但缸筒内孔精度要求高，当缸体较长时，加工困难，此时宜采用柱塞式液压缸。如图 C2-2-4a 所示，柱塞式液压缸由缸筒 1、柱塞 2、导向套 3、密封圈 4 和压盖 5 组成。油液从左端进入缸筒内，推动柱塞向右运动。单柱塞式液压缸只能实现一个方向运动，它的回程要靠自重（垂直放置时）或其他外力（如弹簧力）来实现。如图 C2-2-4b 所示，双柱塞式液压缸用两个柱塞缸组合，也可实现往复运动。由于柱塞由导向套导向，与缸筒内壁不接触，因此缸筒内壁不需要加工，工艺性好，结构简单，制造容易，常用于行程很长的龙门刨床、导轨磨床和大型拉床等设备的液压系统中。

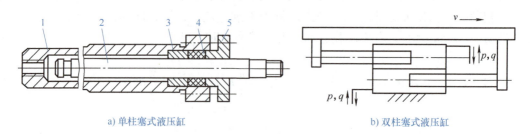

a) 单柱塞式液压缸　　　　　　　　　　b) 双柱塞式液压缸

图 C2-2-4　柱塞式液压缸

1—缸筒　2—柱塞　3—导向套　4—密封圈　5—压盖

3. 摆动式液压缸

图 C2-2-5 所示为摆动式液压缸，又称为摆动式液压马达或回转液压缸。它把液压油的压力能转变为摆动运动的机械能。常用的摆动式液压缸有单叶片式摆动式液压缸和双叶片式摆动式液压缸两种类型。图 C2-2-5a 所示为单叶片式摆动式液压缸，它的摆动角度

较大（可达 330°）；图 C2-2-5b 所示为双叶片式摆动式液压缸，它的摆动角度较小（最大 150°），输出转矩是单叶片式的 2 倍，而角速度则是单叶片式的 1/2。

摆动式液压缸结构紧凑、输出转矩大，但密封性差，一般只用于机床和工夹具的夹紧装置、送料装置、转位装置、周期性进给机构、工业机械人的手臂和手腕的回转机构及工程机械回转机构等中低压液压系统中。

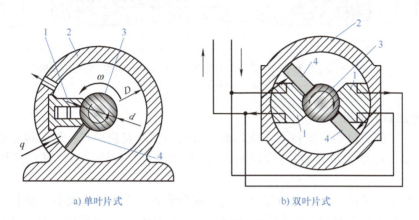

a) 单叶片式　　　　　　　b) 双叶片式

图 C2-2-5　摆动式液压缸

1—定子块　2—缸体　3—叶片轴　4—回转叶片

常用液压缸的图形符号见表 C2-2-1。

表 C2-2-1　常用液压缸的图形符号

单作用缸			双作用缸		
单作用单杆缸	单作用单杆缸（带弹簧）	单作用多级缸	双作用单杆缸	双作用双杆缸	双作用多级缸
⊐─	⊐≋─	⊐═─	⊏⊐─	─⊏⊐─	⊏═─

（二）液压缸的结构及组成

图 C2-2-6 所示为双杆活塞式液压缸结构图。它由缸筒 5、端盖 3、导向套 4、压盖 2、活塞 6、活塞杆 1、密封圈 8、密封纸垫 7 等组成。

液压缸的缸体固定在机身上不动，活塞杆用螺母 10 与工作台支架 9 连接在一起，螺母设置在工作台支架的外侧，活塞杆仅受拉力，所以活塞杆直径可以做得很细，且活塞杆受热伸长时也不会因受阻而弯曲。进、出油口 A、B 开在液压缸端盖 3 上方，这样有利于排出液压缸中的空气。当压力油从液压缸 A 口进入左腔，右腔油液从 B 口回油时，活塞带动工作台向右移动；反之，活塞带动工作台向左移动。

液压缸缸筒与端盖用法兰连接，活塞与活塞杆采用销联结，活塞与缸筒之间采用间隙密封。导向套 4 与活塞杆配合，起导向支承作用。

由上可知，液压缸主要由缸体组件（缸筒、端盖、压盖）、活塞组件（活塞、活塞杆、导向套）和密封装置等组成。

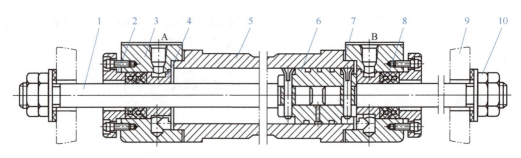

图 C2-2-6　双杆活塞式液压缸结构图

1—活塞杆　2—压盖　3—端盖　4—导向套　5—缸筒　6—活塞　7—密封纸垫
8—密封圈　9—工作台支架　10—螺母

（三）液压缸的选用

首先应根据液压缸的工况特点，选用液压缸的类型及安装形式；然后根据动力和运动分析，确定液压缸的主要参数；最后根据产品样本或有关设计手册，确定液压缸的规格型号。

液压缸类型的选用主要考虑液压缸运动的输出形式、工作行程大小、负载大小等。

液压缸主要参数包括液压缸的工作压力 p、缸筒内径 D、活塞杆直径 d 和缸筒长度 L 等。这些参数应根据液压缸的负载、运动速度、行程长度和结构形式来确定。确定方法如下：

1）确定液压缸的工作压力 p。根据液压缸的负载和设备类型，参考表 C2-2-2 和表 C2-2-3 确定。

2）确定缸筒内径 D 和活塞杆直径 d。对于动力较大设备的液压缸，应根据液压缸的负载 F 和工作压力 p 确定。

当无杆腔进油驱动负载时，则

$$D = \sqrt{\frac{4F}{\pi p}} \qquad (C2\text{-}2\text{-}9)$$

当有杆腔进油驱动负载时，则

$$D = \sqrt{\frac{4F}{\pi p} + d^2} \qquad (C2\text{-}2\text{-}10)$$

活塞杆直径 d 可参考表 C2-2-4 确定。

表 C2-2-2　各类液压设备常用工作压力

设备类别	磨床	车床、铣床、钻床、镗床	组合机床	龙门刨床、拉床	注塑机、农业机械、小工程机械	液压压力机、重型机械、起重运输机械
工作压力 p/MPa	0.8～2	2～4	3～5	8～10	10～16	20～32

表 C2-2-3　液压缸工作压力与负载之间的关系

负载 F/kN	<5	5～10	10～20	20～30	30～50	>50
工作压力 p/MPa	<0.8～1.0	1.5～2.0	2.5～3.0	3.0～4.0	4.0～5.0	>5.0

表 C2-2-4　活塞杆直径 d 的参考值

液压缸的工作压力 p/MPa	<2	2～5	5～10
活塞杆的直径 d	（0.2～0.3）D	0.5D	0.7D

对于动力较小设备的液压缸，若按负载计算，其数值可能很小，故一般按结构需要先确定活塞杆直径 d，再根据给定的速度比 ϕ 计算缸筒内径 D。

$$\phi = v_1/v_2 = D^2/(D^2 - d^2) \quad (C2\text{-}2\text{-}11)$$

$$D = \sqrt{\frac{\phi}{\phi-1}}d \text{ 或 } D = \sqrt{\frac{v_2}{v_2-v_1}}d \quad (C2\text{-}2\text{-}12)$$

计算得出的缸筒内径 D 和活塞杆直径 d 应按 GB/T 2348—2018 规定的尺寸系列圆整成标准值。

3）确定缸筒长度 L。液压缸的长度由最大行程和结构需要确定，一般不大于（20～30）D。

由于液压缸使用面广，难以标准化、系列化，故一般需要自行设计（此处不再细述）。总体而言，液压缸的选用应遵循以下原则：

① 根据机械动作要求、安装空间，选择液压缸的类型和尺寸。
② 根据最大外部负载，选择液压缸的工作压力、活塞直径等。
③ 根据机械要求，选择液压缸的行程。
④ 根据速度要求，选择液压缸的流量。
⑤ 根据速度比和外部最大负载，选择活塞杆直径。
⑥ 考虑产品价格。

（四）液压缸常见故障及排除方法

液压缸常见故障及排除方法见表 C2-2-5。

表 C2-2-5　液压缸常见故障及排除方法

故障现象	产生原因	排除方法
爬行	1）外界空气进入缸内 2）密封压得太紧 3）活塞与活塞杆不同轴，活塞杆不直 4）缸内壁拉毛，局部磨损或腐蚀 5）安装位置有偏差 6）双活塞杆两端螺母拧得太紧	1）设置排气装置或开动系统强迫排气 2）调整密封，但不得泄漏 3）校正或更换，使同轴度小于 0.04mm 4）适当修理，严重者重新修磨缸内孔，按要求重配活塞 5）校正 6）调整

（续）

故障现象	产生原因	排除方法
冲击	1）使用间隙密封的活塞与缸筒间隙过大，节流阀失去作用 2）端盖缓冲的单向阀失灵，不起作用	1）更换活塞，使间隙达到规定要求，检查节流阀 2）修正、研配单向阀与阀座，或更换单向阀
推力不足/速度不够或逐渐下降	1）缸与活塞配合间隙过大或O形密封圈损坏，使高低压侧互通 2）油温太高，黏度降低，泄漏增加，使液压缸速度减慢 3）液压泵流量不足	1）更换活塞或密封圈，调整至合适间隙 2）检查升温原因，采取散热措施，如间隙过大可单配活塞或增配密封环 3）检查泵或调节控制阀
外泄漏	1）活塞杆表面损伤或密封圈损坏造成活塞杆处密封不严 2）管接头密封不严 3）缸盖处密封不严	1）检查并修复活塞杆和密封圈 2）检查并修整密封圈及接触面 3）检查并修整缸盖

五、能力训练

（一）操作条件

在操作前应根据任务要求制定操作计划，并参照表C2-2-6准备相应的设备和工具。

表C2-2-6 能力训练操作条件

序号	操作条件	参考建议
1	拆装平台	平台平整、坚固
2	单杆活塞式液压缸若干	按组分配
3	拆装工具一套	内六角扳手两套、固定扳手、螺钉旋具、卡簧钳、铜棒等
4	清洗套件	棉纱、煤油等

（二）安全及注意事项

1）拆装中用铜棒敲打零部件，以免损坏零部件。

2）拆卸过程中，遇到元件卡住的情况时，不能硬砸乱敲。

3）装配前零件应清洗干净。装配时，要遵循"先拆的后装，后拆的先装"的原则，合理安装。

4）安装完应确保活塞运动灵活平稳，没有阻滞和卡死现象。观察、记录装接过程，对设备使用中出现的问题进行分析和解决。

（三）操作过程

参照表C2-2-7完成液压缸的拆装。

工作任务 C-2 液压元件及组件的安装与调试

表 C2-2-7 操作步骤及要求

序号	步骤	操作方法及说明	操作要求
1	拆前准备	1）准备拆装平台、拆装工具及按要求着装 2）确认液压缸缸筒内压力为零；如存在压力则需要进行卸压 3）元件外壳连接处划线	1）拆装平台与工具满足 6S 要求 2）确认液压缸缸筒内压力为零 3）划线清晰，拆装过程不要擦除
2	拆后端盖	1）按螺纹拆装要求，松开缸体连接螺栓 2）用开口扳手拧下后端盖上单向阀	1）规范使用工具 2）避免密封圈损坏 3）保护密封圈密封面
3	拆油缸活塞组件	1）用铜棒敲击球头，取出活塞组件 2）分离活塞与活塞杆	1）注意敲击部位 2）内六角扳手选用正确 3）若活塞与活塞缸连接过紧，借助一字螺钉旋具
4	拆导向套组件	1）平放缸体，使用卡簧钳将导向套外侧卡环取下 2）用橡胶锤将导向套往后端盖处敲击	1）卡簧钳选择正确 2）防止损伤缸筒内表面

（续）

序号	步骤	操作方法及说明	操作要求
5	清洗零件并检查	1）清洗零件、密封圈工作面，检查是否有毛刺 2）清洗后沥干 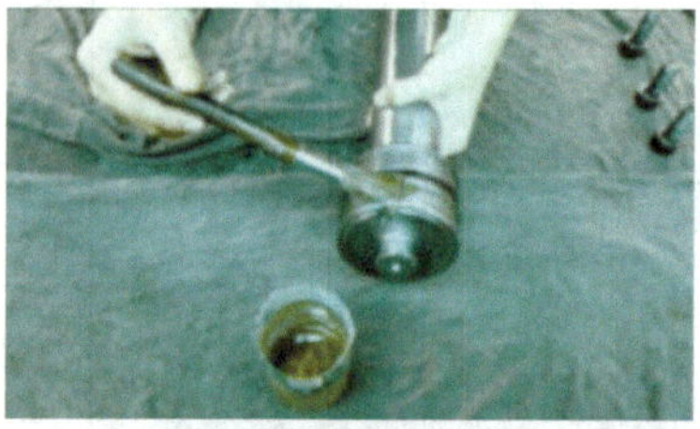	1）检查密封圈形态，失效则更换 2）检查工作面与配合面磨损情况，严重则更换
6	装导向套组件	1）按照后拆后装原则，将导向套装入缸筒内 2）装三个扇环，然后放入压环，最后装卡环 	1）导向套装入方向正确 2）扇环、压环、卡环装配到位
7	装活塞组件	1）用毛刷在配合面与工作面刷油 2）先将活塞与活塞杆组装 3）活塞组件塞入缸筒内，再用铜棒敲入 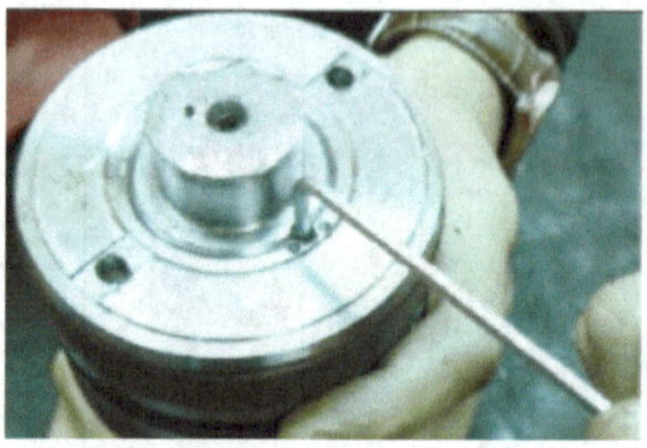	1）防止损伤缸筒内表面 2）检查密封圈与导向环形态，判断是否需要更换
8	装后端盖	1）单向阀装入后端盖 2）后端盖装入缸体，注意油口对齐 3）拧紧螺栓（按要求） 	螺栓紧固，采用对角交叉原则，达到拧紧力矩要求 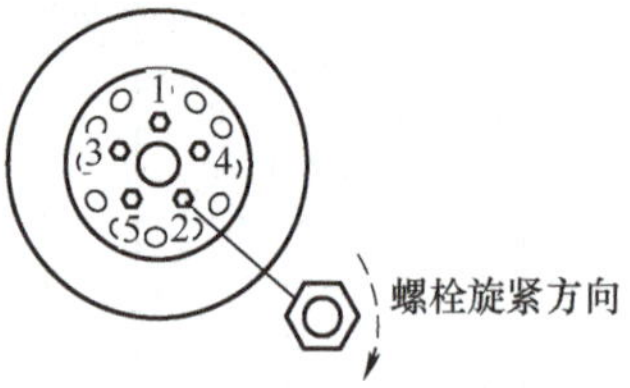 螺栓旋紧方向
9	现场 6S	1）拆装元件表面清理 2）拆装平台、工具清理、整理	1）拆装元件无滴油现象 2）拆装工具整理到位 3）拆装平台清理干净，无油渍

工作任务 C-2
液压元件及组件的安装与调试

问题情境一

图 C2-2-7 所示为油漆烘干炉结构简图，通过传送带运输机将工件连续送入炉内烘干油漆。为减少通过炉门的热损失，炉门应根据工件烘干过程开启和关闭。要订一个合适的液压缸，活塞杆长为 100cm，液压系统工作压力为 0.4MPa，效率为 90%，炉门关闭需要 450N 的力。请计算：活塞杆直径至少需要多大才能保证打开炉门？

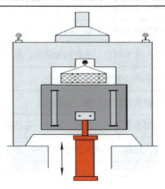

图 C2-2-7　油漆烘干炉结构简图

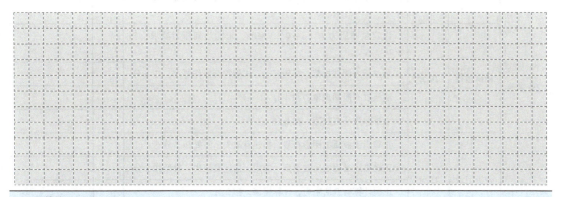

问题情境二

液压缸产生爬行现象的原因有哪些？

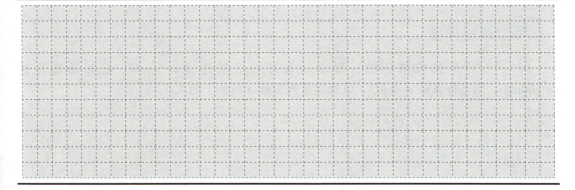

（四）学习结果评价

通过以上学习和实践操作，对相关知识的学习和能力训练完成情况做出客观评价，并填写学习结果评价表 C2-2-8。

表 C2-2-8 学习结果评价表

评价项目	评分内容	分值	评分细则	成绩	扣分记录
职业素养	操作过程安全规范	15分	按要求穿戴工装，但不整齐，每处扣1分		
			未能按照要求穿戴工装，扣5分		
			工、量具使用不符合规范，每处扣2分		
			元件拿取方式不规范，油管随地乱放，每处扣2分		
			油管安装不符合要求，每处扣2分		
	工作环境保持整洁	10分	堆油、泄漏造成环境污染，每处扣1分		
			工作台表面遗留工具、量具、元件，每处扣1分		
			操作结束，元件、工具未能整齐摆放，每处扣1分		
专业素养	液压缸拆装	30分	熟悉液压缸组成，能正确拆装液压缸，有拆装操作错误，每处扣4分		
			正确安装液压缸，有安装松动、遗漏零件等现象，每处扣4分		
	调试运行	20分	设定泵站压力为（3±0.2）MPa，未能达到压力要求，扣4分		
			泵站压力调试规范，零压起动，未能符合操作要求，扣6分		
			液压缸有泄漏现象，扣4分		
			未排除液压缸故障，扣6分		
	分析记录	25分	正确识读液压缸图形符号，描述有缺失，每处扣2分		
			正确描述常用液压缸类型、应用，描述有缺失，每处扣2分		
			正确计算有效活塞力，计算错误，扣2分		
			未如实记录液压缸运行中的故障，扣5分		

六、课后作业

1）一双杆活塞式液压缸，要求活塞杆的运动速度 v=5cm/s，已知活塞直径 D=200mm，活塞杆直径 d=0.8D。试确定所需流量 q（m/s）的大小？

2）分析对比液压马达与液压泵的差异。

3）扫码完成测评。

七、拓展知识

液压马达

1. 简介

液压马达是将液体的压力能转换为机械能，输出转矩和回转运动的一种执行元件，在液压系统中具有重要地位。

液压马达一般可分为小转矩液压马达和大转矩液压马达两种。近年来，随着液压技术不断向高压、大功率方向发展及对环境保护的日益重视，人们要求液压执行元件具有噪声低、污染小、运转平稳等特点，因此，大转矩马达成为发展趋势之一。

液压马达与电动机相比较，具有以下优点：①传动轴瞬间即可反向；②无论堵转多长时间，也不会造成损坏；③由工作转速控制转矩；④易于实现动态制动；⑤如果设电动机功率与质量的比值是 1，而液压马达则可高达 10～12，即传递同样大小的功率数，液压马达质量最小。

2. 分类

液压马达按其结构类型可以分为齿轮式液压马达、叶片式液压马达、柱塞式液压马达和其他形式；按额定转速可以分为高速液压马达和低速液压马达两大类；按所能传递的转矩大小，可以分为小、中、大转矩液压马达；根据每转中工作副的作用次数，可以分为单作用式液压马达和多作用式液压马达两大类。

一般将额定转速高于 500r/min 的称为高速液压马达，额定转速低于 500r/min 的称为低速液压马达。

高速液压马达的主要特点是转速较高、转动惯量小，便于起动和制动，调节（调速及换向）灵敏度高。通常高速液压马达输出转矩不大，所以又称为高速小转矩液压马达。低速液压马达的主要特点是排量大、体积大、转速低（有时可达每分钟几转甚至零点几转），起动效率高，转动惯量小，加速和制动时间短。低速液压马达输出转矩较大，所以又称为低速大转矩液压马达。由于大转矩马达转速低，低速稳定性好，因此使用时往往不需要减速装置即可直接驱动低速大转矩负载（工作机构），因而使传动机构大为简化。但若机构需要制动时，需要安装尺寸较大的制动器。

3. 液压马达与液压泵

液压马达和液压泵的结构和工作原理非常类似。液压泵是将机械能（如电动机的旋转等）转换成压力能，将压力油输送到系统各处需要做功的地方。而液压马达是将压力能转换成机械能，油液推动液压马达内的叶片旋转，从而带动与液压马达轴相连的机械做功。

液压马达和液压泵都是液压传动系统中的能量转换元件。那两者究竟有什么不同之处？如何区分？

1）从原理上讲，液压马达和液压泵是可逆的，如果用电动机带动，输出的是压力能（压力和流量），这就是液压泵；如果输入液压油，输出的是机械能（转矩和转速），则变成了液压马达。

2）从结构上看，二者是相似的。液压马达与液压泵具有同样的基本结构要素——密闭而又可以周期变化的容积和相应的配油机构。液压马达和液压泵的工作原理均是利用密封容积的变化进行吸油和排油的。

3）液压泵是将电动机的机械能转换为液压能的转换装置，输出流量和压力；液压马达是将液体的压力能转为机械能的转换装置，输出转矩和转速。因此，液压泵是能源装置，而液压马达是执行元件。

4）液压马达输出轴的转向必须能正转和反转，因此其结构呈对称性；而有些液压泵（如齿轮泵、叶片泵等）转向有明确的规定，只能单向转动，不能随意改变旋转方向。

5）液压马达除进、出油口外，还有单独的泄油口；液压泵一般只有进、出油口（轴向柱塞泵除外），其内部泄漏的油液与进油口相通。

6）液压马达的容积效率比液压泵低。

7）通常液压泵的工作转速都比较高，而液压马达输出转速较低。

世界领先的中国液压技术

1. 高精度自调式双向同步阀

具有流量变化自动跟随和负载压力变化自动调节双功能，还具有终点快速补偿功能，是解决普通液压系统同步的理想元件。只需普通液压缸即可，是开环控制，其流量适应范围和同步精度目前均处于世界领先水平。

2. 电调高精度自调式双向同步阀

在高精度自调式双向同步阀的基础上增加了自动补油装置、一套能自动检测误差的同步误差检测器以及自动同步控制器，因而是闭环控制，能消除累计误差，特别适宜于高精度同步系统和长行程同步系统。如，几十米的大型水利闸门同步误差可控制在 1～2mm，该系统的特点是不需专门的长行程传感器，也无须调整任何参数，即装即用。

3. 数字同步系统

它是利用数字液压缸具有极高的速度精度这一优势完成的，由于数字液压缸内部具有速度传感和位置传感双功能，再配合专用的数字控制器，可以实现任意数量和不同缸径的液压缸同步，是目前高精度的液压同步系统。这种系统不需调试。

4. 数字液压缸

由于数字液压缸同时可高精度地完成方向控制、速度控制和位置控制，因而从某种意义上说，任何一个液压元件都是多余的。与多功能数字控制器搭配，可以取代传统的液压系统，广泛用于各种行业，提升我国自动化水平，并推动各行各业的技术进步。

5. 数字液压阀

数字技术的变种，它能将普通液压缸数字化，将普通液压马达变成数字马达，对于改造老的液压系统可以充分发挥作用。

6. 专用数字控制器

数字技术的核心控制元件，面向非自动化类专业人员，对操作者技能水平要求不高。

工作任务 C-3
液压方向控制回路的识读与搭建

职业能力 C-3-1　能识读与搭建液压换向回路

一、核心概念

1）方向控制阀：通过控制液压系统中液流的通断和流动方向，来控制执行元件的起动、停止及运动方向。它可以分为单向阀和换向阀两种。

2）方向控制回路：在液压系统中，执行元件的起动、停止或运动方向的改变等都是通过控制进入执行元件的液流的通、断及变向来实现，而实现这些控制的回路称为方向控制回路。

二、学习目标

1）能描述基本液压换向阀的工作原理、结构及用途。
2）能辨别常用换向阀的实物与图形符号。
3）能识读并分析基本换向回路的工作原理图。
4）能合理选用液压元件及工具进行基本换向回路的搭建。
5）能进行液压换向回路常见简单故障的分析及排除。
6）养成规范意识、岗位意识及责任意识。

三、工作情境

图 C3-1-1 所示为锅炉门工作示意图。锅炉在工作时，打开锅炉门，给锅炉添加燃料，关闭锅炉门后，燃料在锅炉中燃烧开始正常工作。锅炉门开和关的动作可以采用液压系统来完成。图 C3-1-2 所示为锅炉门启闭装置控制回路图。请完成锅炉门启闭控制回路的识读，运用仿真软件抄画该回路图，并在实训设备上完成该回路的搭建。

四、基本知识

在液压系统中，执行元件的起动、停止或运动方向的改变等都是通过控制进入执行元件的液流的通、断及变向来实现，而实现这些控制的回路称为方向控制回路。方向控制回路有换向回路和锁紧回路。

方向控制回路主要通过方向控制阀来实现。方向控制阀主要通过控制液压系统中液流的通断和流动方向，来控制执行元件的起动、停止及运动方向。它可以分为单向阀和换向阀两种。

锅炉门启闭装置

工作任务 C-3
液压方向控制回路的识读与搭建

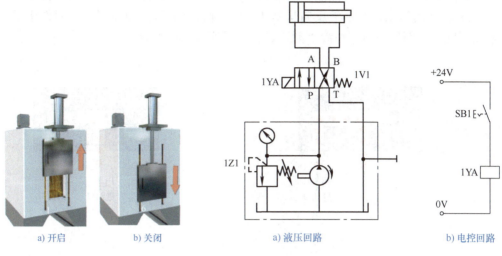

图 C3-1-1　锅炉门工作示意图　　　　图 C3-1-2　锅炉门启闭装置控制回路图

1. 单向阀

单向阀是控制油液单方向流动的方向控制阀。常用的方向阀有普通单向阀和液控单向阀（详见锁紧回路）。

（1）普通单向阀实物及图形符号

图 C3-1-3 所示为普通单向阀实物及图形符号。

图 C3-1-3　普通单向阀实物及图形符号

（2）普通单向阀结构及工作过程

图 C3-1-4 所示为普通单向阀结构原理图，由阀体、阀芯及弹簧组成。普通单向阀允许油液沿着一个方向流动，反向被截止。

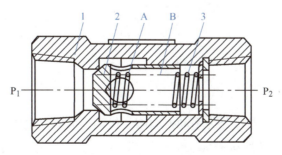

图 C3-1-4　普通单向阀结构原理图
1—阀体　2—阀芯　3—弹簧

207

如图 C3-1-5 所示，当油液从进油口 P_1 流入时，克服弹簧力推动阀芯移动，使通道连通，油液从 P_2 流出；当油液反向从 P_2 口流入时，在液压力和弹簧力共同作用下，阀芯压紧在阀座上，阀口关闭，油液不能通过，从而实现反向截止。

a) $P_1 \rightarrow P_2$ 导通　　　　　　　　　b) $P_2 \rightarrow P_1$ 截止

图 C3-1-5　单向阀工作过程

2. 换向阀

换向阀是通过改变阀芯在阀体内的相对工作位置，使阀体各油口连通或断开，改变油液的流向，从而控制执行元件的换向或起停。

（1）换向阀的分类

按阀芯相对阀体运动方式分为滑阀式换向阀（常用）和转阀式换向阀，如图 C3-1-6 所示。

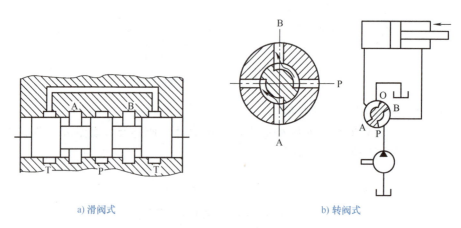

a) 滑阀式　　　　　　　　　b) 转阀式

图 C3-1-6　换向阀

滑阀式换向阀按换向方式分为手动换向阀、机动换向阀、电磁换向阀、液动换向阀和电液换向阀，如图 C3-1-7 所示。

（2）液压换向阀的结构原理和图形符号

液压换向阀的结构原理图和图形符号见表 C3-1-1。

工作任务 C-3
液压方向控制回路的识读与搭建

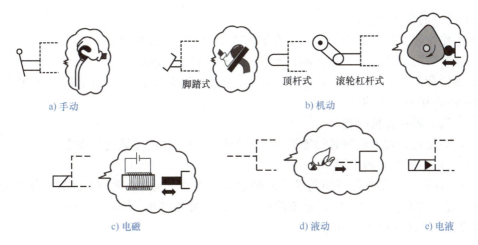

图 C3-1-7 常用滑阀操纵方式及符号

表 C3-1-1 常用液压换向阀的结构原理图和图形符号

名称	结构原理图	图形符号	使用场合	
二位二通阀			控制油路的接通与切断（相当于一个开关）	
二位三通阀			控制液流方向（从一个方向变成另一个方向）	
二位四通阀			不能使执行元件在任一位置上停止运动	执行元件正反向运动时的回油方式相同
三位四通阀			能使执行元件在任一位置上停止运动	
二位五通阀			不能使执行元件在任一位置上停止运动	执行元件正反向运动时可以得到不同的回油方式
三位五通阀			能使执行元件在任一位置上停止运动	

控制执行元件换向

图形符号的含义如下：

1）工作位置。用方框表示，几个方框即表示有几个工作位置。

2）通断情况。通用"↑"表示，不通用"⊥""⊤"表示。

3）油口命名。P、A、B、T有固定方位，P表示进油口，T表示回油口；A和B表示与执行元件连接的工作油口。

4）弹簧。画在方格两侧。

5）常态位置。阀未操纵时的连通方式（原理图中，油路应该连接在常态位置）。

（3）二位四通电磁阀应用

电磁换向阀是利用电磁线圈的吸力来推动阀芯移动，从而改变阀芯位置的换向阀。它的工作位置一般有二位和三位，通道数有二通、三通和四通。图 C3-1-8 所示为二位四通电磁阀的结构原理和图形符号。

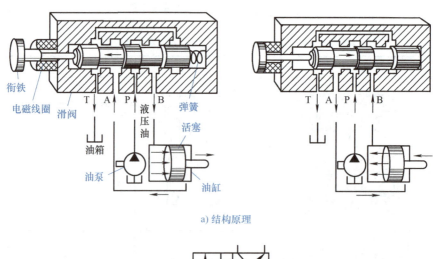

图 C3-1-8　二位四通电磁阀的结构原理和图形符号

二位四通电磁阀控制回路图如图 C3-1-9 所示。工作过程描述：初始状态，1YA 不得电，换向阀右位工作，油口 P 和 B 连通，液压缸活塞杆处于缩回状态；按下 SB1，1YA 得电，换向阀左位工作，油口 P 和 A 连通，液压缸活塞杆伸出。

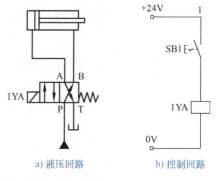

图 C3-1-9　二位四通电磁阀控制回路图

五、能力训练

（一）操作条件

1. 元件准备

在操作前应根据任务要求制定操作计划，并参照

工作任务 C-3
液压方向控制回路的识读与搭建

表 C3-1-2 准备相应的设备和工具。

表 C3-1-2　能力训练操作条件

序号	操作条件	参考建议
1	液压元件安装面板	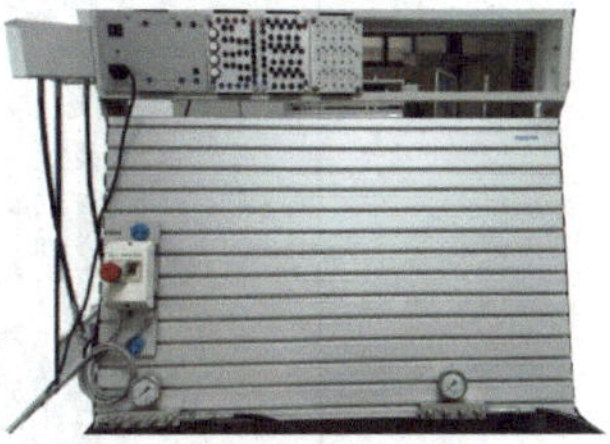 符合快速安装要求的带工字槽面板
2	实训台液压泵站	 实训台液压泵站
3	液压控制元件 （可根据实际设备进行相应调整）	 二位四通换向阀
4	液压执行元件	液压马达 液压缸

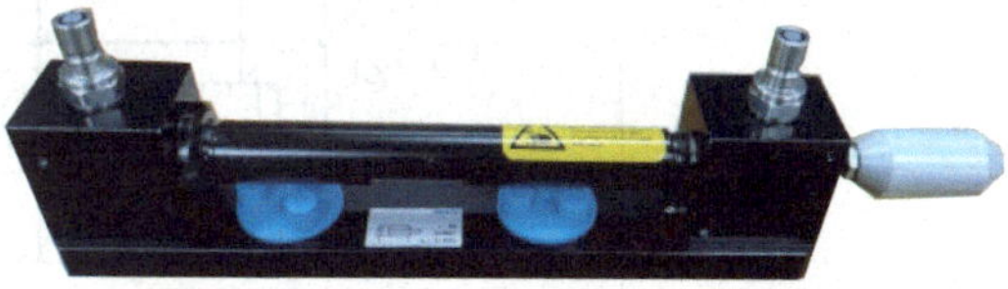

（续）

序号	操作条件	参考建议
5	辅助元件	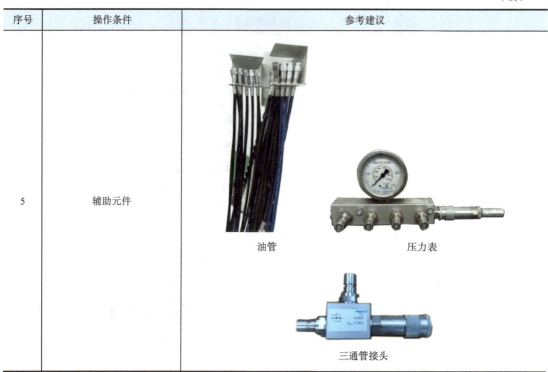 油管　　　　压力表 三通管接头

2. 回路运行验证准备

参照表 C3-1-3，在液压仿真软件中抄绘锅炉门启闭装置控制回路，仿真运行，熟悉回路运行原理。

表 C3-1-3　锅炉门启闭装置控制回路仿真动作过程

序号	动作条件	回路运行状态
1	初始状态，1YA 不得电，电磁阀右位工作，P、B 口导通，液压缸活塞杆处于缩回状态	

工作任务 C-3
液压方向控制回路的识读与搭建

（续）

序号	动作条件	回路运行状态
2	按下SB1，1YA得电，电磁阀左位工作，P、A口导通，液压缸活塞杆伸出	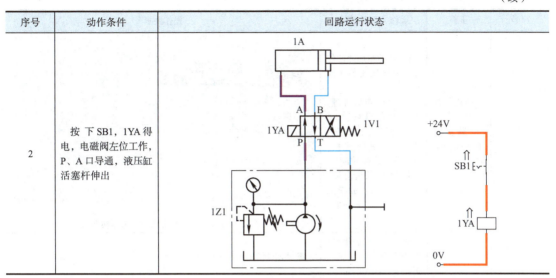

（二）安全及注意事项

1）液压缸安装牢靠，且活塞杆伸出时保持安全距离。

2）元件安装距离合理，油管处于自然放松状态，不紧绷、不扭曲。

3）齿轮泵压力设置在合理范围，一般为 2～4MPa，同时注意零压起动。

4）打开液压泵，注意观察，以防管路未连接牢固而崩开。

5）观察、记录回路运行情况，对设备使用中出现的问题进行分析和解决。

6）完成后卸压、关闭齿轮泵，拆下元件和管路放回原位，对破损老化元件及时维护或更换。

（三）操作过程

参照表 C3-1-4 完成锅炉门启闭装置控制回路的安装与调试。

（说明：为了便于展示回路连接顺序和动作效果，本操作过程以手动控制换向阀为示范，与图 C3-1-2 中所给控制回路略有区别，可根据实训设备配置情况及教学环境情况进行参照调整。）

锅炉门启闭装置控制回路安装与调试

表 C3-1-4　操作步骤及要求

序号	步骤	操作方法及说明	操作要求
1	正确识读液压控制回路图	按照液压控制回路图，正确辨识元件名称及数量	正确填写回路元件清单
2	选型液压元件	在元件库中选择对应的元件，包含型号及数量	参考元件清单正确选型，元件与清单完全匹配
3	泵站系统压力调试	打开液压泵，将系统工作压力调至（4±0.2）MPa	确保系统处于卸荷状态，泵站溢流阀打到最松；点动起动液压泵；缓慢旋紧泵站溢流阀，系统压力调至4MPa；锁紧锁母；关闭液压泵；重启液压泵复核压力

（续）

序号	步骤	操作方法及说明	操作要求
4	安装并连接液压元件（根据实训条件选择换向阀）	1）合理布局元件位置，并牢固安装在面板上 2）元件布局合理，安装可靠、无松动 3）选择合适长度的液压油管进行连接，确保管路连接可靠 4）管路长度合适，油管处于自然放松状态，不紧绷、不扭曲	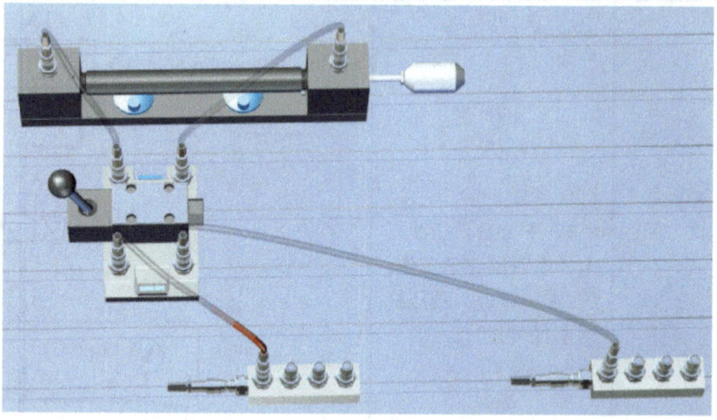 （备注：本图仅供参考，可根据实训条件选择换向阀）
5	检查回路	确认元件安装牢固；确认管路安装牢靠且正确检查控制回路	参照元件清单及控制回路图检查
6	调试	起动泵站系统	起动泵站，注意观察液压泵运行状况
		扳动换向阀手柄，液压缸活塞杆伸出	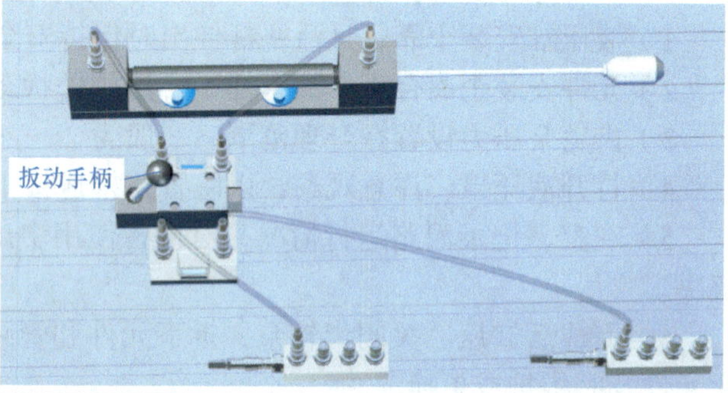 扳动手柄
		复位手柄，液压缸活塞杆缩回	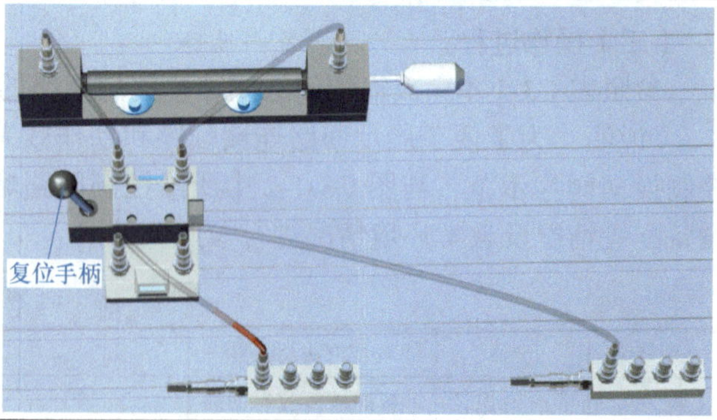 复位手柄
7	试运行	试运行一段时间，观察设备运行情况，确保功能实现，运行稳定可靠	
8	清洁整理	按照逆向安装顺序，拆卸管路及元件；按6S要求进行设备及环境整理	没有元件遗留在设备表面；设备表面及周围保持清洁；如有废料或杂物，及时清理

工作任务 C-3 液压方向控制回路的识读与搭建

操作记录1：正确识读锅炉门启闭装置控制回路，列出元件清单，简要写出其功能，绘制图形符号并记录型号，将结果填入表C3-1-5中。

表 C3-1-5　记录表1

序号	元件名称	数量	功能	图形符号	型号

操作记录2：规范调试及运行设备，将结果填入表C3-1-6中。

表 C3-1-6　记录表2

序号	要求	是	否
1	零压力起动	○	○
2	设置系统压力为（4±0.2）MPa	○	○
3	液压缸活塞杆正常伸出、缩回	○	○

操作记录3：描述设备故障现象及分析解决方案，将结果填入表C3-1-7中。

表 C3-1-7　记录表3

序号	故障现象描述	解决方案
1		
2		
3		
4		

问题情境一（常态位置）

如图C3-1-10所示，当液压缸在常态位置时，其处于什么状态？

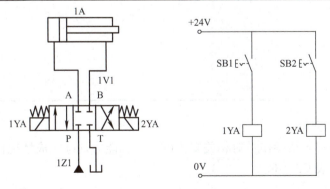

图 C3-1-10　液压系统控制回路图

（续）

问题情境二

分析图 C3-1-11 中的单向阀起何种作用。

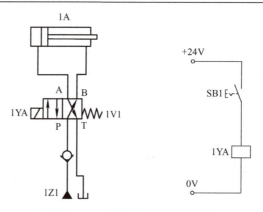

图 C3-1-11　液压系统控制原理图

（四）学习结果评价

通过以上学习和实践操作，对相关知识的学习和能力训练完成情况做出客观评价，并填写学习结果评价表 C3-1-8。

工作任务 C-3 液压方向控制回路的识读与搭建

表 C3-1-8 学习结果评价表

评价项目	评分内容	分值	评分细则	成绩	扣分记录
职业素养	操作过程安全规范	15 分	按要求穿戴工装,但不整齐,每处扣 1 分		
			未能按照要求穿戴工装,扣 5 分		
			工、量具使用不符合规范,每处扣 2 分		
			元件拿取方式不规范,油管随地乱放,每处扣 2 分		
			油管安装不符合要求,每处扣 2 分		
			带电插拔、连接导线,职业素养为 0 分		
	工作环境保持整洁	10 分	堆油、泄漏造成环境污染,每处扣 1 分		
			导线、废料随意丢弃,每处扣 1 分		
			工作台表面遗留工具、量具、元件,每处扣 1 分		
			操作结束元件、工具未能整齐摆放,每处扣 1 分		
专业素养	软件应用	15 分	能抄绘锅炉门启闭装置控制回路,元件选择错误,每处扣 2 分		
			能仿真验证锅炉门启闭装置控制回路要求,有部分功能缺失,每处扣 2 分		
			未能正确命名并保存锅炉门启闭装置控制回路,每处扣 2 分		
	回路搭建(操作记录 1)	20 分	按图施工,根据锅炉门启闭装置控制回路,选择对应的元件,有元件选择错误,每处扣 4 分		
			正确连接,将所选用元件正确安装到面板上,安装松动,每处扣 4 分		
	调试运行(操作记录 2)	30 分	设定泵站压力为 4MPa,未能达到压力要求,扣 2 分		
			泵站压力调试规范,零压起动,未能符合操作要求,扣 2 分		
			液压缸正常动作,未能满足动作要求,扣 2 分		
			液压缸活塞杆伸出到底时压力为 4MPa,未能达到压力控制要求,扣 2 分		
			溢流阀压力调试规范,未能符合操作要求,扣 2 分		
			液压缸活塞杆伸出过程速度可控,未能达到速度控制要求,扣 2 分		
			速度控制阀调试规范,未能符合要求,扣 2 分		
			未排除锅炉门启闭装置控制回路故障,每处扣 5 分		
	分析记录(操作记录 3)	10 分	正确描述锅炉门启闭装置控制回路工作过程,描述有缺失,每处扣 2 分		
			正确描述锅炉门启闭装置控制回路调试过程,描述有缺失,每处扣 2 分		
			正确分析各控制元件功能,描述有缺失,每处扣 2 分		
			未如实记录锅炉门启闭装置控制回路故障,扣 5 分		

六、课后作业

1）请回答什么是换向阀的"位"与"通"。

2）请认真抄画问题情境一中的液压系统控制回路图，并描述工作过程。

绘图区： 工作过程描述区：

3）扫码完成测评。

七、拓展知识

双向变量泵的换向回路及复杂方向控制回路

1. 双向变量泵的换向回路

在闭式回路中，可用双向变量泵变更供油方向来实现执行元件换向。这种回路适用于压力较高、流量较大的场合。

图 C3-1-12 所示为采用双向变量泵的换向回路，此回路由双向变量泵、辅助泵、二位二通液控换向阀、单向阀、溢流阀和单杆双作用液压缸组成。

起动双向变量泵 1，液压油经由左侧油路被注入单杆双作用液压缸 6 的左侧腔（即无杆腔）中，推动活塞向右移动。此时，单杠双作用液压缸 6 的进油流量大于排油流量，辅助泵 8 将通过单向阀 3 补充双向变量泵 1 吸油侧的流量不足。当双向变量泵 1 反向旋转时，供油方向被改变，液压油通过右侧油路，被注入单杠双作用液压缸 6 的右腔（即有杆腔）中，推动活塞向左移动。此时，单杆双作用液压缸6的排油流量大于进油流量，二位二通液控换向阀5右位和溢流阀7将双向变量泵1吸油侧多余的油液排回油箱。

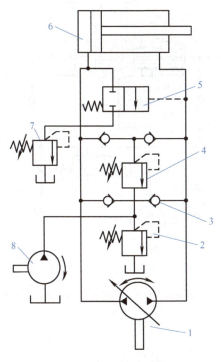

图 C3-1-12　采用双向变量泵的换向回路

1—双向变量泵　2、4、7—溢流阀　3—单向阀　5—二位二通液控换向阀　6—单杆双作用液压缸　8—辅助泵

2. 复杂方向控制回路

复杂方向控制回路是指执行机构需要频繁连续地做往复运动或在换向过程上有许多附加要求时采用的换向回路。如，在机动换向过程中因速度过慢而出现的换向死点问题，因换向速度太快而出现的换向冲击问题等。复杂方向控制回路有时间控制式控制回路和行程控制式控制回路两种。

（1）时间控制式换向回路

图 C3-1-13 所示为时间控制式换向回路。该换向回路主要由主换向阀6和先导换向阀3组成。主换向阀6起主油路换向作用，而先导换向阀3主要给主换向阀6提供换向动力（由压力油提供）。主换向阀6两端的节流阀5和8控制主换向阀6的换向时间。

时间控制式换向回路主要用于工作部件运动速度较高，要求换向平稳，无冲击，但换向精度要求不高的场合，如平面磨床、插床和拉床等。

（2）行程控制式换向回路

图 C3-1-14 所示为行程控制式换向回路。该回路也主要由主换向阀6和先导换向阀3组成。但在此回路中，主油路除受主换向阀6控制外，其回油还要通过先导换向阀3，同时受先导换向阀3的控制。

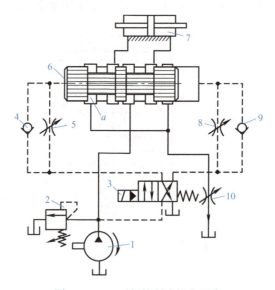

图 C3-1-13 时间控制式换向回路

1—液压泵　2—溢流阀　3—先导换向阀　4、9—单向阀　5、8、10—节流阀　6—主换向阀　7—液压缸

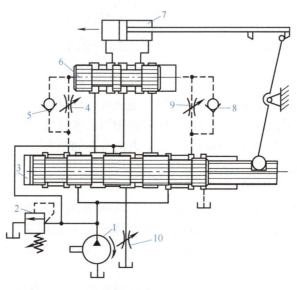

图 C3-1-14 行程控制式换向回路

1—液压泵　2—溢流阀　3—先导换向阀　4、9、10—节流阀　5、8—单向阀　6—主换向阀　7—液压缸

行程控制式换向回路换向精度高，冲出量小；但当速度较快时，制动时间短，冲击就大；制造精度较高。主要用于运动速度不大、换向精度要求高的场合，如外圆磨床等。

打破国外技术垄断的中国海上液压打桩锤研制成功

2019年12月28日,我国首台具有完全自主知识产权的2500kJ液压打桩锤,在完成整体基础桩沉桩作业首秀之后,通过了船级社第三方鉴证,标志着国产最大规格海上作业液压打桩锤研制成功,正式列装海洋工程施工装备。

液压打桩锤是一种以液压油作为工作介质,利用液压油的压力来传递动力,驱动锤芯进行打桩作业的基础施工装备,是目前海洋资源开发施工的主力装备。随着海洋强国战略和"一带一路"倡议的深入实施,国内对大型液压打桩锤的需求巨大。

该设备的研制成功打破了国外对大型海上作业液压打桩锤长期的技术和市场垄断,并以自主研发的缸阀一体驱动技术占据了技术制高点,对进一步提高我国海洋工业装备能力和海洋资源开发能力具有里程碑式的意义,是中央企业充分发挥制度和体制优势,通过产学研用相结合,强化技术创新,解决国家重大工程建设项目急需重大瓶颈装备的一次成功实践。

职业能力 C-3-2　能识读与搭建液压锁紧回路

一、核心概念

液压锁紧：所谓"锁紧"就是防止液压缸"漂移"，即在液压缸不工作时，工作部件能在任意位置上停留，以及在停止工作时防止其在外力作用下发生移动。

二、学习目标

1）能描述锁紧的概念，了解锁紧回路的应用场合。
2）能认识液控单向阀和双向液压锁，能描述元件结构及工作原理，并绘制图形符号。
3）能掌握三位四通换向阀中位机能的特点和应用。
4）能识读并分析基本锁紧回路的工作原理图。
5）能合理选用液压元件及工具进行锁紧回路的搭建。
6）能在自主学习中培养搜集信息、处理信息的能力。

三、工作情境

液压叉车如图 C3-2-1 所示，叉车在工作时，起升机构可以完成上升和下降的运动转换，并根据高度要求，能在行程范围内的任意位置停止并保持锁紧。起升机构的上升、锁紧、下降可以采用液压系统来完成，如图 C3-2-2 所示。

液压叉车

图 C3-2-1　液压叉车

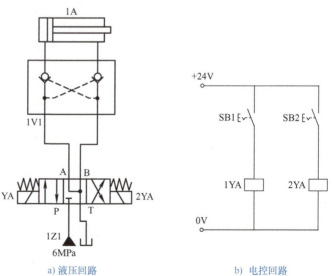

a）液压回路　　　　　b）电控回路

图 C3-2-2　液压叉车锁紧回路图

工作任务 C-3
液压方向控制回路的识读与搭建

请完成液压叉车锁紧回路的识读，运用仿真软件抄绘该回路图，并在实训设备上完成该回路的搭建。

四、基本知识

所谓锁紧，就是防止液压缸"漂移"，即在液压缸不工作时，工作部件能在任意位置上停留，以及在停止工作时防止其在外力作用下发生移动。

常用的锁紧回路有换向阀锁紧回路、液控单向阀单向锁紧回路和液控单向阀双向锁紧回路，广泛应用于工程机械、起重运输机械等有较高锁紧要求的场合。

（一）液控单向阀

1. 实物及图形符号

液控单向阀具有良好的单向密封性，常用于执行元件需要长时间保压、锁定的场合，也可以防止液压缸停止运动时因自重而下滑，也称为液压锁。

液控单向阀实物及图形符号如图 C3-2-3 所示。

a) 实物　　　　　　　　　　　b) 图形符号

图 C3-2-3　液控单向阀实物及图形符号

2. 结构与工作过程

图 C3-2-4 所示为液控单向阀结构原理图。液控单向阀主要由活塞、顶杆、阀芯、阀体等组成。

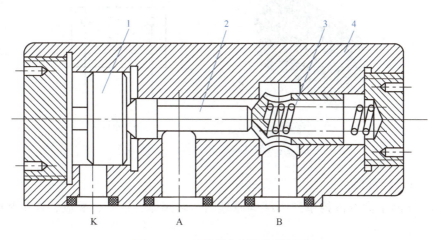

图 C3-2-4　液控单向阀结构原理图

1—活塞　2—顶杆　3—阀芯　4—阀体

223

工作过程：如图 C3-2-5a 所示，当控制口 K 处无液压油通入时，其功能与普通单向阀一样，油液只能由进油口 A 流向出油口 B，不能反向流动（图中未画出）；如图 C3-2-5b 所示，当控制口 K 处有液压油通入时，活塞右侧的油腔通泄油口，活塞在液压力的作用下向右移动，推动顶杆，顶开阀芯，使油口 A 和 B 接通，油液就可以从 B 口流向 A 口。

液控单向阀

由于活塞有较大的作用面积，所以 K 口的控制压力可以小于主油路压力。

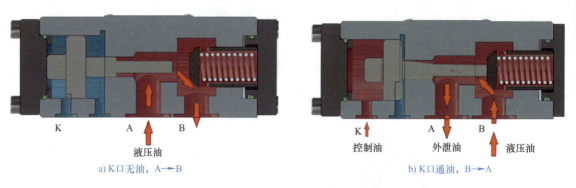

a) K口无油，A→B 　　　　　　b) K口通油，B→A

图 C3-2-5　液控单向阀工作原理图

（二）双液控单向阀

1. 实物及图形符号

将两个液控单向阀组合起来，共用一个控制活塞和阀体，就成了双液控单向阀。双液控单向阀的功能是实现双油路的锁紧，使液动机在所需位置上锁紧。

图 C3-2-6 所示为双液控单向阀实物及图形符号。

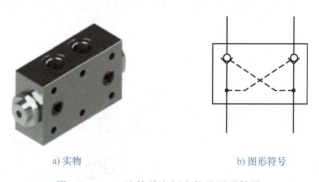

a) 实物　　　　　　　　　　　b) 图形符号

图 C3-2-6　双液控单向阀实物及图形符号

2. 结构及工作过程

图 C3-2-7 所示为双液控单向阀结构原理图，由阀体、顶杆、端盖、弹簧和阀芯球等组成。

工作过程：如图 C3-2-8a 所示，当液压油从 A 口流入时，油液顶开左球，从 A 口向

A1 口正向流通，同时油液推动顶杆顶开右球，使 B1 口向 B 口反向接通；如图 C3-2-8b 所示，当液压油从 B 口流入时，油液顶开右球，从 B 口向 B1 口正向流通，同时油液推动顶杆顶开左球，使 A1 口向 A 口反向接通；如图 C3-2-8c 所示，当 A、B 口均无液压油时，两个单向阀的阀芯球压紧在阀体上，将油口封闭。

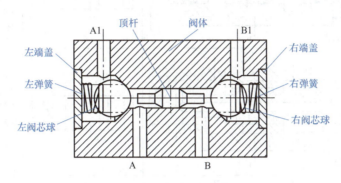

图 C3-2-7　双液控单向阀结构原理图

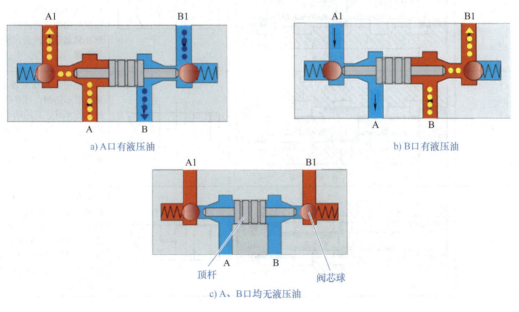

a) A 口有液压油

b) B 口有液压油

c) A、B 口均无液压油

图 C3-2-8　双液控单向阀工作原理图

（三）三位四通换向阀中位机能

三位四通换向阀的阀芯处于阀体中间位置（常态位置）时，阀内各油口的连通方式称为中位机能。不同的中位机能可以满足液压系统不同的使用要求，恰当地选择中位机能还可简化油路、节省液压元件。三位四通换向阀的中位机能见表 C3-2-1。

表 C3-2-1　三位四通换向阀的中位机能

中位机能代号	结构原理图	图形符号	特点与作用
O			中位时，换向阀各油口全部关闭，液压缸锁紧。液压泵不卸荷，并联的其他液压执行元件运动不受影响。从静止到起动较平稳，但换向冲击大
M			中位时，液压缸锁紧，换向阀 P、T 口相互导通，液压泵卸荷，不能并联其他执行元件。由于液压缸中充满油液，从静止到起动较平稳，但换向冲击大
H			中位时，换向阀各油口互通，液压缸成浮动式。液压泵卸荷，其他执行元件不能并联使用。由于液压缸的油液流回油箱，从静止到起动有冲击，换向较平稳
Y			中位时，液压缸浮动，液压泵不卸荷，可并联其他执行元件，其运动不受影响。由于液压缸中油液流回油箱，起动有冲击，换向冲击介于 O 型和 H 型之间
P			中位时，T 口关闭，P 口和两液压缸口连通，形成差动回路。液压泵不卸荷，可并联其他执行元件。起动较平稳，由于液压缸两腔均通液压油，换向冲击最小

由表 C3-2-1 可知，三位四通换向阀中位机能会影响系统是否保压、是否卸荷，换向平稳性和精度，液压缸是否处于"浮动"状态。

在分析和选择三位四通换向阀时，通常应该考虑以下几个问题：

1）系统是否需要保压。中位时 A、B 口堵塞的换向阀具有一定的保压作用。

2）系统是否需要卸荷。中位时 P、T 口相互导通的换向阀可以实现系统卸荷。但此时如并联有其他工作元件，会使其无法得到足够压力，而不能正常动作。

3）是否有起动平稳要求。在中位时，如液压缸某腔通过换向阀 A 口或 B 口与油箱相通，会造成起动时该腔无足够的油液进行缓冲，而使起动平稳性变差。

4）是否有换向平稳性与精度要求。中位时 A、B 口均堵塞的换向阀，换向时油液有突然的变化，易产生液压冲击，换向平稳性差，但换向精度则相对较高；相反，如果换向阀 A、B 口均与 T 口相通，换向时具有一定的过渡作用，换向比较平稳，液压冲击小，但工作部件的制动效果差，换向精度低。

5）是否要求液压缸"浮动"和能在任意位置停止。如中位时换向阀 A、B 口相互导通，卧式液压缸就呈"浮动"状态，可以通过其他机械装置调整其活塞的位置。如果中位时换向阀 A、B 口均堵塞，则可以使液压缸活塞在任意位置停止。

五、能力训练

（一）操作条件

1. 元件准备

在操作前应根据任务要求制定操作计划，并参照表 C3-2-2 准备相应的设备和工具。

表 C3-2-2 能力训练操作条件

序号	操作条件	参考建议
1	液压元件安装面板（符合快速安装要求）	带工字槽面板
2	液压动力元件	液压泵（齿轮泵、叶片泵或柱塞泵）
3	液压控制元件（可根据实际设备进行相应调整）	方向控制阀：三位四通电磁换向阀 双液控单向阀
4	液压执行元件	单杆双作用液压缸
5	辅助元件	压力表、油管、管接头等

2. 回路运行验证准备

参照表 C3-2-3，在液压仿真软件中抄绘液压叉车锁紧回路，仿真运行，熟悉回路运行原理。

表 C3-2-3 液压叉车锁紧回路仿真动作过程

序号	动作条件	回路运行状态
1	初始状态，1YA、2YA 不得电，换向阀中位工作，液压缸不动作	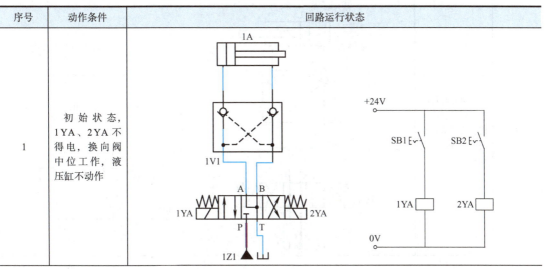

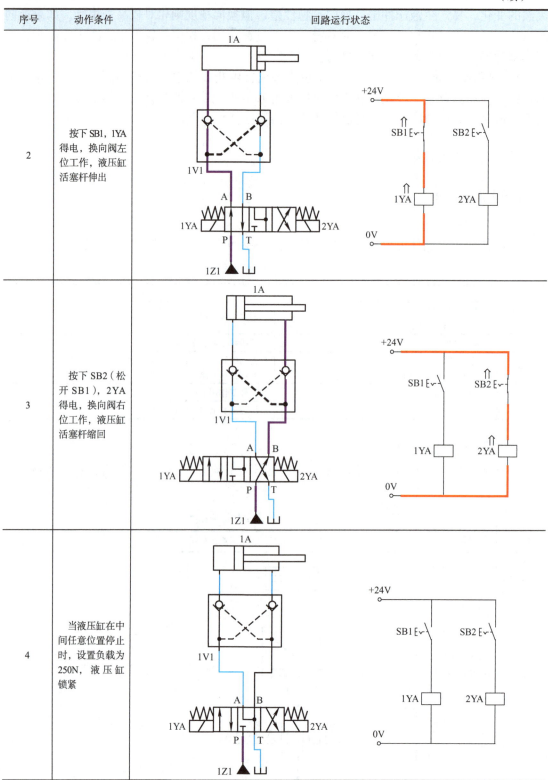

（续）

序号	动作条件	回路运行状态
5	当液压缸在中间任意位置停止时，设置负载为 –250N，液压缸锁紧	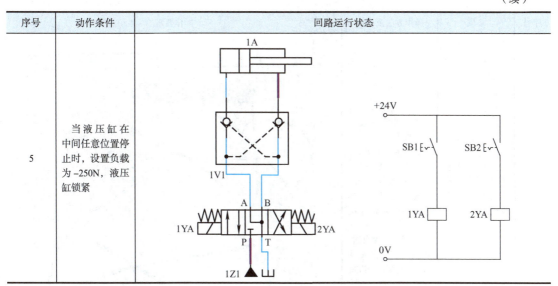

（二）安全及注意事项

1）液压缸安装牢靠，且活塞杆伸出时保持安全距离。

2）元件安装距离合理，油管处于自然放松状态，不紧绷、不扭曲。

3）齿轮泵压力设置在合理范围，一般为 2～4MPa，同时注意零压起动。

4）打开齿轮泵，注意观察，以防管路未连接牢固而崩开。

5）观察、记录回路运行情况，对设备使用中出现的问题进行分析和解决。

6）完成后卸压、关闭齿轮泵，拆下的元件和管路放回原位，对破损老化元件及时维护或更换。

（三）操作过程

参照表 C3-2-4 完成液压叉车锁紧回路的安装与调试。

（说明：为了便于展示回路连接顺序和动作效果，本操作过程以手动控制换向阀为示范，与图 C3-2-2 中所给控制回路略有区别，可根据实训设备配置情况及教学环境情况进行参照调整。）

液压叉车锁紧回路安装与调试

表 C3-2-4　操作步骤及要求

序号	步骤	操作方法及说明	操作要求
1	正确识读液压控制回路图	按照液压控制回路图，正确辨识元件名称及数量	正确填写回路元件清单
2	选型液压元件	在元件库中选择对应的元件，包含型号及数量	参考元件清单正确选型，元件与清单完全匹配
3	泵站系统压力调试	打开液压泵，将系统工作压力调至（4±0.2）MPa	确保系统处于卸荷状态，泵站溢流阀打到最松；点动起动液压泵；缓慢旋紧泵站溢流阀，系统压力调至 4MPa；锁紧锁母；关闭液压泵；重启液压泵复核压力

（续）

序号	步骤	操作方法及说明	操作要求
4	安装并连接液压元件（根据实训条件选择换向阀）	1）合理布局元件位置，并牢固安装在面板上 2）元件布局合理，安装可靠、无松动 3）选择合适长度的液压油管进行连接，确保管路连接可靠 4）管路长度合适，油管处于自然放松状态，不紧绷、不扭曲	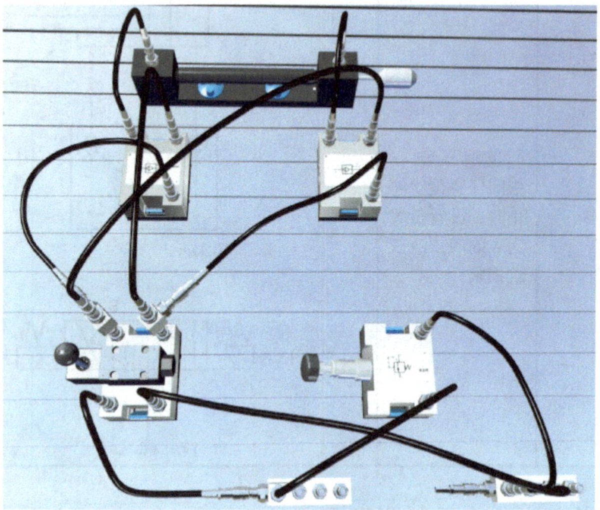 （备注：本图仅供参考，可根据实训条件选择换向阀）
5	检查回路	确认元件安装牢固；确认管路安装牢靠且正确检查控制回路	参照元件清单及控制回路图检查
6	调试	起动泵站系统	起动泵站，注意观察液压泵运行状况。
		扳动换向阀手柄至左位，液压缸活塞杆伸出	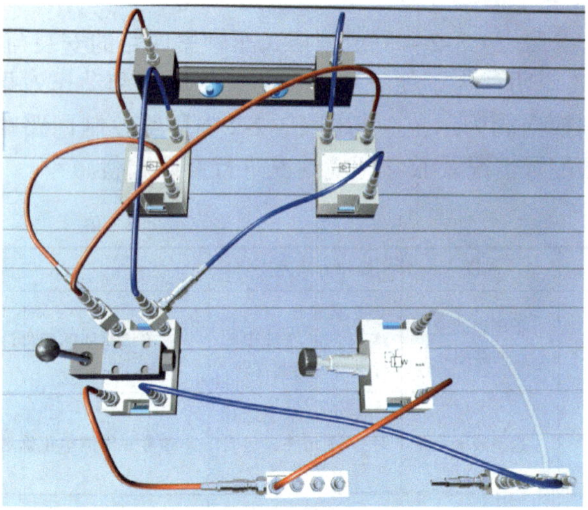

工作任务 C-3 液压方向控制回路的识读与搭建

（续）

序号	步骤	操作方法及说明	操作要求
6	调试	扳动换向阀至右位，液压缸活塞杆缩回	
		扳动换向阀至中位，液压缸活塞杆锁紧	活塞停止
7	试运行	试运行一段时间，观察设备运行情况，确保功能实现，运行稳定可靠	
8	清洁整理	按照逆向安装顺序，拆卸管路及元件；按 6S 要求进行设备及环境整理	没有元件遗留在设备表面；设备表面及周围保持清洁；如有废料或杂物，及时清理

操作记录 1：正确识读液压叉车锁紧回路，列出元件清单，简要写出其功能，绘制图形符号并记录型号，将结果填入表 C3-2-5 中。

表 C3-2-5　记录表 1

序号	元件名称	数量	功能	图形符号	型号

操作记录 2：规范调试及运行设备，将结果填入表 C3-2-6 中。

表 C3-2-6　记录表 2

序号	要求	是	否
1	零压力起动	○	○
2	设置系统压力为（4±0.2）MPa	○	○
3	液压缸活塞杆正常伸出、缩回	○	○
4	液压缸能在任意位置停止并锁紧	○	○

操作记录 3：描述设备故障现象及分析解决方案，将结果填入表 C3-2-7 中。

表 C3-2-7　记录表 3

序号	故障现象描述	解决方案
1		
2		
3		
4		

问题情境一（常态位置）

利用换向阀中位机能能否实现锁紧功能，尝试分析优缺点。

工作任务 C-3
液压方向控制回路的识读与搭建

（续）

问题情境二

可否用 O、M 型中位机能替代液压叉车锁紧回路中的 H 型中位机能？

（四）学习结果评价

通过以上学习和实践操作，对相关知识的学习和能力训练完成情况做出客观评价，并填写学习结果评价表 C3-2-8。

表 C3-2-8　学习结果评价表

评价项目	评分内容	分值	评分细则	成绩	扣分记录
职业素养	操作过程安全规范	15 分	按要求穿戴工装，但不整齐，每处扣 1 分		
			未能按照要求穿戴工装，扣 5 分		
			工、量具使用不符合规范，每处扣 2 分		
			元件拿取方式不规范，油管随地乱放，每处扣 2 分		
			油管安装不符合要求，每处扣 2 分		
			带电插拔、连接导线，职业素养为 0 分		
	工作环境保持整洁	10 分	堆油、泄漏造成环境污染，每处扣 1 分		
			导线、废料随意丢弃，每处扣 1 分		
			工作台表面遗留工具、量具、元件，每处扣 1 分		
			操作结束，元件、工具未能整齐摆放，每处扣 1 分		
专业素养	软件应用	15 分	能抄绘液压叉车锁紧回路，元件选择错误，每处扣 2 分		
			能仿真验证液压叉车锁紧回路控制要求，有部分功能缺失，每处扣 2 分		
			未能正确命名并保存液压叉车锁紧回路，每处扣 2 分		

(续)

评价项目	评分内容	分值	评分细则	成绩	扣分记录
专业素养	回路搭建（操作记录1）	20分	按图施工，根据液压叉车锁紧回路，选择对应的元件，有元件选择错误，每处扣4分		
			正确连接，将所选用元件正确安装到面板上，安装松动，每处扣4分		
	调试运行（操作记录2）	30分	设定泵站压力4MPa，未能达到压力要求，扣2分		
			泵站压力调试规范，零压起动，未能符合操作要求，扣2分		
			液压缸正常动作，未能满足动作要求，扣2分		
			液压叉车锁紧功能，未实现锁紧功能，扣5分		
			未排除液压叉车锁紧回路故障，每处扣5分		
	分析记录（操作记录3）	10分	正确描述液压叉车锁紧回路工作过程，描述有缺失，每处扣2分		
			正确描述液压叉车锁紧回路调试过程，描述有缺失，每处扣2分		
			正确分析各控制元件功能，描述有缺失，每处扣2分		
			未如实记录液压叉车锁紧回路故障，扣5分		

六、课后作业

1）请描述图C3-2-9中单向阀在回路能实现何种功能？可否利用现有元件实现双向锁紧？

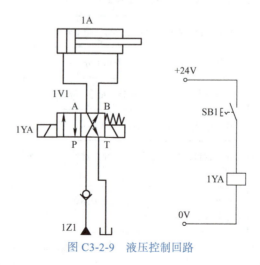

图 C3-2-9 液压控制回路

2）如果由于功能需要，液压缸需竖直放置，可能会出现什么问题？图 C3-2-10 中是否会出现此类问题？是如何避免的？

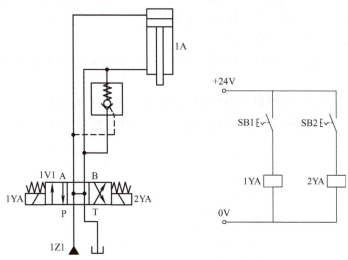

图 C3-2-10　液压控制回路（液压缸竖直放置）

3）扫码完成测评。

"让中国的液压技术走向全球"
——液压传动技术领航者赵静一

全球最大的射电天文望远镜、国产C919大飞机、飞速建设的高铁、科威特跨海大桥等一系列中国制造，彰显了中国在高科技领域取得的进步。这些科技成果都离不开一项关键技术——液压传动。

射电天文望远镜昂首苍穹靠的是2200个液压传动杆支撑；C919大飞机的机身由西飞公司运往上海，需要大型工程运输车承担重任；中国高铁建设能够逢山开路遇河架桥，离不开大型设备盾构机和提梁机，演绎中华重型装备建设这一神奇魔力的就是液压传动技术。

液压传动，可产生万钧之力，创造了一个又一个人间奇迹。2014年燕山大学机械工程学院博士生导师赵静一提出了"液压系统群"理论，并成功应用于"中国天眼"项目的可靠性试验，得到了国家天文台的认可。

不仅仅是"中国天眼"项目，中国"一带一路"建设和中国海外桥梁建设等，都有他的研发团队的身影。

"在未来几年，我希望能够带领更多的年轻人，在液压领域做好传承，打好基础，最终让我国的液压技术走向全球，让中国制造走向世界！"赵静一坚定地说。

工作任务 C-4
液压压力控制回路的设计与装调

职业能力 C-4-1 能设计与装调液压调压回路

一、核心概念

1）溢流阀：液压系统中调压回路的核心元件。其主要作用有两个：一是在系统中起溢流稳压作用；二是在系统中起安全保护作用。

2）多级调压回路：在定量泵系统中，液压泵的供油压力可以通过溢流阀来调节；在变量泵系统中，用溢流阀来限定系统最高压力，以防止系统过载。系统如果需要两种以上压力，则可以采用多级调压回路。

二、学习目标

1）能描述溢流阀的工作原理、结构，并绘制图形符号。
2）能根据控制回路图分析控制原理及步骤。
3）能熟练运用液压仿真软件进行回路设计及仿真。
4）能根据元件铭牌对液压元件进行选型，并完成元件安装。
5）能正确设置溢流阀压力参数，按照控制功能进行调试。
6）强化学生安全意识，培养工匠精神。

三、工作情境

图 C4-1-1 所示为工业胶粘机装置工作示意图，其功能是通过液压缸活塞杆伸出将图形或字母粘贴在塑料板上，根据材料的不同，需要采用不同的压紧力。工业胶粘机在工作时可通过溢流阀来实现压力控制。

图 C4-1-2 所示为工业胶粘机装置控制回路图。该控制方案是采用直动式溢流阀的调压回路，一般用于定量泵节流调速的液压系统，由节流阀调节进入执行元件油液的流量，定量泵的多余油液则从溢流阀流回油箱。当工作压力接近溢流阀的开启压力时，溢流阀打开，分流多余的液压油以起到限压的作用。液压泵的工作压力取决于溢流阀的调定压力，且基本保持不变。

请运用仿真软件完成工业胶粘机装置控制回路的抄绘与设计，并在实训设备上完成该回路的装调。

四、基本知识

溢流阀是液压系统中调压回路的核心元件。其主要作用有两个：一是在系统中起溢流稳压作用；二是在系统中起安全保护作用。

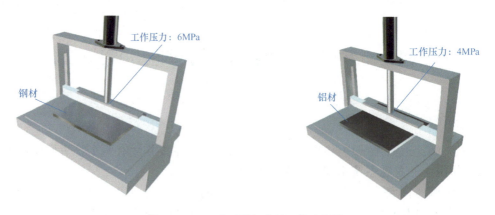

图 C4-1-1　工业胶粘机装置工作示意图

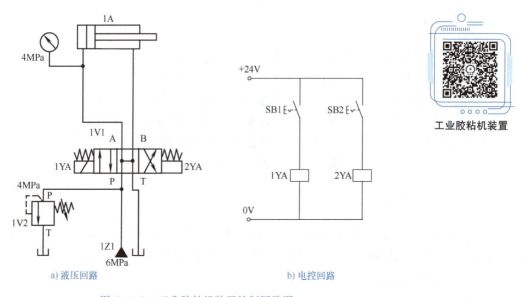

a) 液压回路　　　　　　　　　　b) 电控回路

图 C4-1-2　工业胶粘机装置控制回路图

溢流阀一般旁接在泵的出口处，保证系统压力恒定或限制其最高压力；有时也旁接在执行元件的进口，对执行元件起安全保护作用。

溢流阀按结构形式可以分为直动式溢流阀和先导式溢流阀。一般情况下，直动式溢流阀用于低压系统，先导式溢流阀用于中、高压系统。

（一）直动式溢流阀

1. 实物及图形符号

图 C4-1-3 所示为直动式溢流阀实物及图形符号。直动式溢流阀是依靠系统中油液直接作用在阀芯上的液压力与弹簧力相平衡,以控制溢流压力的。受限于弹簧的尺寸和刚度,直动式溢流阀只适用于低压系统。

a) 实物　　　　　　　　　　b) 图形符号

图 C4-1-3　直动式溢流阀实物及图形符号

2. 结构及工作过程

如图 C4-1-4 所示,直动式溢流阀由阀体、阀芯、阀座、弹簧和调节螺母组成。

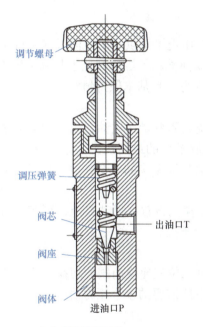

图 C4-1-4　直动式溢流阀结构

工作过程:如图 C4-1-5a 所示,当进油口 P 的压力较低时,阀芯在调压弹簧的作用下处于最下端,将进油口 P 和出油口 T 断开,阀口处于关闭状态,溢流阀不溢流;如图 C4-1-5b 所示,当进油口 P 的压力上升到作用在阀芯底面的液压力大于弹簧力时,阀芯上移,阀口打开,油液由进油口 P 经出油口 T 流回油箱。

溢流阀

当通过溢流阀的油液的流量改变时,阀口开度也改变,但因阀芯的移动量很小,作用在阀芯上的弹簧力的变化也很小。所以可以认为,当有油液溢流回油箱时,溢流阀进油口处的压力基本保持为定值。通过旋松或旋紧溢流阀的调节螺母,可以对溢流阀的开启压力进行调节。

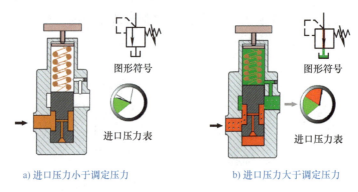

a) 进口压力小于调定压力　　b) 进口压力大于调定压力

图 C4-1-5　直动式溢流阀的工作过程

3. 直动式溢流阀的应用

溢流阀在液压系统中常用来组成调压回路，使液压系统整体或部分压力保持恒定或不超过某个数值。

（1）调压溢流

如图 C4-1-6a 所示，在采用定量泵供油的节流调速系统中，泵的一部分油液进入液压缸，而多余的油液从溢流阀溢回油箱。溢流阀处于其调定压力下的常开状态，液压泵的工作压力取决于溢流阀的调整压力，且基本保持恒定。

（2）安全保护

如图 C4-1-6b 所示，系统采用变量泵供油，系统内无多余的油液需溢流，泵的工作压力由负载决定，用溢流阀限制系统的最高压力。系统在正常工作状态下，溢流阀阀口关闭，当系统过载时才打开，以保证系统的安全，故也称其为安全阀。

（3）做背压阀

如图 C4-1-6c 所示，将溢流阀设置在回油路上，可产生背压，提高运动部件运动时的平稳性。这种用途的阀称为背压阀。

（4）二级调压

如图 C4-1-6d 所示，通过二位三通换向阀的切换，可在不改变单个溢流阀调定压力的前提下设置系统在不同状态下所需要的多个压力值。

（二）先导式溢流阀

1. 实物及图形符号

图 C4-1-7 所示为先导式溢流阀实物及图形符号。先导式溢流阀是利用主阀阀芯上、下两端的压力差所形成的作用力和弹簧力相平衡的原理来工作的。先导式溢流阀相对直动式溢流阀具有较好的稳压性能，但反应不如直动式溢流阀灵敏，一般适用于压力较高的场合。

2. 结构及工作过程

如图 C4-1-8 所示，先导式溢流阀由先导阀和主阀两部分组成，通过先导阀的打开和关闭来控制主阀阀芯的启闭动作。

工作任务 C-4
液压压力控制回路的设计与装调

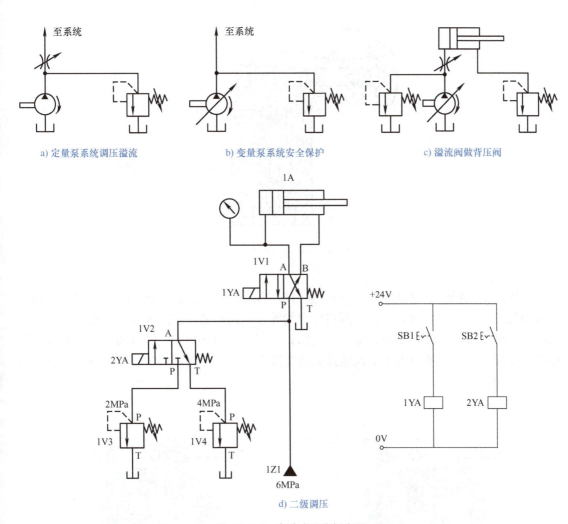

图 C4-1-6　直动式溢流阀应用

图 C4-1-7　先导式溢流阀实物及图形符号

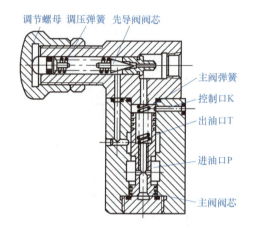

图 C4-1-8　先导式溢流阀结构

工作过程：如图 C4-1-9a 所示，当进油口压力较低，不足以克服调压弹簧的弹簧力时，先导阀阀芯关闭，主阀阀芯上、下两端压力相等，主阀阀芯在主阀弹簧的作用下处于最下端位置，进油口和出油口不通，溢流口关闭；如图 C4-1-9b 所示，当进油口压力升高，作用在先导阀阀芯上的液压力大于调压弹簧的弹簧力时，先导阀阀芯被打开，液压油便经出油口流回油箱。

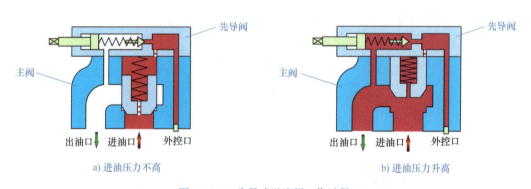

a) 进油压力不高　　　　　　　　　　　　b) 进油压力升高

图 C4-1-9　先导式溢流阀工作过程

3. 二级调压回路

图 C4-1-10 所示为先导式溢流阀二级调压回路，该回路可以实现两种不同的压力控制，分别由先导式溢流阀和直动式溢流阀调节。当二位三通电磁换向阀处于图示位置时，系统压力由直动式溢流阀调定；当二位三通换向阀电磁线圈得电后，系统压力由先导式溢流阀调定。当系统压力由先导式溢流阀调定时，先导阀关闭，主阀开启，液压泵的溢流油液经先导式溢流阀的主阀流回油箱，这时先导式溢流阀也处于工作状态，并有油液通过。

注意：直动式溢流阀的调定压力一定要小于先导式溢流阀的调定压力，否则，将不能实现二级调压。

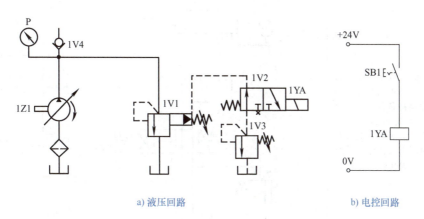

a) 液压回路　　　　　　　　　　　b) 电控回路

图 C4-1-10　先导式溢流阀二级调压回路

五、能力训练

（一）操作条件

1. 元件准备

在操作前应根据任务要求制定操作计划，并参照表 C4-1-1 准备相应的设备和工具。

表 C4-1-1　能力训练操作条件

序号	操作条件	参考建议
1	液压元件安装面板（符合快速安装要求）	带工字槽面板
2	液压动力元件	液压泵（齿轮泵、叶片泵或柱塞泵）
3	液压控制元件（可根据实际设备进行相应调整）	方向控制阀：二位三通电磁换向阀、三位四通电磁换向阀 压力控制阀：直动式溢流阀、先导式溢流阀 速度控制阀：节流阀、调速阀、单向节流阀、单向调速阀
4	液压执行元件	单杆双作用液压缸
5	辅助元件	压力表、油管、管接头等

2. 回路运行验证准备

参照表 C4-1-2，在液压仿真软件中抄绘并设计工业胶粘机装置控制回路，仿真运行，熟悉回路运行原理。

表 C4-1-2 工业胶粘机装置控制回路仿真动作过程

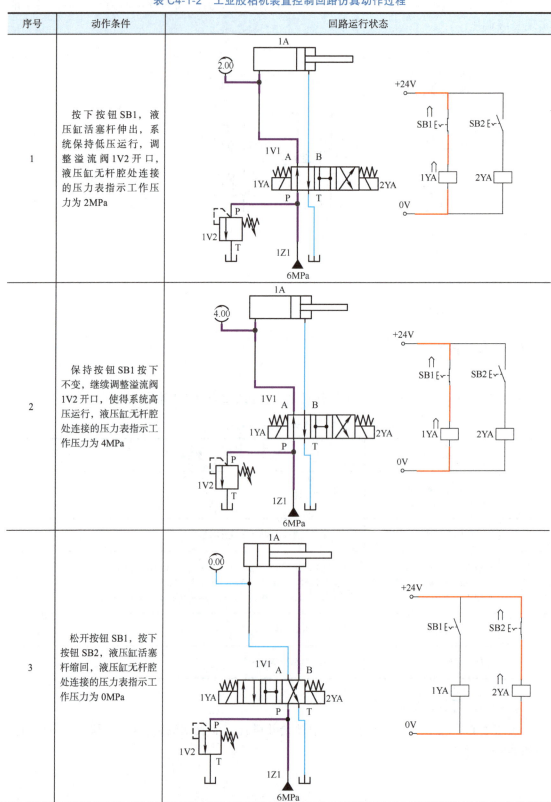

工作任务 C-4 液压压力控制回路的设计与装调

（续）

序号	动作条件	回路运行状态
4	在现有回路基础上进行设计回路，使得在不调整溢流阀开口的情况下，液压缸无杆腔处连接的压力表指示工作压力分别为2MPa和4MPa	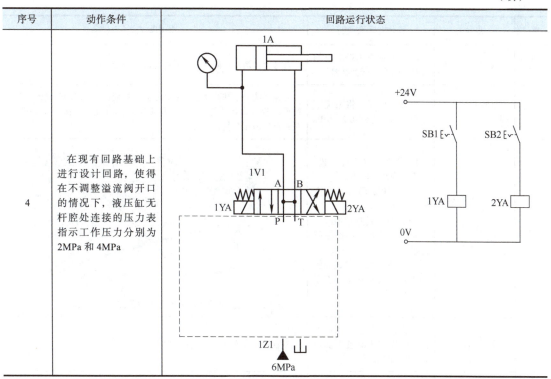

（二）安全及注意事项

1）液压缸安装牢靠，且活塞杆伸出时保持安全距离。

2）元件安装距离合理，油管处于自然放松状态，不紧绷、不扭曲。

3）齿轮泵压力设置在合理范围，一般为2～6MPa，同时注意零压起动。

4）打开液压泵，注意观察，以防管路未连接牢固而崩开。

5）观察、记录回路运行情况，对设备使用中出现的问题进行分析和解决。

6）完成后卸压、关闭齿轮泵，拆下的元件和管路放回原位，对破损老化元件及时维护或更换。

工业胶粘机装置控制回路安装与调试

（三）操作过程

参照表C4-1-3完成工业胶粘机装置控制回路的安装与调试。

（说明：为了便于展示回路连接顺序和动作效果，本操作过程以手动控制换向阀为示范，与图C4-1-2中所给控制回路略有区别，可根据实训设备配置情况及教学环境情况进行参照调整。）

表 C4-1-3 操作步骤及要求

序号	步骤	操作方法及说明	操作要求
1	正确识读液压控制回路图	按照液压控制回路图，正确辨识元件名称及数量	正确填写回路元件清单

（续）

序号	步骤	操作方法及说明	操作要求
2	选型液压元件	在元件库中选择对应的元件，包含型号及数量	参考元件清单正确选型，元件与清单完全匹配
3	泵站系统压力调试	打开液压泵，将系统工作压力调至（5±0.2）MPa	确保系统处于卸荷状态，泵站溢流阀打到最松；点动起动液压泵；缓慢旋紧泵站溢流阀，系统压力调至5MPa；锁紧锁母；关闭液压泵；重启液压泵复核压力
4	安装并连接液压元件（根据实训条件实际情况选择换向阀）	1）合理布局元件位置，并牢固安装在面板上 2）元件布局合理，安装可靠无松动 3）选择合适长度的液压油管进行连接，确保管路连接可靠 4）管路长度合适，油管处于自然放松状态，不紧绷、不扭曲	（备注：本图仅供参考，可根据实训条件选择换向阀）
5	检查回路	确认元件安装牢固；确认管路安装牢靠且正确检查控制回路	参照元件清单及控制回路图检查
6	调试	起动泵站系统	起动泵站，注意观察液压泵运行状况
		1）低压运行：扳动换向阀手柄至左位，液压缸活塞杆伸出，当液压缸活塞杆伸出到底时，调整溢流阀开口大小，测得液压缸无杆腔连接处工作压力为2MPa 2）高压运行：扳动换向阀手柄至左位，液压缸活塞杆伸出，当液压缸活塞杆伸出到底时，调整溢流阀开口大小，测得液压缸无杆腔连接处工作压力为4MPa	
		扳动换向阀手柄至右位，液压缸活塞杆缩回	

（续）

序号	步骤	操作方法及说明	操作要求
6	调试	根据所设计回路，调整工作台上元件及回路连接，使得在不调整溢流阀开口的情况下，液压缸无杆腔处连接的压力表指示工作压力分别为2MPa和4MPa	参照控制回路图检查，确保连接可靠，并进行规范调试
7	试运行	试运行一段时间，观察设备运行情况，确保功能实现，运行稳定可靠	
8	清洁整理	按照逆向安装顺序，拆卸管路及元件；按6S要求进行设备及环境整理	没有元件遗留在设备表面；设备表面及周围保持清洁；如有废料或杂物，及时清理

操作记录1：正确识读工业胶粘机装置控制回路，列出元件清单，简要写出其功能，绘制图形符号并记录型号，将结果填入表C4-1-4中。

表 C4-1-4　记录表1

序号	元件名称	数量	功能	图形符号	型号

操作记录2：规范调试及运行设备，将结果填入表C4-1-5中。

表 C4-1-5　记录表2

序号	要求	是	否
1	零压力起动	○	○
2	设置系统压力为（4±0.2）MPa	○	○
3	液压缸活塞杆正常伸出、缩回	○	○
4	高压运行：无杆腔工作压力为4MPa	○	○
5	低压运行：无杆腔工作压力为2MPa	○	○
6	高、低压运行状态可切换	○	○

操作记录 3：描述设备故障现象及分析解决方案，将结果填入表 C4-1-6 中。

表 C4-1-6　记录表 3

序号	故障现象描述	解决方案
1		
2		
3		
4		

问题情境一

图 C4-1-11 所示为工业打标机装置控制回路图，它利用一个液压缸控制子模对不同板材进行打标加工。根据板材的不同特点，所需要的系统压力也应发生相应变化，以满足不同的压力需求。

1）分析图 C4-1-11 所示的控制回路能否解决上述问题？需要满足什么条件？
2）是否还有其他方案能满足上述回路设计要求？（考虑用先导式溢流阀进行二级压力控制）

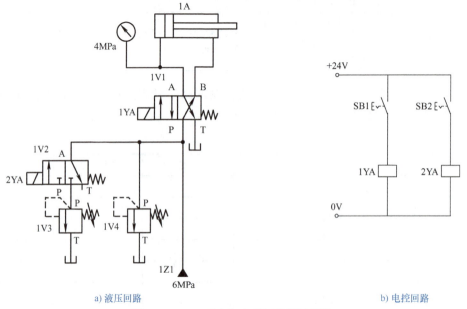

a) 液压回路　　　　　　　　　　　　　　b) 电控回路

图 C4-1-11　工业打标机装置控制回路图

工作任务 C-4
液压压力控制回路的设计与装调

（续）

问题情境二

如图 C4-1-10 所示，采用先导式溢流阀进行远程调压控制，调节溢流阀时，压力表显示无压力或压力不变化，有可能是哪些原因造成的？可以采用哪些解决方法？

情境提示：
1）主阀阀芯阻尼孔被堵；清洗或更换油液。
2）主阀阀芯在开启位置时卡死；检修重新装配。
3）主阀阀芯复位弹簧折断或弯曲，使主阀阀芯不能复位；更换弹簧。
4）先导阀弹簧折断或未安装，锥阀未安装或损坏；补装或更换弹簧或锥阀。
5）进、出油口接反；纠正进、出油口。
6）阀芯和阀座间的密封性较差；检修或更换。

思考：是否还有其他原因？如有，请说明并提出解决方案。

（四）学习结果评价

通过以上学习和实践操作，对相关知识的学习和能力训练完成情况做出客观评价，并填写学习结果评价表 C4-1-7。

表 C4-1-7　学习结果评价表

评价项目	评分内容	分值	评分细则	成绩	扣分记录
职业素养	操作过程安全规范	15 分	按要求穿戴工装，但不整齐，每处扣 1 分		
			未能按照要求穿戴工装，扣 5 分		
			工、量具使用不符合规范，每处扣 2 分		
			元件拿取方式不规范，油管随地乱放，每处扣 2 分		
			油管安装不符合要求，每处扣 2 分		
			带电插拔、连接导线，职业素养为 0 分		
	工作环境保持整洁	10 分	堆油、泄漏造成环境污染，每处扣 1 分 导线、废料随意丢弃，每处扣 1 分		
			工作台表面遗留工具、量具、元件，每处扣 1 分		
			操作结束，元件、工具未能整齐摆放，每处扣 1 分		
专业素养	软件应用	15 分	能抄绘工业胶粘机装置控制回路，元件选择错误，每处扣 2 分		
			能仿真验证工业胶粘机装置控制回路控制要求，有部分功能缺失，每处扣 2 分		
			未能正确命名并保存工业胶粘机装置控制回路，每处扣 2 分		
			未能完成工业胶粘机二级调压回路设计，扣 5 分		

（续）

评价项目	评分内容	分值	评分细则	成绩	扣分记录
专业素养	回路搭建（操作记录1）	20分	按图施工，根据工业胶粘机装置控制回路，选择对应的元件，有元件选择错误，每处扣4分		
			正确连接，将所选用元件正确安装到面板上，安装松动，每处扣4分		
	调试运行（操作记录2）	30分	设定泵站压力5MPa，未能达到压力要求，扣2分		
			泵站压力调试规范，零压起动，未能符合操作要求，扣2分		
			液压缸正常动作，未能满足动作要求，扣2分		
			调整溢流阀，液压缸可高低压运行，未达到要求，扣2分		
			用两个溢流阀实现独立的高低压运行，未达到要求，扣2分		
			未排除工业胶粘机装置控制回路故障，每处扣5分		
	分析记录（操作记录3）	10分	正确描述工业胶粘机装置控制回路工作过程，描述有缺失，每处扣2分		
			正确描述工业胶粘机装置控制回路调试过程，描述有缺失，每处扣2分		
			正确分析各控制元件功能，描述有缺失，每处扣2分		
			未如实记录工业胶粘机装置控制回路故障，扣5分		

六、课后作业

1）溢流阀有哪些不同类型？分别对应怎样的图形符号？

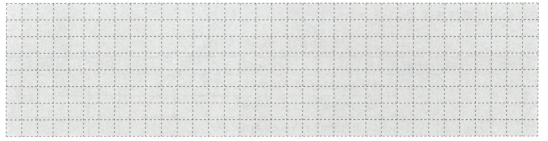

2）图C4-1-10所示为采用先导式溢流阀进行远程调压控制，调节溢流阀时，压力不稳定，试分析原因并说明解决措施。

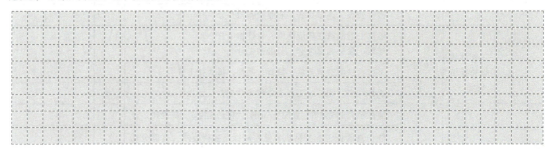

3）扫码完成测评。

七、拓展知识

认识比例溢流阀

比例溢流阀与普通溢流阀一样，都有一个阀芯，阀芯的一端是液压油产生的压力，另一端是机械力。普通溢流阀通过调节弹簧力来调整液压压力。而比例溢流阀是电磁线圈直接产生推力，作用在阀芯上，电磁线圈上的输入电压在 0～24V 之间变化，产生的推力就随之变化，从而得到连续变化的液压压力。

图 C4-1-12 所示为比例溢流阀外形图，该比例溢流阀型号为 THD-BEB-1-1X/100G2R31（含集成放大器），压力等级为 10MPa，电控器电源为 DC 24V，控制信号输入电压为 0～10V，P 口接系统，T 口接油箱。通过辫子线连接，辫子线接 24V，0V 为电源输入端；0～10V+ 和 0～10V- 为控制信号输入端。

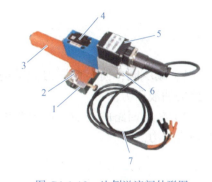

图 C4-1-12　比例溢流阀外形图
1—阀板　2—油口　3—叠加式过滤器　4—本体
5—集成放大器　6—放气螺钉　7—辫子线

使用过程中应注意，当控制信号电压为负时，比例溢流阀不动作。比例溢流阀有一定的死区电压，且由于快速接头的压力损失，在进行比例溢流阀控制时，一般当控制电压在 2V 以上，并继续增大控制电压时，压力表显示数值才逐渐增大。

大国重器——巨型模锻液压机

近年来，随着装备制造业的迅速发展，中国重型机床可谓是硕果累累，成功研制出多个世界最大的加工设备，一件件堪称国宝级的"中国制造"享誉全球。

中国第二重型机械集团有限公司成功建成世界最大模锻液压机，如图 C4-1-13 所示，这台 8 万吨级模锻液压机，地上高 27 米、地下 15 米，总高 42 米，设备总重 2.2 万吨，是中国国产大飞机 C919 试飞成功的重要功臣之一。

巨型模锻液压机是象征重工业实力的国宝级战略装备，是衡量一个国家工业实力和

图 C4-1-13　世界最大模锻液压机

军工能力的重要标志，世界上能研制的国家屈指可数。目前世界上拥有 4 万吨级以上模锻液压机的国家，只有中国、美国、俄罗斯和法国。

中国的这台 8 万吨级模锻液压机标志着中国关键大型锻件受制于外国的时代彻底结束。

职业能力 C-4-2 能设计与装调液压减压回路

一、核心概念

1）减压阀：使出口压力低于进口压力的一种压力控制阀，其作用是降低系统中某一回路的油液压力。

2）减压回路的功能：使单泵供油、多缸工作的液压系统中某一支路具有较主油路低的稳定压力。

二、学习目标

1）能描述减压阀的工作原理、结构，并绘制图形符号。
2）能根据控制回路图分析控制原理及步骤。
3）能熟练运用液压仿真软件进行回路设计及仿真。
4）能根据元件铭牌对液压元件进行选型，并完成元件安装。
5）能正确设置减压阀压力参数，按照控制功能进行调试。
6）培养学生分析问题、解决问题的能力。

三、工作情境

在一个液压系统中，一个液压泵有时需要向几个执行元件供油，而各执行元件的工作压力不尽相同。以孔加工装置为例，夹紧与进给两个过程需要的压力不同。当执行元件所需的工作压力低于液压泵的供油压力时，可在该分支油路中串联一个减压阀，所需的压力由减压阀来调节。

如图 C4-2-1 所示，在孔加工装置中，为了固定工件，除用于钻头进给的进给缸以外，系统还设置了一个夹紧缸，夹紧缸所需的液压油的压力低于进给缸的压力，为此，需要组建一个减压回路，用于控制工件的夹紧，如图 C4-2-2 所示。

请运用仿真软件完成孔加工装置控制回路的抄绘与设计，并在实训设备上完成该回路的装调。

四、基本知识

减压阀是使出口压力（二次压力）低于进口压力（一次压力）的一种压力控制阀。根据减压阀所控制的压力不同，可将其分为定值减压阀、定差减压阀和定比减压阀，其中定值减压阀应用最广。

同溢流阀一样，减压阀也有直动式和先导式之分。

工作任务 C-4
液压压力控制回路的设计与装调

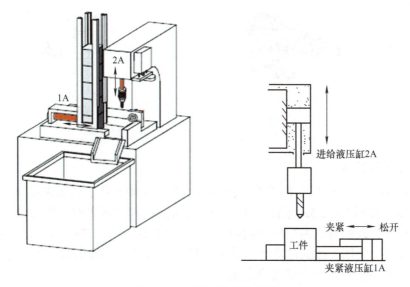

图 C4-2-1 孔加工装置示意图

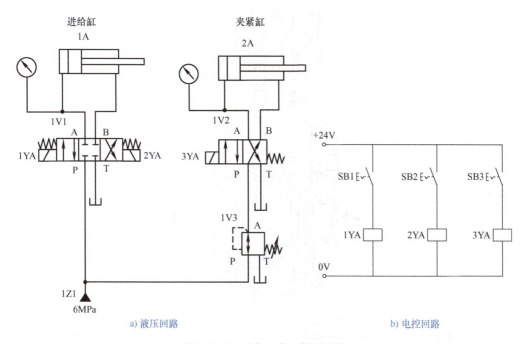

a) 液压回路   b) 电控回路

图 C4-2-2 孔加工装置控制回路

（一）直动式减压阀

1. 实物及图形符号

减压阀是通过调节压力大小实现设备的功能。减压阀的特点就是在进口压力不断变化的情况下，保持出口压力值在一定的范围内，维持出口压力稳定。

图 C4-2-3 所示为直动式减压阀实物及图形符号。

253

a) 实物　　　　　　　　　　　　　　b) 图形符号

图 C4-2-3　直动式减压阀实物及图形符号

2. 结构及工作过程

如图 C4-2-4 所示，减压阀的基本结构包括阀芯、反馈导管、调压弹簧和调节螺母等。

工作过程：如图 C4-2-5a 所示，当出口压力未达到调定压力时，阀芯处在初始位置，减压阀阀口打开，阀的进出油口压力相同；如图 C4-2-5b 所示，当出口压力超过调定压力时，油液经过压力反馈，使阀芯克服弹簧力上移，阀口关小，减压阀工作，此时出口压力和弹簧力基本保持平衡，出口压力稳定在一个固定值上。

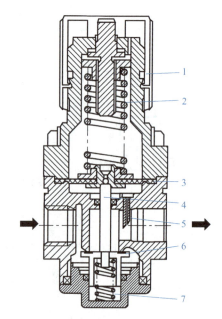

图 C4-2-4　直动式减压阀结构

1—调节螺母　2—调压弹簧　3—膜片　4—阀芯　5—反馈导管　6—进气阀门　7—复位弹簧

泄油口必须单独连接油箱，不允许直接连接到液压系统回油管中，否则减压阀的阀芯除了受弹簧力，还会受附加液压力，影响减压效果。

为了使减压回路工作可靠，减压阀的最低调整压力不应低于 0.5MPa，最高调整压力应比系统压力低 0.5MPa。当减压回路中的执行元件需要调速时，调速元件应放在减压阀的后面，以免因减压阀泄漏（指由减压阀泄油口流回油箱的油液）对执行元件速度产生影响。

工作任务 C-4
液压压力控制回路的设计与装调

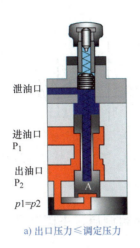
a) 出口压力≤调定压力

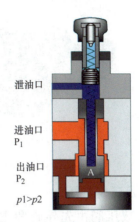
b) 出口压力>调定压力

图 C4-2-5 直动式减压阀工作过程

3. 减压回路

图 C4-2-6 所示为最常见的减压回路，通过定值减压阀与油路相连。其中单向阀的作用是当主油路压力低于减压阀的调定值时，为防止夹紧缸的压力受其干扰，使夹紧油路和主油路隔开，实现短时间保压。

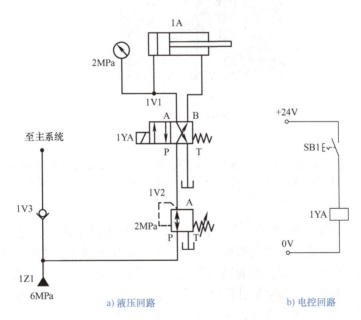

a) 液压回路　　　　b) 电控回路

图 C4-2-6 减压回路

（二）先导式减压阀
1. 实物及图形符号

先导式减压阀是应用比较广泛的减压阀之一。图 C4-2-7 所示为先导式减压阀实物及图形符号。

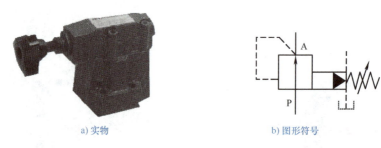

图 C4-2-7　先导式减压阀实物及图形符号

2. 结构及工作过程

先导式减压阀由先导阀和主阀两部分构成，先导阀调压，主阀减压。其结构如图 C4-2-8 所示。

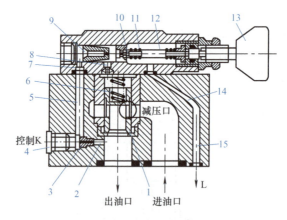

图 C4-2-8　先导式减压阀结构

1—主阀阀芯　2、5、8—流道　3—阻尼孔　4—控制口　6—主阀复位弹簧　7—主阀运动阻尼孔　9—锥阀　10—先导阀阀芯　11—调压弹簧　12—导阀弹簧腔　13—手柄　14—泄油流道　15—阀体

工作过程：如图 C4-2-9a 所示，当负载较小，出口压力低于调定压力时，先导阀关闭，由于阻尼孔没有油液流动，所以主阀阀芯上、下两腔油压力相等，主阀阀芯在弹簧作用下处于最下端，减压阀阀口全开，不起减压作用；如图 C4-2-9b 所示，当出口油压力超过调定压力时，先导阀被打开，因阻尼孔的降压作用，使主阀上、下两腔产生压差，主阀阀芯在压差作用下克服弹簧力向上移动，减压阀开口减小，起减压作用。

当出口压力下降到调定值时，先导阀阀芯和主阀阀芯同时处于受力平衡状态，出口压力稳定不变，等于调定压力。如果干扰使进口压力升高，在主阀阀芯未来得及反应时，出口压力也升高，使主阀阀芯上移，减压阀开口关小，压降增大，出口压力又下降，使主阀阀芯在新的位置上达到平衡，而出口压力基本维持不变。由于工作过程中，减压阀的开口能随进口压力的变化而自动调节，因此能自动保持出口压力恒定。调节调压弹簧的预紧力即可调节减压阀的出口压力。

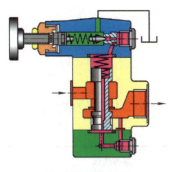
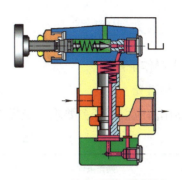

a) 出口压力≤调定压力　　　　　　　　b) 出口压力>调定压力

图 C4-2-9　先导式减压阀工作过程

3. 减压阀与溢流阀的区别

减压阀的主要组成部分和溢流阀相同，外形也相似，其不同点如下：

1）主阀阀芯结构不同，溢流阀主阀阀芯有两个台肩，而减压阀主阀阀芯有三个台肩。

2）在常态下，溢流阀进、出口是常闭的，而减压阀是常开的。

3）控制阀口开启的油液，溢流阀来自进口油压，保证进口压力恒定；减压阀来自出口油压，保证出口压力恒定。

4）溢流阀先导阀弹簧腔的油液在阀体内引至出油口（内泄式）；减压阀出油口接通执行元件，因此泄漏油需单独引回油箱（外泄式）。

4. 二级减压回路

减压回路也可以采用如图 C4-2-10 所示二级或多级调压的方法获得。在该回路中，液压泵的最高工作压力由泵站系统中的溢流阀调定。当二位三通电磁换向阀得电时，减压油路中的压力由先导式减压阀调定。当二位三通电磁换向阀失电时，减压油路中的压力由直动式溢流阀调定。若直动式溢流阀调定压力大于先导式减压阀调定压力，则直动式溢流阀不起作用。

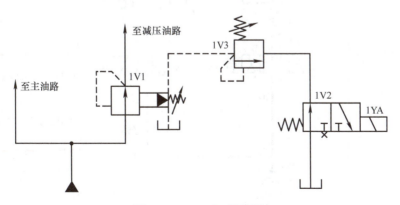

图 C4-2-10　二级减压回路

五、能力训练

（一）操作条件

1. 元件准备

在操作前应根据任务要求制定操作计划，并参照表 C4-2-1 准备相应的设备和工具。

表 C4-2-1　能力训练操作条件

序号	操作条件	参考建议
1	液压元件安装面板（符合快速安装要求）	带工字槽面板
2	液压动力元件	液压泵：齿轮泵、叶片泵或柱塞泵
3	液压控制元件（可根据实际设备进行相应调整）	方向控制阀：二位三通电磁换向阀、三位四通电磁换向阀 压力控制阀：直动式溢流阀、先导式溢流阀、直动式减压阀、先导式减压阀
4	液压执行元件	单杆双作用液压缸
5	辅助元件	压力表、油管、管接头等

2. 回路运行验证准备

参照表 C4-2-2，在液压仿真软件中抄绘并设计孔加工装置控制回路，仿真运行，熟悉回路运行原理。

表 C4-2-2　孔加工装置控制回路仿真动作过程

序号	动作条件	回路运行状态
1	按下按钮 SB3，夹紧缸活塞杆伸出，夹紧缸无杆腔处连接的压力表指示工作压力为 2MPa	（回路图：进给缸 1A，夹紧缸 2A，1V1、1V2、1V3 阀，1YA、2YA、3YA 电磁铁，SB1、SB2、SB3 按钮，+24V/0V 电路，1Z1 6MPa）

（续）

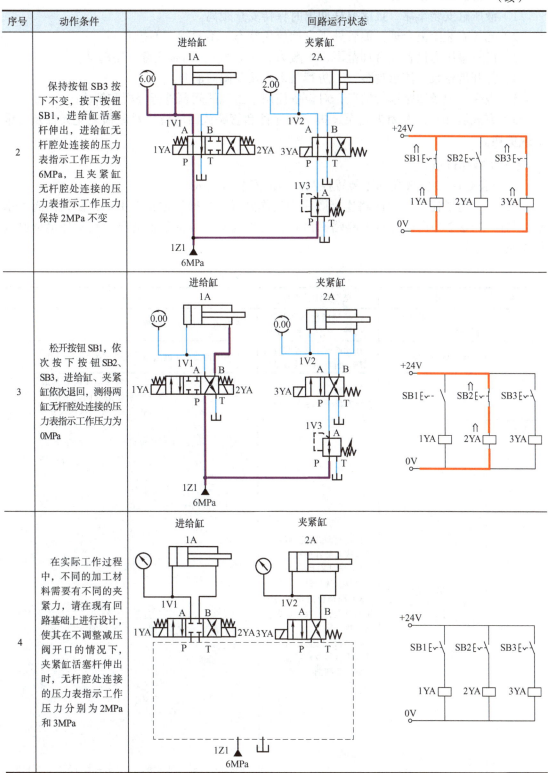

（二）安全及注意事项

1）液压缸安装牢靠，且活塞杆伸出时保持安全距离。
2）元件安装距离合理，油管处于自然放松状态，不紧绷、不扭曲。
3）齿轮泵压力设置在合理范围，一般为 2～6MPa，同时注意零压起动。
4）打开齿轮泵，注意观察，以防管路未连接牢固而崩开。
5）观察、记录回路运行情况，对设备使用中出现的问题进行分析和解决。
6）完成后卸压、关闭齿轮泵，拆下的元件和管路放回原位，对破损老化元件及时维护或更换。

（三）操作过程

参照表 C4-2-3 完成孔加工装置控制回路的安装与调试。

（说明：为了便于展示回路连接顺序和动作效果，本操作过程以手动控制换向阀为示范，与图 C4-2-2 中所给控制回路略有区别，可根据实训设备配置情况及教学环境情况进行参照调整。）

表 C4-2-3 操作过程及要求

序号	步骤	操作方法及说明	操作要求
1	正确识读液压控制回路图	按照液压控制回路图，正确辨识元件名称及数量	正确填写回路元件清单
2	选型液压元件	在元件库中选择对应的元件，包含型号及数量	参考元件清单正确选型，元件与清单完全匹配
3	泵站系统压力调试	打开液压泵，将系统工作压力调至（6±0.2）MPa	确保系统处于卸荷状态，泵站溢流阀打到最松；点动起动液压泵；缓慢旋紧泵站溢流阀，系统压力调至 6MPa；锁紧锁母；关闭液压泵；重启液压泵复核压力
4	安装并连接液压元件（根据实训条件实际情况选择换向阀）	1）合理布局元件位置，并牢固安装在面板上 2）元件布局合理，安装可靠、无松动 3）选择合适长度的液压油管进行连接，确保管路连接可靠 4）管路长度合适，油管处于自然放松状态，不紧绷、不扭曲	（备注：本图仅供参考，仅显示夹紧缸部分，可根据实训条件选择换向阀）

工作任务 C-4
液压压力控制回路的设计与装调

（续）

序号	步骤	操作方法及说明	操作要求
5	检查回路	确认元件安装牢固；确认管路安装牢靠且正确检查控制回路	参照元件清单及控制回路图检查
6	调试	起动泵站系统	起动泵站，注意观察液压泵运行状况
		按下按钮，夹紧缸活塞杆伸出，测得无杆腔工作压力为系统压力 6MPa，慢慢拧松直动式减压阀，观察无杆腔压力表，直到压力值降为 2MPa	
		松开按钮，夹紧缸活塞杆缩回，测得无杆腔连接处压力表指示压力为 0MPa	缩回(右位)
		根据所设计回路，调整工作台上元件及回路连接，使其在不调整减压阀开口的情况下，夹紧缸活塞杆伸出时，无杆腔处连接的压力表指示工作压力分别为 2MPa 和 3MPa	参照控制回路图检查，确保连接可靠，并进行规范调试
7	试运行	试运行一段时间，观察设备运行情况，确保功能实现，运行稳定可靠	
8	清洁整理	按照逆向安装顺序，拆卸管路及元件；按 6S 要求进行设备及环境整理	没有元件遗留在设备表面；设备表面及周围保持清洁；如有废料或杂物，及时清理

操作记录 1：正确识读孔加工装置控制回路，列出元件清单，简要写出其功能，绘制图形符号并记录型号，将结果填入表 C4-2-4 中。

表 C4-2-4　记录表 1

序号	元件名称	数量	功能	图形符号	型号

操作记录 2：规范调试及运行设备，将结果填入表 C4-2-5 中。

表 C4-2-5　记录表 2

序号	要求	是	否
1	零压力起动	○	○
2	设置系统压力为（6±0.2）MPa	○	○
3	夹紧缸活塞杆正常伸出、缩回	○	○
4	设置夹紧缸工作压力为（2±0.2）MPa	○	○
5	夹紧缸工作压力可以在 2MPa 和 3MPa 间切换	○	○

操作记录 3：描述设备故障现象及分析解决方案，将结果填入表 C4-2-6 中。

表 C4-2-6　记录表 3

序号	故障现象描述	解决方案
1		
2		
3		
4		

问题情境一

在本任务中，要求钻孔时进给缸和夹紧缸同时动作，并满足不同的压力值，现已按照图 C4-2-2 完成回路搭建，发现起动液压泵后，减压阀出口无压力或不起减压作用，有可能是哪些原因造成的？可以采用哪些解决方法？

情境提示：
1）主阀阀芯在全封闭位置卡死；检修或更换。
2）未向减压阀供油；检查并排除。
3）泄油口不通；检查并清洗。
4）调压弹簧弯曲、卡住；检查并更换弹簧。
思考：是否还有其他原因？如有，请说明并提出解决方案。

工作任务 C-4 液压压力控制回路的设计与装调

（续）

问题情境二

以产品举升装置为例，当面对不同的料块时，要求有不同的压力值，运用所学的知识，进行调压回路设计。

情境提示：
1）用溢流阀实现回路设计。
2）用减压阀实现回路设计。
3）同时使用溢流阀和减压阀完成回路设计。

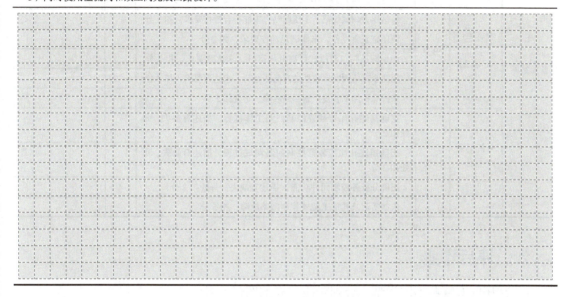

（四）学习结果评价

通过以上学习和实践操作，对相关知识的学习和能力训练完成情况做出客观评价，并填写学习结果评价表 C4-2-7。

表 C4-2-7 学习结果评价表

评价项目	评分内容	分值	评分细则	成绩	扣分记录
职业素养	操作过程安全规范	15 分	按要求穿戴工装，但不整齐，每处扣 1 分		
			未能按照要求穿戴工装，扣 5 分		
			工、量具使用不符合规范，每处扣 2 分		
			元件拿取方式不规范，油管随地乱放，每处扣 2 分		
			油管安装不符合要求，每处扣 2 分		
			带电插拔、连接导线，职业素养为 0 分		
职业素养	工作环境保持整洁	10 分	堆油、泄漏造成环境污染，每处扣 1 分		
			导线、废料随意丢弃，每处扣 1 分		
			工作台表面遗留工具、量具、元件，每处扣 1 分		
			操作结束，元件、工具未能整齐摆放，每处扣 1 分		
专业素养	软件应用	15 分	能抄绘孔加工装置控制回路，元件选择错误，每处扣 2 分		
			能仿真验证孔加工装置控制回路控制要求，有部分功能缺失，每处扣 2 分		
			未能正确命名并保存孔加工装置控制回路，每处扣 2 分		
			未能完成孔加工装置夹紧缸二级减压回路设计，扣 5 分		

（续）

评价项目	评分内容	分值	评分细则	成绩	扣分记录
专业素养	回路搭建（操作记录1）	20分	按图施工，根据孔加工装置控制回路，选择对应的元件，有元件选择错误，每处扣4分		
			正确连接，将所选用元件正确安装到面板上，安装松动，每处扣4分		
	调试运行（操作记录2）	30分	设定泵站压力为6MPa，未能达到压力要求，扣2分		
			泵站压力调试规范，零压起动，未能符合操作要求，扣2分		
			液压缸正常动作，未能满足动作要求，扣2分		
			调整减压阀，液压缸可高低压运行，未达到要求，扣2分		
			用两个减压阀实现独立的高低压运行，未达到要求，扣2分		
			未排除孔加工装置控制回路故障，每处扣5分		
	分析记录（操作记录3）	10分	正确描述孔加工装置控制回路工作过程，描述有缺失，每处扣2分		
			正确描述孔加工装置控制回路调试过程，描述有缺失，每处扣2分		
			正确分析各控制元件功能，描述有缺失，每处扣2分		
			未如实记录孔加工装置控制回路故障，扣5分		

六、课后作业

1）减压阀有哪些不同类型？分别对应怎样的图形符号？

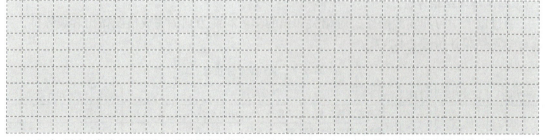

2）如果起动液压泵后，发现减压阀出口压力不稳定，试分析原因并说明解决措施。

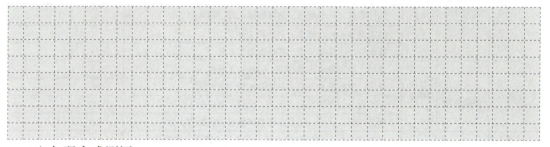

3）扫码完成测评。

七、拓展知识

液压阀的连接

液压阀的连接方式有管式连接、板式连接、集成块式和叠加阀式等。

1. 管式连接

管式连接是将各管式液压阀用管道连接，管道与阀一般用螺纹管接头连接起来，流量大的用法兰连接，管式连接不需要其他专门的连接元件，油液的运行回路明确，但其结构分散。复杂的液压系统所占空间大，管路交错，接头繁多，不便于维修，目前适用不多。

2. 板式连接

板式连接是将系统所需要的板式标准液压元件统一安装在连接板上。连接板形式有如下几种：

（1）单层连接板

液压阀装在竖立的连接板前面，阀间油路在板后用油管连接，连接板结构简单，检查油路方便，但连接板上油路较多，装配麻烦，占空间大。

（2）双层连接板

在两块板间加工出油槽以安装阀间油路，两块板再用黏接剂或螺钉固定在一起，其工艺简单、结构紧凑，但当系统中压力过高或产生液压冲击时，容易在两块板之间形成裂缝，出现漏油、串腔问题，以致系统无法正常工作。

（3）整体连接板

在整体连接板中间钻孔或铸孔以安装阀间油路，其工作可靠，但钻孔工作量大，工艺复杂，不能随意更换系统，当系统有所改变时，需重新设计和制造。

3. 集成块式

借助于集成块把标准化的板式液压元件连接在一起，组成液压系统，为集成化的一种。其优点是结构紧凑，占地面积小，便于装卸和维修，且具有标准化、系列化产品，可以选用组合，因而被广泛应用于各种中高压和中低压的液压系统，但其设计工作量大，加工工艺复杂，不能随意修改系统等。

4. 叠加阀式

叠加阀式是液压装置集成化的另一种方式，它由叠加阀互相连接而成。其特点是不用其他的连接体，结构紧凑、体积小，尤其是液压系统的更改较为方便。叠加阀为标准化元件，设计中仅需按工艺要求绘出叠加阀式液压回路图，即可进行组装，因而设计工作量小。目前已被广泛应用于冶金、机械制造及工程机械等领域。

职业能力 C-4-3　能设计与装调液压多缸顺序动作回路

一、核心概念

1）顺序阀：是以压力作为控制信号，自动接通或切断某油路的压力阀。
2）压力继电器：是一种将油液的压力信号转换成电信号的电液转换元件。

二、学习目标

1）能描述顺序阀、压力继电器的工作原理、结构，并绘制图形符号。
2）能根据控制回路图分析控制原理及步骤。
3）能熟练运用液压仿真软件进行回路设计及仿真。
4）能根据元件铭牌对液压元件进行选型，并完成元件安装。
5）能正确设置顺序阀、压力继电器的压力参数，按照控制功能进行调试。
6）培养学生养成规范操作的习惯，增强学生的职业素养。

三、工作情境

图 C4-3-1 所示为机械加工中心操作部分示意图，当压板夹紧工件时，加工部分夹头伸出，进行铣削加工，加工完成后，夹头缩回，推出工件，压板松开。

图 C4-3-1　机械加工中心操作部分示意图

整个操作部分工作流程为"压板夹紧工件→夹头伸出加工→夹头缩回→压板松开"，压板与夹头的先后动作顺序是确定的，为此，需要组建一个顺序动作回路，用于完成机械加工中心操作部分动作。图 C4-3-2 所示为机械加工中心操作部分控制回路。该方案是采用顺序阀实现两个液压缸的动作顺序。

请运用仿真软件完成机械加工中心操作部分控制回路的抄绘与设计，并在实训设备上完成该回路的装调。

工作任务 C-4 液压压力控制回路的设计与装调

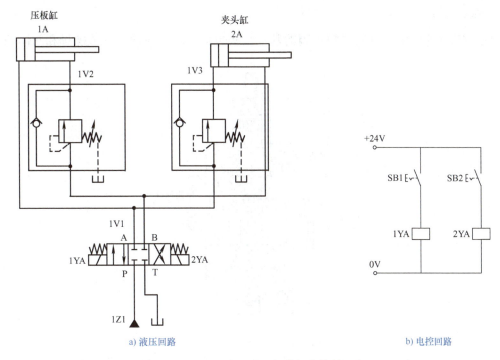

a) 液压回路　　　　　　　　　　　　b) 电控回路

图 C4-3-2　机械加工中心操作部分控制回路

四、基本知识

（一）顺序阀

顺序阀按控制方式分为内控式顺序阀（简称顺序阀）和外控式顺序阀（也称液控式顺序阀）；按结构形式分为直动式顺序阀和先导式顺序阀。直动式顺序阀用于低压系统，先导式顺序阀用于中、高压系统。

1. 实物及图形符号

顺序阀是以压力作为控制信号，自动接通或切断某油路的压力阀。顺序阀通常用来控制液压系统各执行元件动作的先后顺序。顺序阀一般很少单独使用，往往与单向阀配合在一起，构成单向顺序阀。

图 C4-3-3 所为单向顺序阀实物及图形符号。

a) 实物　　　　　　　　　　　　b) 图形符号

图 C4-3-3　单向顺序阀实物及图形符号

2. 结构及工作过程

如图 C4-3-4 所示，直动式顺序阀的基本结构包括阀芯、弹簧、调节螺母和阀体等。

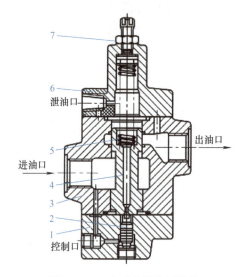

图 C4-3-4　直动式顺序阀结构

1—下阀盖　2—控制活塞　3—阀体　4—阀芯　5—弹簧　6—上阀盖　7—调节螺母

工作过程：当进口压力低于调定压力时，阀口关闭，当进口压力超过调定压力时，进、出油口接通，出油口的液压油使其后面的执行元件动作。出油口油路的压力由负载决定，因此它的泄油口需要单独接回油箱。调节弹簧的预紧力，即能调节打开顺序阀所需的压力。

如图 C4-3-5 所示，根据控压及泄油方式不同，顺序阀可以分为内控内泄式顺序阀、内控外泄式顺序阀和外控外泄式顺序阀三种。

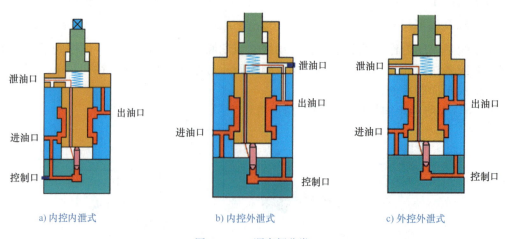

a) 内控内泄式　　　b) 内控外泄式　　　c) 外控外泄式

图 C4-3-5　顺序阀分类

3. 顺序阀的应用

（1）顺序动作回路

图 C4-3-6 所示为定位夹紧回路，要求先定位后夹紧。其工作过程为：液压泵输出的油液，一路至主油路，另一路经单向阀、减压阀、二位四通换向阀至定位夹紧油路。当按下按钮 SB1 时，电磁线圈 1YA 得电，二位四通换向阀左位工作，液压油首先进入定位缸左腔，推动活塞右行完成定位动作；定位完成后，油压升高达到顺序阀的调定压力时，顺序阀打开，液压油进入夹紧缸左腔，推动活塞右行，完成夹紧动作。当松开按钮 SB1 时，电磁线圈失电，二位四通换向阀右位工作，两个液压缸可同时返回。用顺序阀控制的顺序动作回路的可靠性在很大程度上取决于顺序阀的性能及其压力调整值。顺序阀的调整压力应比先动作的液压缸的工作压力高 10%～15%，以免系统压力波动时，产生误动作。

（2）平衡回路

平衡回路可以防止垂直或倾斜的执行元件和与之连接的工作部件因自重而自行下落。平衡回路中使用的顺序阀为单向顺序阀。图 C4-3-7 所示为采用单向顺序阀控制的平衡回路。顺序阀的开启受外界油路的压力控制，与液压缸活塞受的负载无关。这种平衡回路运动平稳，平衡重力效果良好，广泛运用于吊车、工程车的臂架支撑液压系统中。

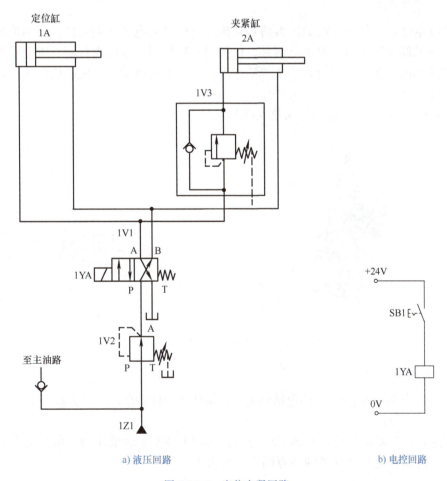

图 C4-3-6　定位夹紧回路

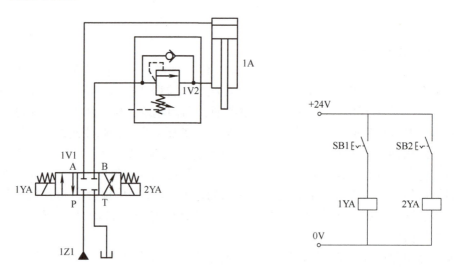

图 C4-3-7　采用单向顺序阀控制的平衡回路

（二）压力继电器

1. 实物及图形符号

压力继电器是一种将油液的压力信号转换成电信号的电液转换元件。当油液压力达到压力继电器的调定压力时，发出电信号，以控制电磁线圈、电磁离合器、继电器等元件动作，使油路卸压、换向和执行元件实现顺序动作，或关闭电动机，使系统停止工作，起到安全保护作用等。

图 C4-3-8 所示为压力继电器实物及图形符号。

a) 实物　　　　　　　　　　　　　　b) 图形符号

图 C4-3-8　压力继电器实物及图形符号

2. 结构及工作过程

柱塞式压力继电器主要零件包括柱塞 1、顶杆 2、调节螺钉 3 和微动开关 4 等。其结构如图 C4-3-9 所示。

工作过程：当系统压力达到调定压力时，作用于柱塞上的液压力克服弹簧力，柱塞向上移动，通过顶杆使微动开关的触点闭合，发出电信号。

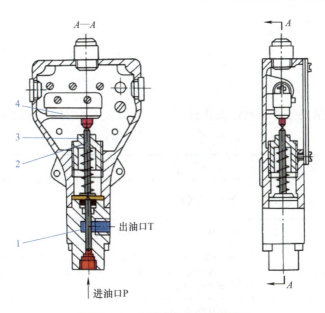

图 C4-3-9 柱塞式压力继电器结构

1—柱塞 2—顶杆 3—调节螺钉 4—微动开关

3. 压力继电器控制换向回路

图 C4-3-10 所示为打标机装置实物及控制回路,为了确保标记清晰,可以使用压力继电器检测系统的压力,以此判断标记是否打标完成。当液压缸活塞杆伸出到合适位置(即带动标记母版与钢材直接接触)时,液压缸的活塞将停止移动,导致系统压力升高,使压力继电器动作,从而发出返回信号。打标机装置控制回路属于压力继电器控制的换向回路。

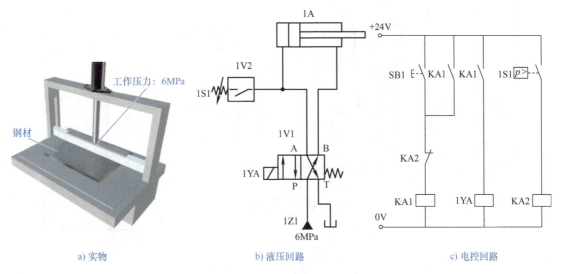

a) 实物　　　　　　　b) 液压回路　　　　　　　c) 电控回路

图 C4-3-10 打标机装置实物及控制回路

五、能力训练

（一）操作条件

1. 元器件准备

在操作前应根据任务要求制定操作计划，并参照表 C4-3-1 准备相应的设备和工具。

表 C4-3-1　能力训练操作条件

序号	操作条件	参考建议
1	液压元件安装面板（符合快速安装要求）	带工字槽面板
2	液压动力元件	液压泵（齿轮泵、叶片泵或柱塞泵）
3	液压控制元件（可根据实际设备进行相应调整）	方向控制阀：二位三通电磁换向阀、三位四通电磁换向阀 压力控制阀：直动式溢流阀、先导式溢流阀、直动式减压阀、先导式减压阀、单向顺序阀、压力继电器
4	液压执行元件	单杆双作用液压缸
5	辅助元件	压力表、油管、管接头等

2. 回路运行验证准备

参照表 C4-3-2，在液压仿真软件中抄绘并设计机械加工中心操作部分控制回路，仿真运行，熟悉回路运行原理。

表 C4-3-2　机械加工中心操作部分控制回路仿真动作过程

序号	动作条件	回路运行状态
1	按下按钮 SB1，电磁线圈 1YA 得电，压板缸活塞杆伸出，夹头缸活塞杆保持原位不动作	

工作任务 C-4 液压压力控制回路的设计与装调

（续）

序号	动作条件	回路运行状态
2	保持按钮SB1压下不变，当压板缸活塞杆伸出到位后，夹头缸活塞杆伸出	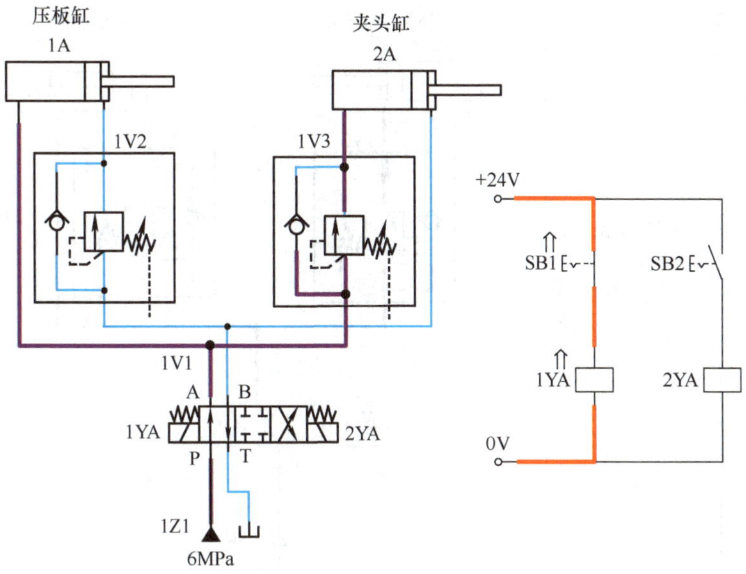
3	松开按钮SB1，按下按钮SB2，电磁线圈2YA得电，夹头缸活塞杆缩回，压板缸活塞杆保持伸出动作不变	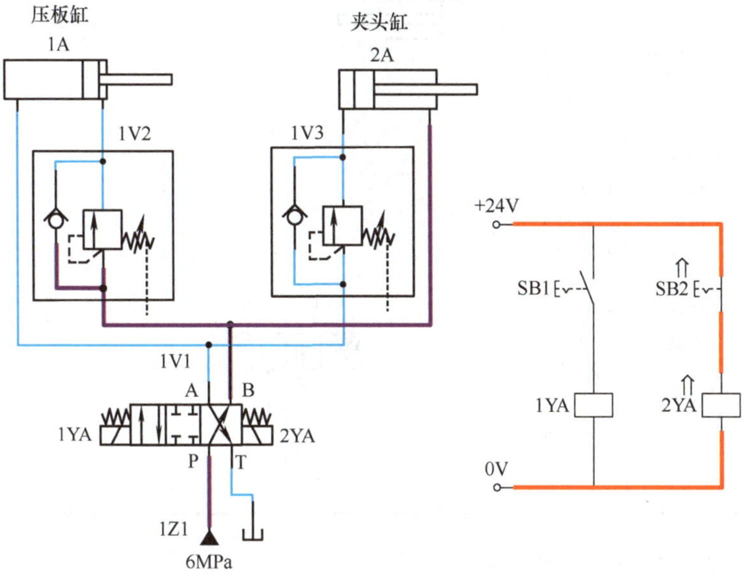

（续）

序号	动作条件	回路运行状态
4	保持按钮SB2压下不变，当夹头缸活塞杆缩回到位后，压板缸活塞杆缩回	
5	在实际工作过程中，不同的加工顺序需要液压缸有不同的动作顺序，请在现有回路基础上进行设计，使其满足"压板缸活塞杆伸出→夹头缸活塞杆伸出→压板缸活塞杆缩回→夹头缸活塞杆缩回"的动作流程	

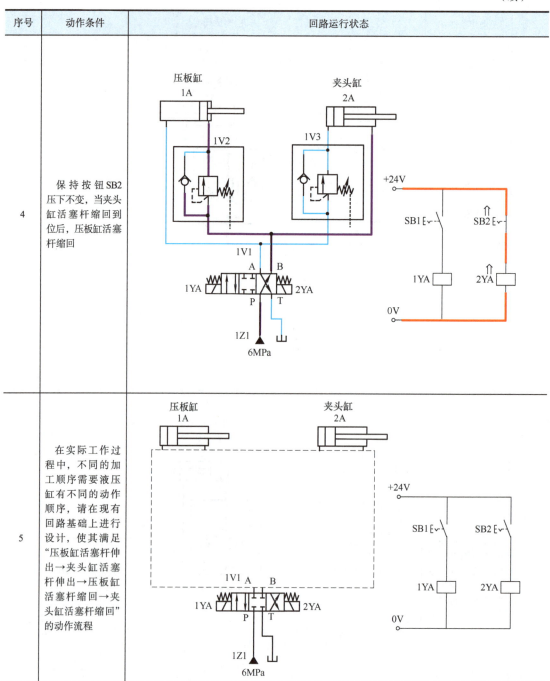

（二）安全及注意事项

1）液压缸安装牢靠，且活塞杆伸出时保持安全距离。

2）元件安装距离合理，油管处于自然放松状态，不紧绷、不扭曲。

3）齿轮泵压力设置在合理范围，一般为 2～6MPa，同时注意零压起动。

工作任务 C-4 液压压力控制回路的设计与装调

4）打开齿轮泵，注意观察，以防管路未连接牢固而崩开。

5）观察、记录回路运行情况，对设备使用中出现的问题进行分析和解决。

6）完成后卸压、关闭齿轮泵，拆下的元件和管路放回原位，对破损老化元件及时维护或更换。

（三）操作过程

参照表 C4-3-3 完成机械加工中心操作部分控制回路的安装与调试。

表 C4-3-3　操作步骤及要求

序号	步骤	操作方法及说明	操作要求及回路动作示意
1	正确识读控制回路图	按照控制回路图，正确辨识元件名称及数量	正确填写回路元件清单
2	选型液压元件	在元件库中选择对应的元件，包含型号及数量	参考元件清单正确选型，元件与清单完全匹配
3	泵站系统压力调试	打开液压泵，将系统工作压力调至（6±0.2）MPa	确保系统处于卸荷状态，泵站溢流阀打到最松；点动起动液压泵；缓慢旋紧泵站溢流阀，系统压力调至 6MPa；锁紧锁母；关闭液压泵；重启液压泵复核压力
4	安装并连接液压元件（根据实训条件选择换向阀）	1）合理布局元件位置，并牢固安装在面板上 2）元件布局合理，安装可靠、无松动 3）选择合适长度的液压油管进行连接，确保管路连接可靠 4）管路长度合适，油管处于自然放松状态，不紧绷、不扭曲	压板缸 1A　　夹头缸 2A 1V2　　1V3 1V1　A　B 1YA　　　　2YA P　T 1Z1 6MPa
5	检查回路	确认元件安装牢固；确认管路安装牢靠且正确检查控制回路	参照元件清单及控制回路图检查

（续）

序号	步骤	操作方法及说明	操作要求及回路动作示意
6	调试	起动泵站系统	起动泵站，注意观察液压泵运行状况
		按下按钮SB1，压板缸、夹头缸活塞杆按动作顺序依次伸出	压板缸 1A 夹头缸 2A 1V2 1V3 1V1 A B 1YA 2YA P T 1Z1 6MPa 压板缸 1A 夹头缸 2A 1V2 1V3 1V1 A B 1YA 2YA P T 1Z1 6MPa

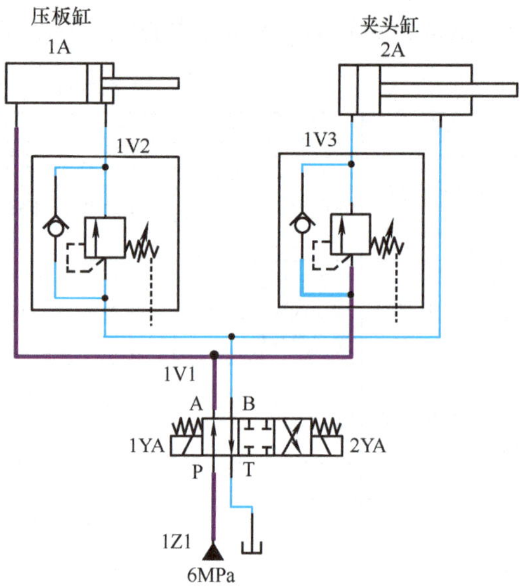

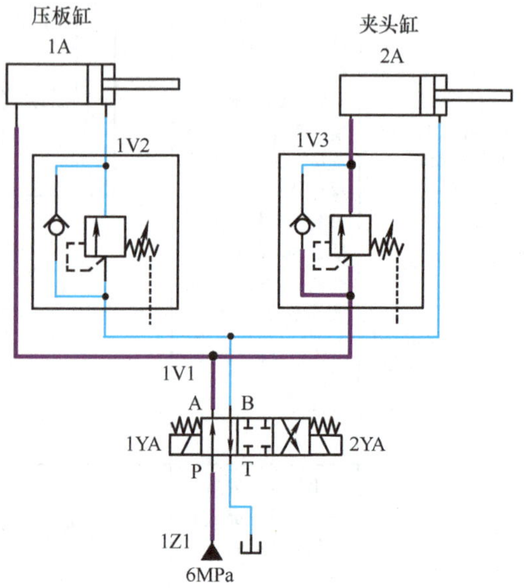

（续）

序号	步骤	操作方法及说明	操作要求及回路动作示意
6	调试	松开按钮SB1，按下按钮SB2，夹头缸、压板缸活塞杆按动作顺序依次缩回	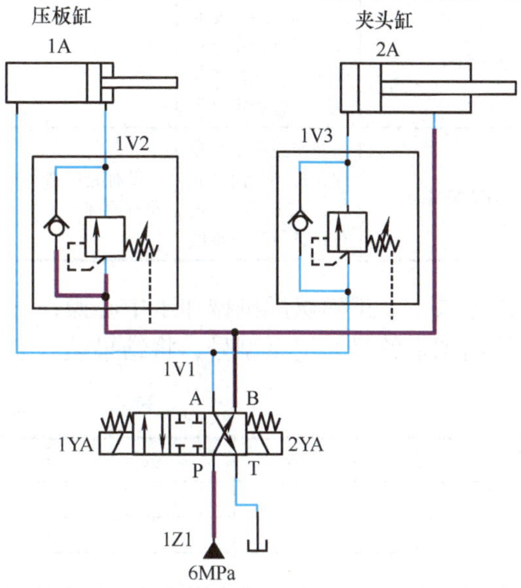 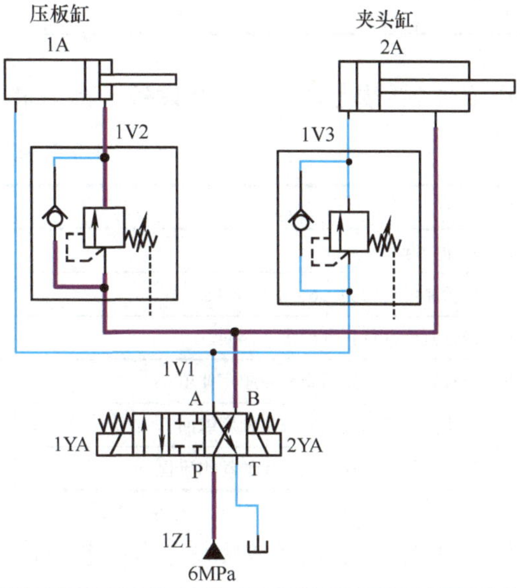
		根据所设计回路，调整工作台上元件及回路连接，使其满足"压板缸活塞杆伸出→夹头缸活塞杆伸出→压板缸活塞杆缩回→夹头缸活塞杆缩回"的动作流程	参照控制回路图检查，确保连接可靠，并进行规范调试

277

（续）

序号	步骤	操作方法及说明	操作要求及回路动作示意
7	试运行	试运行一段时间，观察设备运行情况，确保功能实现，运行稳定可靠	
8	清洁整理	按照逆向安装顺序，拆卸管路及元件；按 6S 要求进行设备及环境整理	没有元件遗留在设备表面；设备表面及周围保持清洁；如有废料或杂物，及时清理

操作记录 1：正确识读机械加工中心操作部分控制回路，列出元件清单，简要写出其功能，绘制图形符号并记录型号，将结果填入表 C4-3-4 中。

表 C4-3-4　记录表 1

序号	元件名称	数量	功能	图形符号	型号

操作记录 2：规范调试及运行设备，将结果填入表 C4-3-5 中。

表 C4-3-5　记录表 2

序号	要求	是	否
1	零压力起动	○	○
2	设置系统压力为（6±0.2）MPa	○	○
3	液压缸活塞杆正常伸出、缩回	○	○
4	压板缸、夹头缸活塞杆按顺序伸出	○	○
5	夹头缸、压板缸活塞杆按顺序缩回	○	○
6	能根据要求实现不同顺序的动作流程	○	○

操作记录 3：描述设备故障现象及分析解决方案，将结果填入表 C4-3-6 中。

表 C4-3-6　记录表 3

序号	故障现象描述	解决方案
1		
2		
3		
4		

工作任务 C-4
液压压力控制回路的设计与装调

问题情境一

在本任务中，要求夹头缸活塞杆缩回与压板松开同时动作，并满足不同的压力值，该如何设计回路。

情境提示：
1）考虑压力顺序阀如何控制动作顺序。
2）考虑如何用现有设备完成不同压力值的设置。

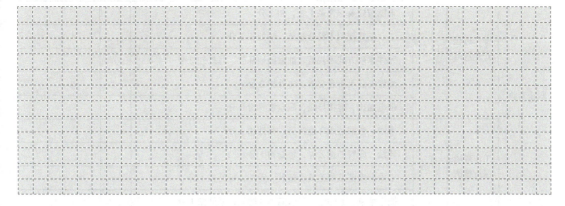

问题情境二

在本任务中，压板夹紧动作完成后，夹头动作并未执行，试分析原因。

情境提示 1：
1）压力顺序阀为开启，可能的原因有压力顺序阀阀芯卡住未动作；压力顺序阀调整压力太高，高于溢流阀的调定压力。
2）夹头缸活塞故障，活塞被卡住。

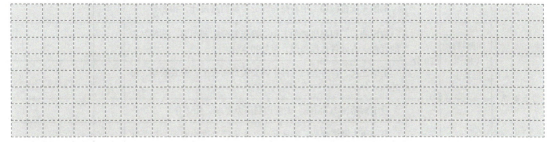

如现场压力顺序阀已损坏，是否可以采取其他方案实现顺序动作？请绘制相应回路并进行仿真。

情境提示 2：
可用压力继电器实现。

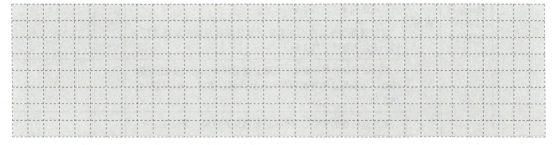

（四）学习结果评价

通过以上学习和实践操作，对相关知识的学习和能力训练完成情况做出客观评价，并填写学习结果评价表 C4-3-7。

表 C4-3-7 学习结果评价表

评价项目	评分内容	分值	评分细则	成绩	扣分记录
职业素养	操作过程安全规范	15 分	按要求穿戴工装，但不整齐，每处扣 1 分		
			未能按照要求穿戴工装，扣 5 分		
			工、量具使用不符合规范，每处扣 2 分		
			元件拿取方式不规范，油管随地乱放，每处扣 2 分		
			油管安装不符合要求，每处扣 2 分		
			带电插拔、连接导线，职业素养为 0 分		
	工作环境保持整洁	10 分	堆油、泄漏造成环境污染，每处扣 1 分		
			导线、废料随意丢弃，每处扣 1 分		
			工作台表面遗留工具、量具、元件，每处扣 1 分		
			操作结束，元件、工具未能整齐摆放，每处扣 1 分		
专业素养	软件应用	15 分	能抄绘机械加工中心操作部分控制回路，元件选择错误，每处扣 2 分		
			能仿真验证机械加工中心操作部分控制回路控制要求，有部分功能缺失，每处扣 2 分		
			未能正确命名并保存机械加工中心操作部分控制回路，每处扣 2 分		
			未能完成机械加工中心操作部分控制回路设计，扣 5 分		
	回路搭建（操作记录 1）	20 分	按图施工，根据机械加工中心操作部分控制回路，选择对应的元件，有元件选择错误，每处扣 4 分		
			正确连接，将所选用元件正确安装到面板上，安装松动，每处扣 4 分		
	调试运行（操作记录 2）	30 分	设定泵站压力 6MPa，未能达到压力要求，扣 2 分		
			泵站压力调试规范，零压起动，未能符合操作要求，扣 2 分		
			液压缸正常动作，未能满足动作要求，扣 2 分		
			伸出过程动作顺序：压板缸活塞杆伸出后夹头缸活塞杆伸出，未达到要求，扣 2 分		
			缩回过程动作顺序：夹头缸活塞杆缩回后压板缸活塞杆缩回，未达到要求，扣 2 分		
			符合设计动作顺序要求：压板缸活塞杆伸出后夹头缸活塞杆伸出，压板缸活塞杆缩回后夹头缸活塞杆缩回，未达到要求，扣 5 分		
			未排除机械加工中心操作部分控制回路故障，每处扣 5 分		

（续）

评价项目	评分内容	分值	评分细则	成绩	扣分记录
专业素养	分析记录（操作记录3）	10分	正确描述机械加工中心操作部分控制回路工作过程，描述有缺失，每处扣2分		
			正确描述机械加工中心操作部分控制回路调试过程，描述有缺失，每处扣2分		
			正确分析各控制元件功能，描述有缺失，每处扣2分		
			未如实记录机械加工中心操作部分控制回路故障，扣5分		

六、课后作业

1）顺序阀有哪些不同类型？分别对应怎样的图形符号？

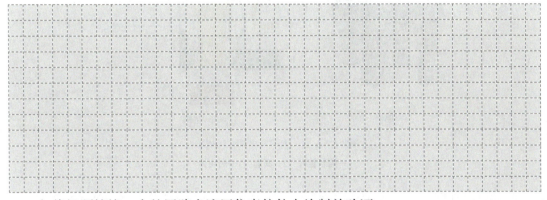

2）将问题情境一中的回路在液压仿真软件中绘制并验证。

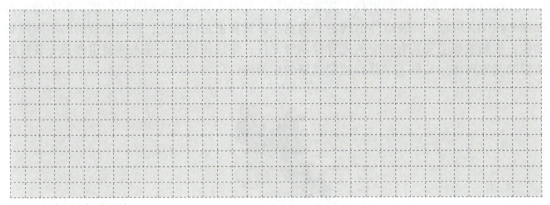

3）扫码完成测评。

七、拓展知识

插装阀

插装阀是插装阀功能组件的统称，它是将插装阀基本组件插入特定设计加工的阀块内，配以盖板和不同先导阀组合而成的一种多功能复合阀。用插装阀功能组件组成的液压系统可称为插装阀液压系统。插装阀通流能力大、密封性能好、动作灵敏、结构简单，因此得到了广泛的应用。

1. 插装阀

如图 C4-3-11 所示，由阀芯和阀套组成的插装阀单元是插装组件的主阀，阀芯在阀套内移动，靠阀芯锥面密封，故又称锥阀，阀芯中腔内有复位弹簧。

A 口和 B 口为主油路，其压力作用于阀芯下锥面，X 口为控制油路，其压力作用于阀芯上腔。阀芯的运动是由 X 口及 A 口和 B 口压差控制的，阀芯控制 A、B 口之间的通、断。

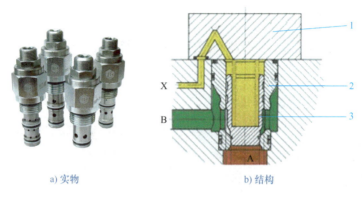

a) 实物　　　　　　　　　　b) 结构

图 C4-3-11　插装阀实物及结构

1—控制盖板　2—阀套　3—阀块体

2. 二通插装阀

二通插装阀一般由插装组件、先导控制阀、控制盖板和集成阀块等组成，其典型结构如图 C4-3-12 所示。插装组件由阀芯、阀套、弹簧和密封件组成；根据插装阀的不同控制功能，控制盖板上安装有相应的先导控制级元件；集成阀块既是嵌入插装组件及安装控制盖板的基础阀体，又是主油路和控制油路的连通体。

图 C4-3-12　二通插装阀典型结构

工作任务 C-5
液压速度控制回路的设计与装调

 职业能力 C-5-1　能设计与装调液压调速回路

一、核心概念

1）节流阀：通过改变通流面积来改变通过的油液流量。
2）节流调速回路：根据流量控制阀在液压系统中设置位置的不同，可分为进油节流调速回路、回油节流调速回路和旁路节流调速回路三种。

二、学习目标

1）能描述节流阀、调速阀的工作原理、结构，并绘制图形符号。
2）能判别三种节流调速回路，并讲述区别。
3）能根据控制回路图分析控制原理及步骤。
4）能熟练运用液压仿真软件进行回路设计及仿真。
5）能根据元件铭牌对液压元件进行选型，并完成元件安装。
6）能正确设置速度、流量等参数，按照控制功能进行调试。
7）培养学生"善思、能做、会说"的能力，充分激发学生的探究意愿。

三、工作情境

如图 C5-1-1 所示，喷漆室工作时，用一台圆周运动的传动带将部件传送通过喷漆室，传送带由液压马达通过一个锥齿轮传动装置来带动。根据工作要求，传送带运行时，其速度必须能够调节，可以采用液压调速回路实现速度调节。

图 C5-1-2 所示为喷漆室装置控制回路。该控制方案采用节流阀调速回路。物料通过传送带运送通过喷漆室，物料运动速度由传送带速度决定，而传送带运动速度取决于回路中节流阀开口大小。

请运用仿真软件完成喷漆室装置控制回路的抄绘与设计，并在实训设备上完成该回路的装调。

四、基本知识

液压传动系统中，执行元件运动速度的大小，由输入执行元件的油液流量的大小来确定。流量控制阀就是依靠改变阀口通流截面面积的大小或通道长短来控制流量的。常用的流量控制阀主要有节流阀和调速阀两种。

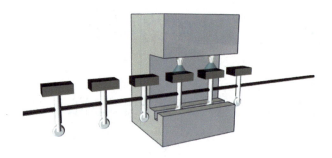

图 C5-1-1　喷漆室装置工作示意图

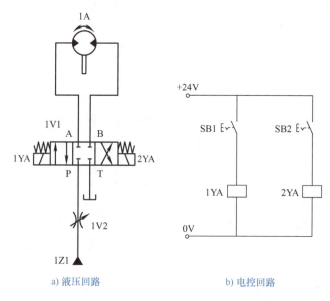

a) 液压回路　　　　　b) 电控回路

图 C5-1-2　喷漆室装置控制回路

（一）单向节流阀

单向节流阀是节流阀的一种，属于液压系统中的流量控制元件，常用在定量泵液压系统中。

1. 实物及图形符号

如图 C5-1-3 所示，单向节流阀由节流阀和单向阀组合而成，同时具有单向阀和节流阀的功能。

2. 结构及工作过程

图 C5-1-4 所示为可以直接安装在管路上的单向节流阀结构，节流口为轴向三角槽式结构，由密封圈、阀体、调节螺母、单向阀、弹簧等组成。旋转调节螺母 3，可改变节流口通流面积的大小，实现流量调节。

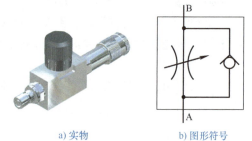

a) 实物　　　　b) 图形符号

图 C5-1-3　单向节流阀实物及图形符号

工作任务 C-5
液压速度控制回路的设计与装调

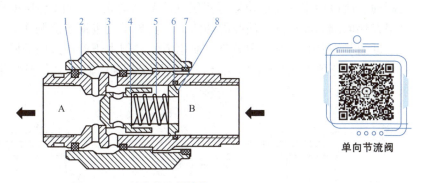

图 C5-1-4　单向节流阀结构

1—密封圈　2—阀体　3—调节螺母　4—单向阀　5—弹簧　6,7—卡环　8—弹簧座

工作过程：如图 C5-1-5a 所示，当油液从 A 口流向 B 口时，油液从节流阀经过，起到节流作用；反之，如图 C5-1-5b 所示，当油液从 B 口流向 A 口时，油液直接从单向阀经过，无节流作用。

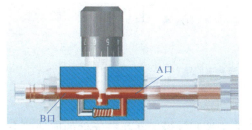 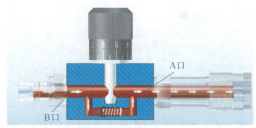

a) 油液经过节流阀　　　　　　　　　　b) 油液经过单向阀

图 C5-1-5　单向节流阀工作过程

（二）节流调速回路

节流调速回路是在定量泵供油的液压系统中安装流量控制阀，来调节进入液压缸的油液流量，从而调节执行元件工作速度。根据流量控制阀在液压系统中设置位置的不同，可分为进油节流调速回路、回油节流调速回路和旁路节流调速回路三种。

节流调速回路的优点是结构简单、工作可靠、造价低和使用维护方便，在机床液压系统中广泛应用；缺点是能量损失大、效率低、发热多，故一般多用于小功率系统，如机床的进给系统。

1. 进油节流调速回路

图 C5-1-6a 所示为进油节流调速回路。当按下按钮 SB1 时，电磁线圈 1YA 得电，液压泵输出的油液经可调节流阀、换向阀左位进入液压缸左腔，推动活塞向右运动，右腔的油液则流回油箱；当松开按钮 SB1 时，电磁线圈失电，液压泵输出的油液经可调节流阀、换向阀右位进入液压缸右腔，推动活塞向左运动，左腔的油液则流回油箱。调节节流阀阀口大小，便能控制进入液压缸的流量，从而达到调速目的。

进油节流调速回路将流量控制阀设置在执行元件的进油路上。由于节流阀串在电磁换向阀前，所以活塞往复运动均可实现进油节流调速。如图 C5-1-6b 所示，也可将单向节流阀串在换向阀和液压缸进油腔的油路上，实现单向进油节流调速。

进油节流调速回路结构简单、使用方便，但由于液压缸回油腔和回油管路中油液压力较低（接近于零），运动平稳性差，一般用于低速、轻载、负载变化不大和对速度刚性要求不高的场合。

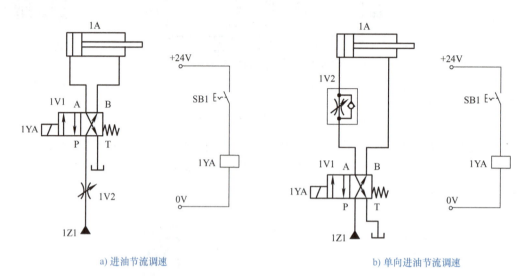

a) 进油节流调速　　　　　　　　　　b) 单向进油节流调速

图 C5-1-6　进油节流调速回路

2. 回油节流调速回路

图 C5-1-7 所示为回油节流调速回路，即将流量控制阀设置在执行元件的回油路上。

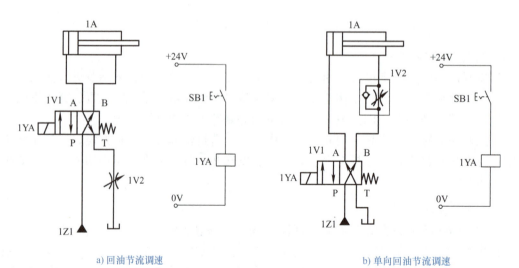

a) 回油节流调速　　　　　　　　　　b) 单向回油节流调速

图 C5-1-7　回油节流调速回路

与进油节流调速回路相比，回油节流调速回路的特点如下：

1）由于节流阀接在系统回油路中，液压缸的回油腔存在背压，能承受一定的与活塞运动方向相同的负值负载。而进油节流调速回路中，在负值负载作用下，活塞会失控而超速前冲。

2）由于液压缸的回油腔存在背压，外界负载变化时可起缓冲作用，且活塞运动速度越快，产生的背压力就越大，所以运动平稳性好。

3）油液经可调节流阀后因压力损耗而发热，温度升高的油液直接流回油箱，容易散热，且对液压缸泄漏影响较小。

4）停车时，液压缸回油腔会因部分油液泄漏而形成空隙。起动时，液压泵输出的流量不受节流阀控制而全部进入液压缸，使活塞出现较大的前冲现象，起动冲击大。

3. 旁路节流调速回路

图 C5-1-8 所示为旁路节流调速回路，将流量控制阀设置在与执行元件并联的支路上，用节流阀调节从支路流回油箱的流量，以间接控制进入液压缸的流量，来达到调速的目的。正常工作时溢流阀不打开，起安全作用，其调节压力为最大负载所需压力的 1.1～1.2 倍。泵的工作压力不是恒定的，它随负载变化而发生变化。

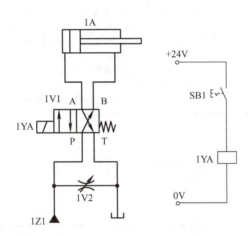

图 C5-1-8 旁路节流调速回路

旁路节流调速回路特点如下：

1）一方面由于没有背压，执行元件运动速度不稳定；另一方面由于液压泵压力随负载变化而变化，液压泵泄漏也随之变化，导致液压泵实际输出量发生变化，这就增大了执行元件运动的不平稳性。

2）随着节流阀开口增大，系统能够承受的最大负载将减小，即低速时承载能力小。与进油路节流调速回路和回油路节流调速回路相比，它的调速范围小。

3）液压泵的压力随负载变化而变化，溢流阀无溢流损耗，所以比较经济，效率比较高。

旁路节流调速回路适用于负载变化小、对运动平稳性要求不高的高速、大功率的场合，如牛头刨床的主传动系统；有时候也可用在随着负载增大，要求进给速度自动减小的场合。

采用节流阀的节流调速回路，在负载变化时，液压缸运行速度随节流阀进出口压差而变化，故速度平稳性差。如果用调速阀来代替节流阀，调速阀中的定差减压阀可使节流阀前后压力差保持基本恒定，速度平稳性将大大改善，但功率损失将会增大，效率变低。

五、能力训练

（一）操作条件

1. 元件准备

在操作前应根据任务要求制定操作计划，并参照表 C5-1-1 准备相应的设备和工具。

表 C5-1-1　能力训练操作条件

序号	操作条件	参考建议
1	液压元件安装面板 （符合快速安装要求）	带工字槽面板
2	液压动力元件	液压泵（齿轮泵、叶片泵或柱塞泵）
3	液压控制元件 （可根据实际设备进行相应调整）	方向控制阀：二位三通电磁换向阀、三位四通电磁换向阀 压力控制阀：直动式溢流阀、先导式溢流阀 速度控制阀：节流阀、单向节流阀
4	液压执行元件	单杆双作用液压缸
5	辅助元件	压力表、油管、管接头等

2. 回路运行验证准备

参照表 C5-1-2，在液压仿真软件中抄绘并设计喷漆室装置控制回路，仿真运行，熟悉回路运行原理。

表 C5-1-2　喷漆室装置控制回路仿真动作过程

序号	动作条件	回路运行状态
1	将节流阀开口调为 0，按下按钮 SB1，液压马达静止不动	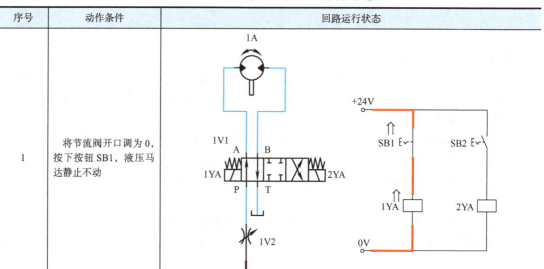

（续）

序号	动作条件	回路运行状态	
2	保持节流阀开口为0不变，松开按钮SB1，按下按钮SB2，液压马达静止不动		
3	低速正向运转：将节流阀开口调至50%，按下按钮SB1，液压马达低速正向运转		
4	低速反向运转：保持节流阀开口50%不变，松开按钮SB1，按下按钮SB2，液压马达低速反向运转		

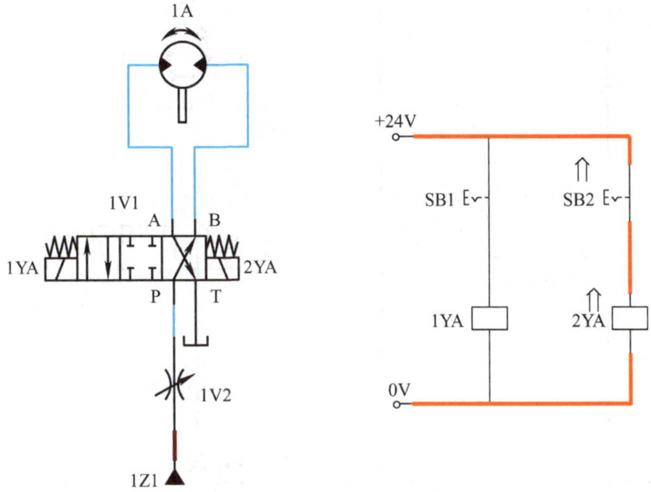

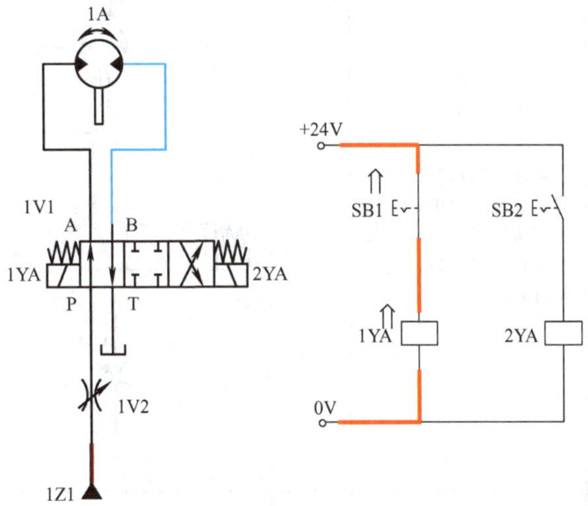

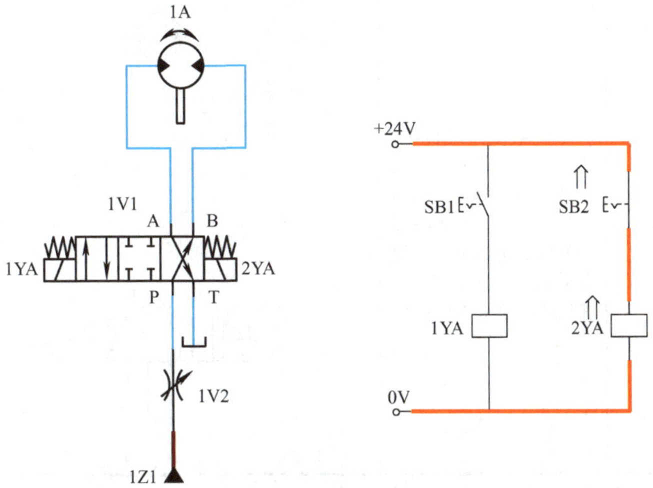

（续）

序号	动作条件	回路运行状态
5	高速正向运转：将节流阀开口调至100%，按下按钮SB1，液压马达高速正向运转	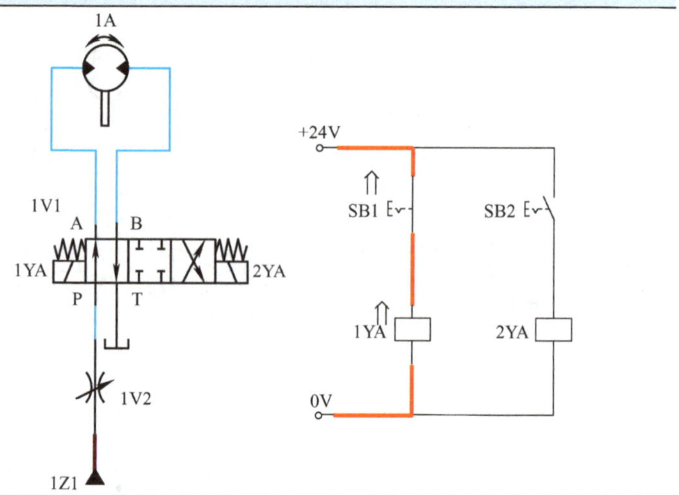
6	高速反向运转：保持节流阀开口100%不变，松开按钮SB1，按下按钮SB2，液压马达高速反向运转	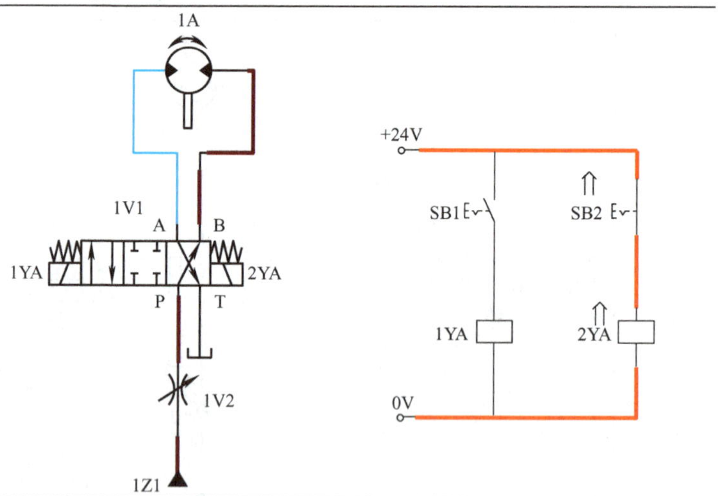
7	在实际工作过程中，为了提高工作效率，液压马达需要提供不同的正反转速度，在现有回路基础上进行设计，使其满足"低速正转、高速反转"的速度要求	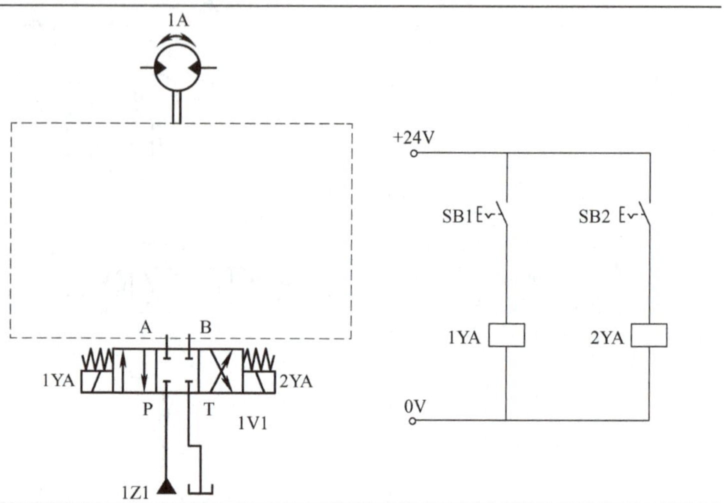

（二）安全及注意事项

1）液压缸安装牢靠，且活塞杆伸出时保持安全距离。
2）元件安装距离合理，油管处于自然放松状态，不紧绷、不扭曲。
3）齿轮泵压力设置在合理范围，一般为 2～6MPa，同时注意零压起动。
4）打开齿轮泵，注意观察，以防管路未连接牢固而崩开。
5）观察、记录回路运行情况，对设备使用中出现的问题进行分析和解决。
6）完成后卸压、关闭齿轮泵，拆下的元件和管路放回原位，对破损老化元件及时维护或更换。

（三）操作过程

参照表 C5-1-3 完成喷漆室装置控制回路的安装与调试。

表 C5-1-3　操作步骤及要求

序号	步骤	操作方法及说明	操作要求及回路动作示意
1	正确识读控制回路图	按照控制回路图，正确辨识元件名称及数量	正确填写回路元件清单
2	选型液压元件	在元件库中选择对应的元件，包含型号及数量	参考元件清单正确选型，元件与清单完全匹配
3	泵站系统压力调试	打开液压泵，将系统工作压力调至（6±0.2）MPa	确保系统处于卸荷状态；泵站溢流阀打到最松；点动起动液压泵；缓慢旋紧泵站溢流阀，系统压力调至 6MPa；锁紧锁母；关闭液压泵；重启液压泵复核压力
4	安装并连接液压元件（根据实训条件实际情况选择换向阀）	1）合理布局元件位置，安装可靠、无松动　2）选择合适长度的液压油管进行连接，确保管路连接可靠　3）管路长度合适，油管处于自然放松状态，不紧绷、不扭曲	
5	检查回路	确认元件安装牢固；确认管路安装牢靠且正确检查控制回路	参照元件清单及控制回路图检查

(续)

序号	步骤	操作方法及说明	操作要求及回路动作示意
6	调试	起动泵站系统	起动泵站，注意观察液压泵运行状况
		设置节流阀开口为0，依次按下按钮SB1，松开按钮SB1按下按钮SB2，液压马达保持静止 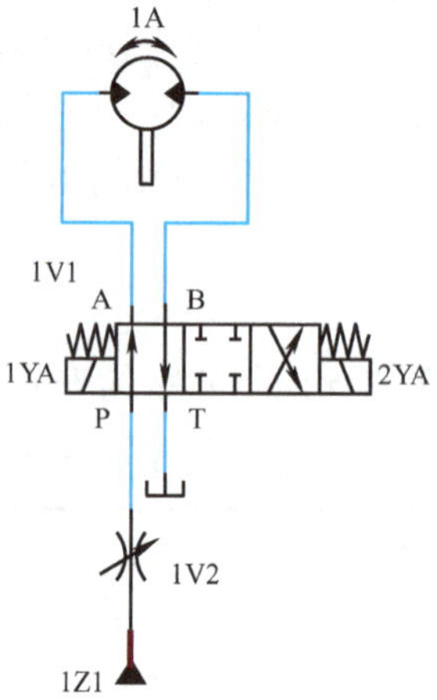 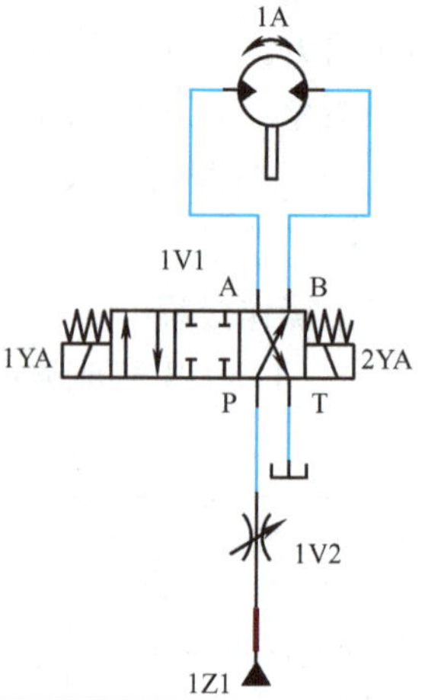	
		设置节流阀开口为50%，依次按下按钮SB1，松开按钮SB1，按下按钮SB2，液压马达低速正反转运动 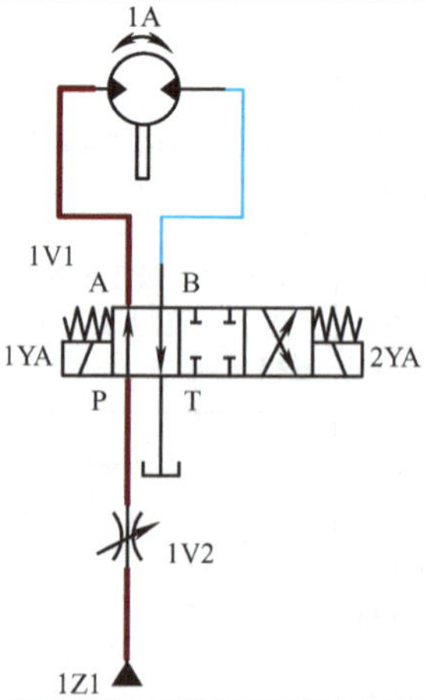 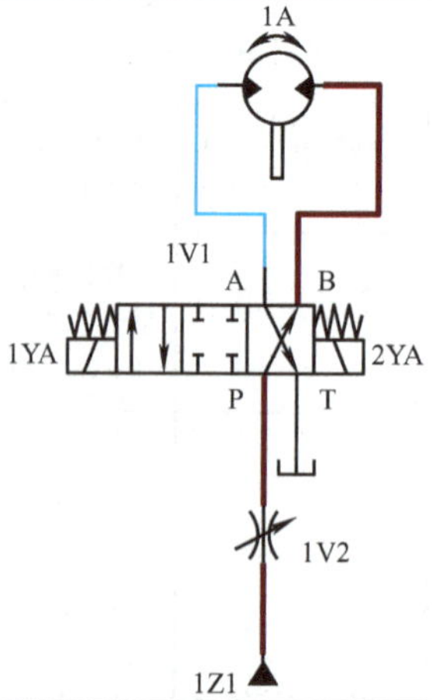	
		设置节流阀开口为100%，依次按下按钮SB1，松开按钮SB1，按下按钮SB2，液压马达高速正反转运动 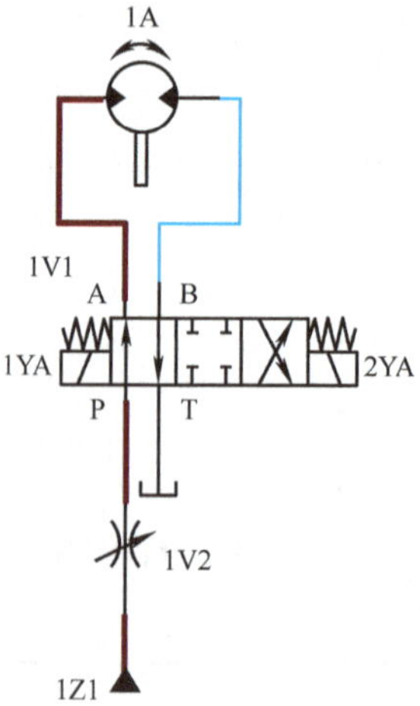 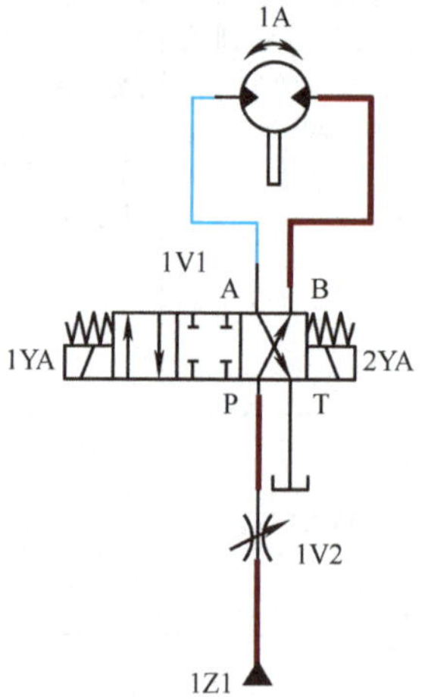	

工作任务 C-5 液压速度控制回路的设计与装调

（续）

序号	步骤	操作方法及说明	操作要求及回路动作示意
6	调试	根据所设计回路，调整工作台上元件及回路连接，使其满足"低速正转、高速反转"的速度要求	参照控制回路图检查，确保连接可靠，并进行规范调试
7	试运行	试运行一段时间，观察设备运行情况，确保功能实现，运行稳定可靠	
8	清洁整理	按照逆向安装顺序，拆卸管路及元件；按6S要求进行设备及环境整理	没有元件遗留在设备表面；设备表面及周围保持清洁；如有废料或杂物，及时清理

操作记录1：正确识读喷漆室装置控制回路，列出元件清单，简要写出其功能，绘制图形符号并记录型号，将结果填入表C5-1-4中。

表 C5-1-4　记录表 1

序号	元件名称	数量	功能	图形符号	型号

操作记录2：规范调试及运行设备，将结果填入表C5-1-5中。

表 C5-1-5　记录表 2

序号	要求	是	否
1	零压力起动	○	○
2	液压马达正反转正常	○	○
3	液压马达正反转速度同步可调	○	○
4	液压马达正转速度 0～100r/min 依次加速	○	○
5	液压马达反转速度 100～0r/min 依次减速	○	○
6	液压马达正反转速度独立可调	○	○

操作记录3：描述设备故障现象及分析解决方案，将结果填入表C5-1-6中。

表 C5-1-6　记录表 3

序号	故障现象描述	解决方案
1		
2		
3		
4		

问题情境一

液压辊轧机如图 C5-1-9 所示。要求：按下起动按钮，液压缸下行轧制工件，液压缸下行速度可调；当液压缸下行到位时，液压缸锁紧保压，保压压力为 5MPa；按下复位按钮，液压缸回到初始位置。根据上述任务描述，设计双缸辊轧机液压控制回路。

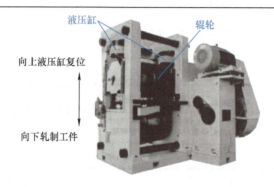

图 C5-1-9　液压辊轧机

情境提示：
1）可以采用不同的速度控制阀。
2）可以采用不同的速度控制方式。

问题情境二

若情境问题一中的液压辊轧机为双缸辊轧机，其余要求不变，该如何设计该液压回路。

情境提示：
1）采用活塞杆连接的同步回路。
2）采用调速阀连接的同步回路。

（续）

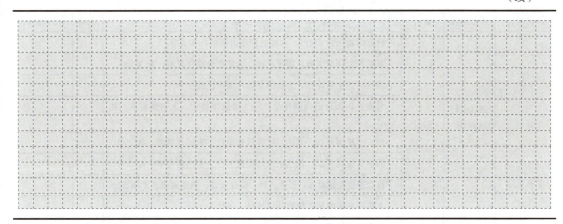

（四）学习结果评价

通过以上学习和实践操作，对相关知识的学习和能力训练完成情况做出客观评价，并填写学习结果评价表 C5-1-7。

表 C5-1-7　学习结果评价表

评价项目	评分内容	分值	评分细则	成绩	扣分记录
职业素养	操作过程安全规范	15分	按要求穿戴工装，但不整齐，每处扣1分		
			未能按照要求穿戴工装，扣5分		
			工、量具使用不符合规范，每处扣2分		
			元件拿取方式不规范，油管随地乱放，每处扣2分		
			油管安装不符合要求，每处扣2分		
			带电插拔、连接导线，职业素养为0分		
	工作环境保持整洁	10分	堆油、泄漏造成环境污染，每处扣1分		
			导线、废料随意丢弃，每处扣1分		
			工作台表面遗留工具、量具、元件，每处扣1分		
			操作结束，元件、工具未能整齐摆放，每处扣1分		
专业素养	软件应用	15分	能抄绘喷漆室装置控制回路，元件选择错误，每处扣2分		
			能仿真验证喷漆室装置控制回路控制要求，有部分功能缺失，每处扣2分		
			未能正确命名并保存喷漆室装置控制回路，每处扣2分		
			未能完成喷漆室装置控制回路速度调试要求，扣5分		
	回路搭建（操作记录1）	20分	按图施工，根据喷漆室装置控制回路，选择对应的元件，有元件选择错误，每处扣4分		
			正确连接，将所选用元件正确安装到面板上，安装松动，每处扣4分		

（续）

评价项目	评分内容	分值	评分细则	成绩	扣分记录
专业素养	调试运行（操作记录2）	30分	设定泵站压力6MPa，未能达到压力要求，扣2分		
			泵站压力调试规范，零压起动，未能符合操作要求，扣2分		
			液压马达正常动作，未能满足动作要求，扣2分		
			电磁换向阀电磁线圈得电，马达可保持静止，未达到要求，扣2分		
			调节节流阀开口，马达正反转低速运行，未达到要求，扣2分		
			调节节流阀开口，马达正反转高速运行，未达到要求，扣2分		
			符合速度控制要求：低速正转、高速反转，未达到要求，扣5分		
			未排除喷漆室装置控制回路故障，每处扣5分		
	分析记录（操作记录3）	10分	正确描述喷漆室装置控制回路工作过程，描述有缺失，每处扣2分		
			正确描述喷漆室装置控制回路调试过程，描述有缺失，每处扣2分		
			正确分析各控制元件功能，描述有缺失，每处扣2分		
			未如实记录喷漆室装置控制回路故障，扣5分		

六、课后作业

1）速度控制阀有哪些不同类型？对应怎样的图形符号？

2）速度控制回路有哪些不同形式，分别有何优缺点？

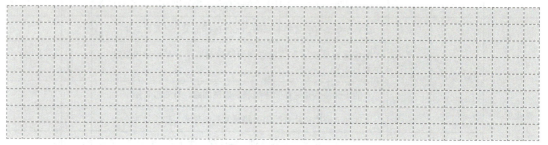

3）扫码完成测评。

工作任务 C-5
液压速度控制回路的设计与装调

职业能力 C-5-2　能设计与装调液压速度换接回路

一、核心概念

1）调速阀：由节流阀和定差减压阀串联而成。
2）速度换接回路：利用调速阀的串联和并联实现执行元件不同速度运行切换。

二、学习目标

1）能描述调速阀的工作原理、结构，并绘制图形符号。
2）能判别三种节流回路，并讲述区别。
3）能根据控制回路图分析控制原理及步骤。
4）能熟练运用液压仿真软件进行回路设计及仿真。
5）能根据元件铭牌对液压元件进行选型，并完成元件安装。
6）能正确设置速度、流量等参数，按照控制功能进行调试。
7）强化学生探究精神和探究思维。

三、工作情境

在自动化机械或生产线中，产品需要在不同工位上进行加工或包装。图 C5-2-1 所示为产品举升装置，需要将产品由一个输送带运送至下一个输送带进行后续加工。在产品举升过程中，因考虑负载，需要液压缸较慢抬升且具有缓冲，产品移出后，液压缸举升台可以在自由状态下快速复位。

图 C5-2-1　产品举升装置

图 C5-2-2 所示为产品举升装置速度控制回路图。该控制方案是采用电感应接近开关来控制升降手的快进和工进的切换，从而实现不同的速度要求。

请运用仿真软件完成产品举升装置速度控制回路的抄绘与设计，并在实训设备上完成该回路的装调。

297

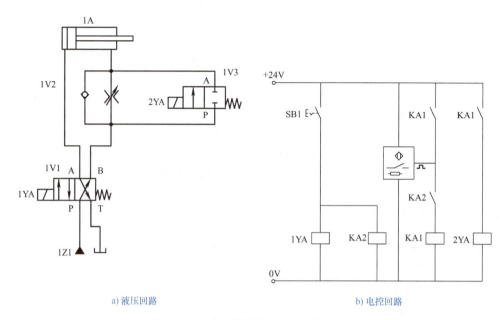

a) 液压回路　　　　　　　　　b) 电控回路

图 C5-2-2　产品举升装置速度控制回路图

四、基本知识

（一）调速阀

1. 实物及图形符号

普通节流阀的刚性差，在节流开口一定的条件下，通过它的工作流量受工作负载（即出口压力）变化的影响，不能保持执行元件运动速度的稳定。因此，普遍节流阀只适用于工作负载变化不大和对速度稳定性要求不高的场合。由于工作负载的变化很难避免，为了改善调速系统的性能，通常采用调速阀，它能使节流阀前后的压力差在负载变化时始终保持不变。

图 C5-2-3 所示为调速阀实物及图形符号。

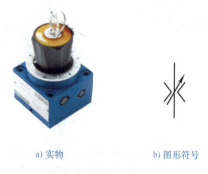

a) 实物　　　　　　　　b) 图形符号

图 C5-2-3　调速阀的实物及图形符号

2. 结构及工作过程

普通节流阀结构简单但是流量不能稳定控制，在对速度有较高要求的场合应采用调速阀。如图 5-2-4 所示，调速阀的基本结构包括节流阀部分和减压阀部分，它实际就是由减压阀与节流阀串接而成的。

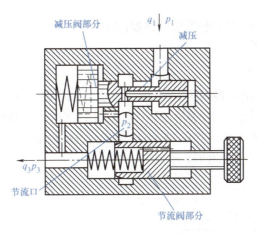

图 C5-2-4　调速阀结构

当压力为 p_1 的油液经减压阀后，压力降为 p_2，并分成两个分路，一路经节流口流向调速阀的出口，另一路作用在减压阀阀芯的右端面。压力为 p_2 的油液经节流口降低至 p_3，将压力为 p_3 的油液引到减压阀阀芯有弹簧的左侧。这样节流口前后的压力作用在定差减压阀阀芯的左右两端。节流口前后的压差与减压阀的弹簧力相平衡而保持不变，即通过减压阀的流量不变。旋动调节手柄可控制流量的稳定输出。

调速阀

如图 C5-2-5a 所示，当 p_3 降低时，作用在定差减压阀阀芯左端的压力减小，阀芯左移，减压口变小，压降增大，p_2 也减小，从而使节流阀的压差，也就是（p_2-p_3）保持不变，使得出口的流量基本保持不变；如图 C5-2-5b 所示，当 p_3 增大时，作用在定差减压阀阀芯左端的压力增大，阀芯右移，减压口增大，压降减小，使 p_2 也增大，从而使节流阀的压差，也就是（p_2-p_3）保持不变，使得出口的流量基本保持不变。

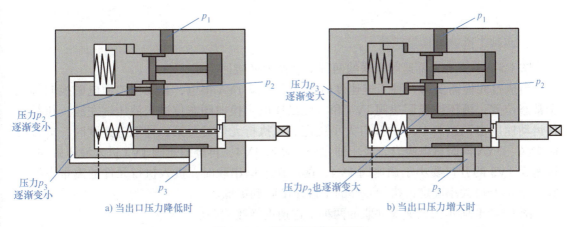

a) 当出口压力降低时　　　　　　　　b) 当出口压力增大时

图 C5-2-5　调速阀工作原理图

(二)速度换接回路

速度换接回路的功能是使执行元件在一个工作循环中,从一种运动速度转换到另一种运动速度。

速度换接回路因换接前后速度相对快慢的不同,常有快速-慢速和慢速-慢速两种工进速度换接回路两大类。

1. 快速-慢速换接回路

图 C5-2-6 所示为快速-慢速换接回路。当换向阀 1V1 左位接入回路时,液压缸 1A 活塞快速向右运动;当活塞杆上的挡块压下行程阀 1V3 时,液压缸 1A 右腔油液经调速阀流回油箱,活塞转为慢速工进;当电磁换向阀和行程阀在图示状态时,液压油经单向阀进入液压缸右腔,活塞快速向左返回。

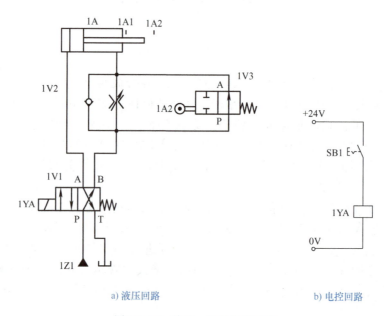

a) 液压回路　　　　　　　　b) 电控回路

图 C5-2-6　快速-慢速换接回路

2. 两种工进速度换接回路

图 C5-2-7 所示为调速阀串联的两种工进速度换接回路。

当执行元件需要第一种工进速度时,电磁线圈 1YA 得电,且二位二通电磁换向阀处于常态位置,液压油经调速阀 1V4 和二位二通电磁换向阀右位进入液压缸左腔,执行元件运动速度由调速阀 1V4 的开口大小决定。当执行元件需要第二种工进速度时,电磁线圈 1YA、3YA 同时得电吸合,液压油先经调速阀 1V4,再经调速阀 1V3 进入液压缸左腔,调速阀 1V3 的开口要小于调速阀 1V4,两个调速阀串联时,进入执行元件的流量由调速阀 1V3 的开口大小决定,执行元件的工进速度降到更低。

图 C5-2-8 所示为调速阀并联的两种工进速度换接回路。

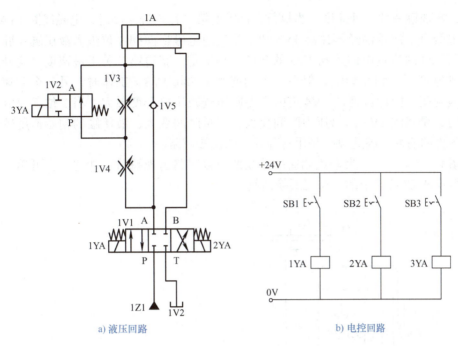

图 C5-2-7　调速阀串联的两种工进速度换接回路

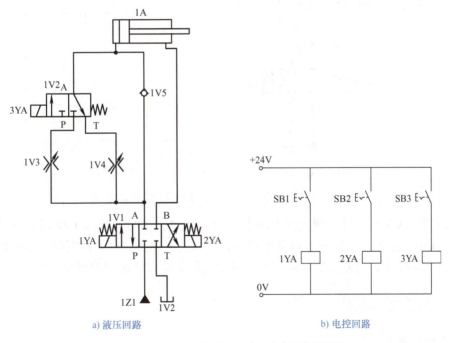

图 C5-2-8　调速阀并联的两种工进速度换接回路

当电磁线圈 1YA 得电，二位三通电磁换向阀处于常态位置时，液压油经调速阀 1V4 和二位三通电磁换向阀右位进入液压缸左腔，执行元件运动速度由调速阀 1V4 的开口大小决定，实现第一种工进速度。当执行元件需要第二种工进速度时，电磁线圈 1YA、3YA 同时得电吸合，液压油经调速阀 1V3 和二位三通电磁换向阀左位进入液压缸左腔，此时进入执行元件的流量由调速阀 1V3 的开口大小决定，获得第二种工进速度。这种回路中两种工进速度不会相互影响，但在一个调速阀（如阀 1V3）工作时，另一个调速阀 1V4 的出口被封闭，因此调速阀 1V4 内的定差减压阀减压口开度最大。当二位三通电磁换向阀换位时，调速阀 1V4 出口压力瞬间变大，流量瞬间变大，液压缸的初始速度较快，造成工作部件的前冲，因此较少采用这种并联的换接回路。

如图 C5-2-9 所示，为避免调速阀并联的换接回路出现瞬时前冲现象，可用二位五通换向阀替换图 C5-2-8 中的二位三通换向阀。

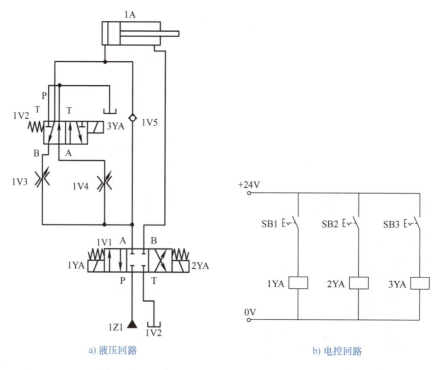

a) 液压回路　　　　　　　　b) 电控回路

图 C5-2-9　采用二位五通换向阀的速度换接回路

当调速阀 1V3 工作时，调速阀 1V4 仍有油液通过，这时调速阀 1V4 前后保持较大的压力差，阀中的定差减压阀减压口开度较小，在二位五通换向阀切换瞬间，不会造成调速阀 1V4 中节流阀前后压力差的瞬时增大，因此克服了瞬时快速前冲现象。

五、能力训练

（一）操作条件

1. 元件准备

在操作前应根据任务要求制定操作计划，并参照表 C5-2-1 准备相应的设备和工具。

工作任务 C-5
液压速度控制回路的设计与装调

表 C5-2-1　能力训练操作条件

序号	操作条件	参考建议
1	液压元件安装面板（符合快速安装要求）	带工字槽面板
2	液压动力元件	液压泵（齿轮泵、叶片泵或柱塞泵）
3	液压控制元件（可根据实际设备进行相应调整）	方向控制阀：二位三通电磁换向阀、三位四通电磁换向阀 压力控制阀：直动式溢流阀、先导式溢流阀 速度控制阀：调速阀、单向调速阀
4	液压执行元件	单杆双作用液压缸
5	辅助元件	压力表、油管、管接头等

2. 回路运行验证准备

参照表 C5-2-2，在液压仿真软件中抄绘并设计产品举升装置速度控制回路，仿真运行，熟悉回路运行原理。

（说明：鉴于液压实训过程中电感应接近开关应用较少，本仿真以按钮控制换向阀动作，与图 C5-2-2 中所给回路方案略有区别，可根据实际情况进行仿真）

表 C5-2-2　产品举升装置速度控制液压回路仿真动作过程

序号	动作条件	回路运行状态
1	将调速阀开口调为0，按下按钮SB1，电磁线圈1YA得电，液压缸活塞杆快速伸出	

（续）

序号	动作条件	回路运行状态
2	当液压缸达到设定位置时，保持调速阀开口为0不变，保持按钮SB1按下不变，按下按钮SB2，液压缸在当前位置停止	
3	保持按钮SB1、SB2按下不变，将调速阀开口调至50%，液压缸活塞杆继续慢速伸出	

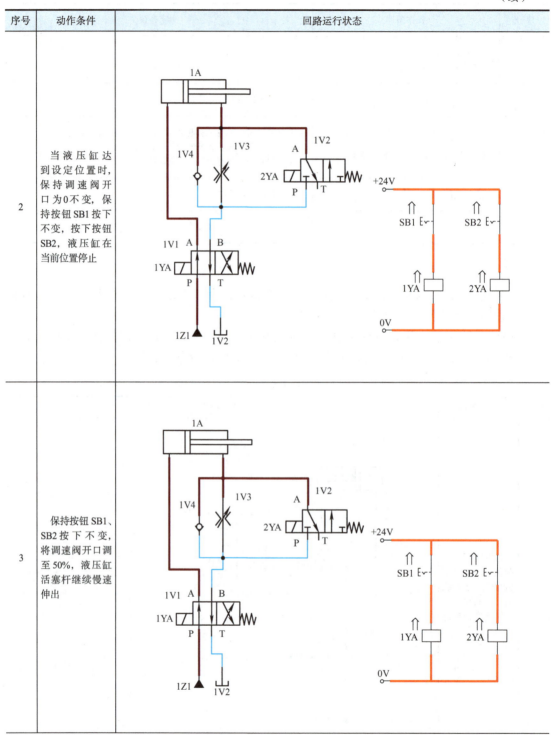

（续）

序号	动作条件	回路运行状态
4	松开按钮SB1、SB2，液压缸活塞杆快速缩回	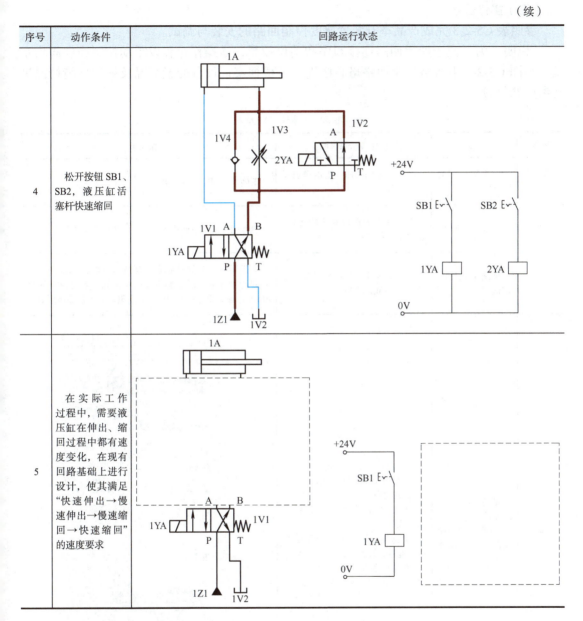
5	在实际工作过程中，需要液压缸在伸出、缩回过程中都有速度变化，在现有回路基础上进行设计，使其满足"快速伸出→慢速伸出→慢速缩回→快速缩回"的速度要求	

（二）安全及注意事项

1）液压缸安装牢靠，且活塞杆伸出时保持安全距离。

2）元件安装距离合理，油管处于自然放松状态，不紧绷、不扭曲。

3）齿轮泵压力设置在合理范围，一般为2～6MPa，同时注意零压起动。

4）打开齿轮泵，注意观察，以防管路未连接牢固而崩开。

5）观察、记录回路运行情况，对设备使用中出现的问题进行分析和解决。

6）完成后卸压、关闭齿轮泵，拆下后元件和管路放回原位，对破损老化元件及时维护或更换。

（三）操作过程

参照表 C5-2-3 完成产品举升装置速度控制回路的安装与调试。

（说明：为了便于展示回路连接顺序和动作效果，本操作过程以手动控制换向阀为示范，与图 C5-2-2 中所给控制回路略有区别，可根据实训设备配置情况及教学环境情况进行参照调整。）

表 C5-2-3 操作步骤及要求

序号	步骤	操作方法及说明	操作要求
1	正确识读控制回路图	按照控制回路图，正确辨识元件名称及数量	正确填写回路元件清单
2	选型液压元件	在元件库中选择对应的元件，包含型号及数量	参考元件清单正确选型，元件与清单完全匹配
3	泵站系统压力调试	打开液压泵，将系统工作压力调至（6±0.2）MPa	确保系统处于卸荷状态，泵站溢流阀打到最松；点动起动液压泵；缓慢旋紧泵站溢流阀，系统压力调至 6MPa；锁紧锁母；关闭液压泵；重启液压泵复核压力
4	安装并连接液压元件（根据实训条件实际情况选择换向阀）	1）合理布局元件位置，并牢固安装在面板上 2）元件布局合理，安装可靠、无松动 3）选择合适长度的液压油管进行连接，确保管路连接可靠 4）管路长度合适，油管处于自然放松状态，不紧绷、不扭曲	
5	检查回路	确认元件安装牢固；确认管路安装牢靠且正确检查控制回路	参照元件清单及控制回路图检查

工作任务 C-5 液压速度控制回路的设计与装调

（续）

序号	步骤	操作方法及说明	操作要求
6	调试	起动泵站系统	起动泵站，注意观察液压泵运行状况
		按下按钮 SB1，电磁线圈 1YA 得电，液压缸活塞杆快速伸出	
		保持按钮 SB1 按下不变，当液压缸伸出到合适位置时，按下按钮 SB2，电磁线圈 2YA 得电，液压缸在当前位置停止，将调速阀开口慢慢调大，液压缸活塞杆慢速伸出	
		松开按钮 SB1、SB2，电磁线圈 1YA、2YA 失电，液压缸活塞杆快速退回	
		根据所设计回路，调整工作台上元件及回路连接，使得满足"快速伸出→慢速伸出→慢速缩回→快速缩回"的速度要求	参照控制回路图检查，确保连接可靠，并进行规范调试
7	试运行	试运行一段时间，观察设备运行情况，确保功能实现，运行稳定可靠	
8	清洁整理	按照逆向安装顺序，拆卸管路及元件；按 6S 要求进行设备及环境整理	没有元件遗留在设备表面；设备表面及周围保持清洁；如有废料或杂物，及时清理

操作记录1：正确识读产品举行装置速度控制回路，列出元件清单，简要写出其功能，绘制图形符号并记录型号，将结果填入表C5-2-4中。

表C5-2-4 记录表1

序号	元件名称	数量	功能	图形符号	型号

操作记录2：规范调试及运行设备，将结果填入表C5-2-5中。

表C5-2-5 记录表2

序号	要求	是	否
1	零压力起动	○	○
2	设置系统压力为（6±0.2）MPa	○	○
3	液压缸活塞杆快速伸出	○	○
4	液压缸活塞杆慢速伸出	○	○
5	液压缸活塞杆慢速伸出过程采用回油节流	○	○
6	液压缸活塞杆快速退回	○	○
7	液压缸活塞杆实现"快出→慢出→慢回→快回"动作流程	○	○

操作记录3：描述设备故障现象及分析解决方案，将结果填入表C5-2-6中。

表C5-2-6 记录表3

序号	故障现象描述	解决方案
1		
2		
3		
4		

工作任务 C-5
液压速度控制回路的设计与装调

问题情境

深孔钻床是金属切削加工装置的一种，其液压部分主要用于驱动工件旋转和钻头往复运动。图 C5-2-10 所示为深孔钻床示意图，起动驱动钻杆头的液压系统能实现钻头的"快速运动（空载）→工进（负载）→快退（空载）→停止"的工作循环。钻头的这种运动可以由液压缸带动实现的。

图 C5-2-10　深孔钻床示意图

图 C5-2-11 所示为行程阀控制的深孔钻床速度换接回路，尝试用其他方式完成该回路设计。

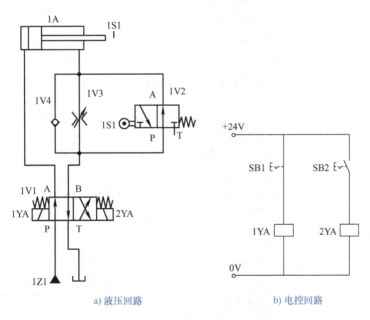

a) 液压回路　　　　　　　b) 电控回路

图 C5-2-11　深孔钻床速度换接回路

情境提示：
用行程开关实现快速-慢速换接回路。

（四）学习结果评价

通过以上学习和实践操作，对相关知识的学习和能力训练完成情况做出客观评价，并填写学习结果评价表 C5-2-7。

表 C5-2-7 学习结果评价表

评价项目	评分内容	分值分	评分细则	成绩	扣分记录
职业素养	操作过程安全规范	15 分	按要求穿戴工装，但不整齐，每处扣 1 分		
			未能按照要求穿戴工装，扣 5 分		
			工、量具使用不符合规范，每处扣 2 分		
			元件拿取方式不规范，油管随地乱放，每处扣 2 分		
			油管安装不符合要求，每处扣 2 分		
			带电插拔、连接导线，职业素养为 0 分		
	工作环境保持整洁	10 分	堆油、泄漏造成环境污染，每处扣 1 分		
			导线、废料随意丢弃，每处扣 1 分		
			工作台表面遗留工具、量具、元件，每处扣 1 分		
			操作结束，元件、工具未能整齐摆放，每处扣 1 分		
专业素养	软件应用	15 分	能抄绘产品举升装置速度控制回路，元件选择错误，每处扣 2 分		
			能仿真验证产品举升装置速度控制回路控制要求，有部分功能缺失，每处扣 2 分		
			未能正确命名并保存产品举升装置速度控制回路，每处扣 2 分		
			未能完成产品举升装置速度控制回路速度调试要求，扣 5 分		
	回路搭建（操作记录 1）	20 分	按图施工，根据产品举升装置速度控制回路，选择对应的元件，有元件选择错误，每处扣 4 分		
			正确连接，将所选用元件正确安装到面板上，安装松动，每处扣 4 分		
	调试运行（操作记录 2）	30 分	设定泵站压力 6MPa，未能达到压力要求，扣 2 分		
			泵站压力调试规范，零压起动，未能符合操作要求，扣 2 分		
			液压缸正常动作，未能满足动作要求，扣 2 分		
			液压缸活塞杆快速伸出到合适位置，未达到要求扣 2 分		
			调节调速阀开口，液压缸活塞杆慢速伸出到底，未达到要求，扣 2 分		
			液压缸活塞杆快速缩回，未达到要求，扣 2 分		
			符合设计速度控制要求：快速伸出→慢速伸出→快速退回→快速退回，未达到要求，扣 5 分		
			未排除产品举升装置速度控制回路故障，每处扣 5 分		
	分析记录（操作记录 3）	10 分	正确描述产品举升装置速度控制回路工作过程，描述有缺失，每处扣 2 分		
			正确描述产品举升装置速度控制回路调试过程，描述有缺失，每处扣 2 分		
			正确分析各控制元件功能，描述有缺失，每处扣 2 分		
			未如实记录产品举升装置速度控制回路故障，扣 5 分		

六、课后作业

1）调速阀与节流阀分别对应怎样的图形符号，各有何优缺点？

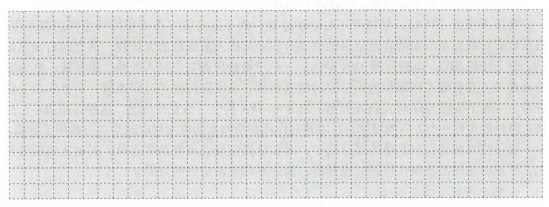

2）速度换接回路有哪些不同形式，分别有何优缺点？

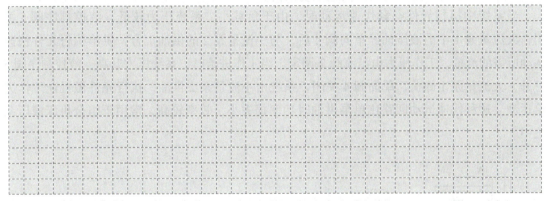

3）将问题情境一中的回路在液压仿真软件中绘制并验证。

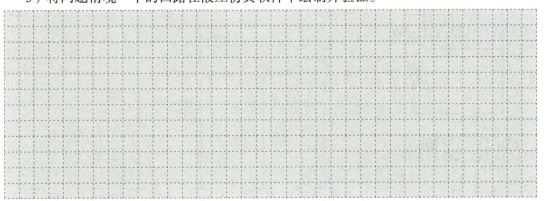

4）扫码完成测评。

七、拓展知识

某些执行元件在空行程时需要做快速运动，以提高生产率，这就要用到增速回路。根据公式 $v=q/A$ 可知，增加进入液压缸的流量或减小液压缸有效工作面积，可使执行元件获得快速运动。可以进行速度换接的回路还有以下几种方式。

1. 差动连接快速运动回路

图 C5-2-12 所示为差动连接快速运动回路。

当按下按钮 SB1 时,单杆液压缸差动连接,液压缸有效工作面积为活塞杆的截面积,液压缸有杆腔排出的油液和液压泵的供油合在一起进入液压缸的无杆腔,活塞向右快速运动。按下按钮 SB2,电磁线圈 3YA 得电,二位三通换向阀右位接入油路,单杆液压缸为非差动连接,其有效工作面积为无杆腔的活塞面积,液压缸回油经过调速阀,活塞实现工作进给。当按下按钮 SB3 时,1YA 失电,2YA 和 3YA 得电,活塞杆快退。这种回路简单、经济,但只能实现一个方向的增速,且增速时作用在活塞上的推力相应减小,一般用于空载。

值得注意的是:在差动连接回路中,阀和管路应按合成流量来选择,否则压力损失过大,严重时会使溢流阀在快进时也开启,而达不到差动快进的目的。

2. 双泵供油快速运动回路

图 C5-2-13 所示为双泵供油快速运动回路。

当系统中执行元件空载快速运动时,由于负载小,系统压力较低,液控顺序阀 5 关闭,大流量泵 1 中的液压油经单向阀 4 后,与小流量泵 2 的供油汇合,供给执行元件快速运动所需的流量,工作压力由溢流阀 3 调定。当工作进给时,系统压力升高,液控顺序阀 5 打开,大流量泵 1 卸荷,单向阀 4 关闭,系统由小流量泵 2 供油,执行元件做慢速工作进给运动。这种快速运动回路比单泵供油时功率损失小,效率较高,常用于组合机床液压系统中。

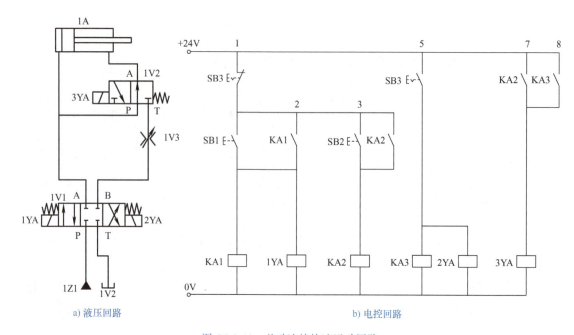

a) 液压回路 b) 电控回路

图 C5-2-12 差动连接快速运动回路

3. 采用蓄能器的快速运动回路

图 C5-2-14 所示为采用蓄能器的快速运动回路。

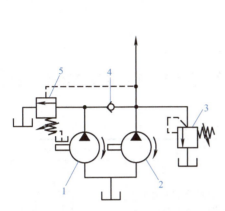
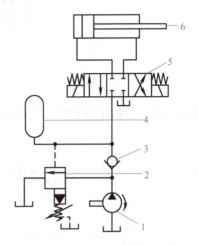

图 C5-2-13　双泵供油快速运动回路　　　　　图 C5-2-14　采用蓄能器的快速运动回路

1—大流量泵　2—小流量泵　3—溢流阀　　　　1—液压泵　2—液控顺序阀　3—单向阀
4—单向阀　5—液控顺序阀　　　　　　　　　　4—蓄能器　5—换向阀　6—液压缸

采用蓄能器的目的是利用小流量液压泵使执行元件获得快速运动。当系统停止工作时，换向阀 5 处于中间位置，这时液压泵 1 经单向阀 3 向蓄能器 4 充液，蓄能器内压力升高，达到液控顺序阀 2（卸荷阀）调定压力后，阀口打开，使液压泵卸荷。当系统中短期需要大流量时，换向阀 5 处于左位或右位，由液压泵 1 和蓄能器 4 共同向液压缸 6 供油，使液压缸实现快速运动。

附　　录

 附录 A　常用液压与气动元件图形符号（摘自 GB/T 786.1—2021）

表 A-1　图形符号的基本要素

描述	图形	描述	图形
供油/气管路、回油/气管路、元件框线和符号框线	0.1M	压力控制阀符号的基本位置由流动方向决定（供油/气口通常画在底部）	
组合元件框线	0.1M	两个流体管路的连接	0.75M
位于溢流阀内的控制管路	2M / 1M / 3M / 45°	内部和外部先导（控制）管路、泄油管路、冲洗管路、排气管路	0.1M
位于减压阀内的控制管路	45° / 4M / 1M / 2M	位于三通减压阀内的控制管路	45° / 4M / 1M / 2M

（续）

描述	图形	描述	图形
控制机构应画在矩形/正方形的右侧，除非两侧均有	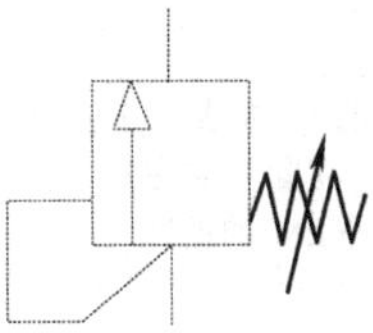	多路旋转管接头两边的接口都有2M的间隔。数字可自定义并扩展。接口标号表示在接口符号上方	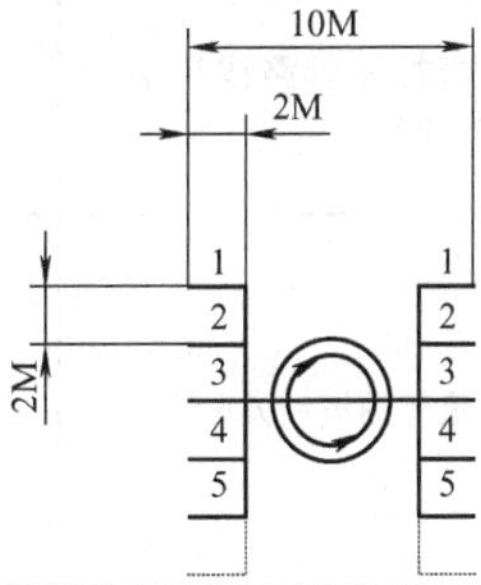
流体流过阀的通道和方向（1）	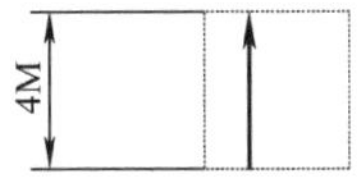	顺时针方向旋转指示箭头	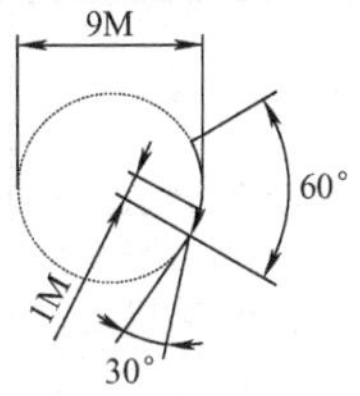
流体流过阀的通道和方向（2）	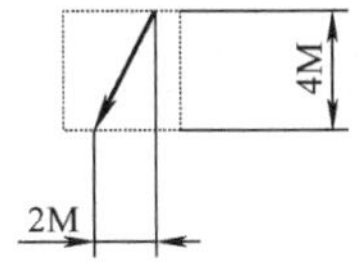	弹簧（缸用）	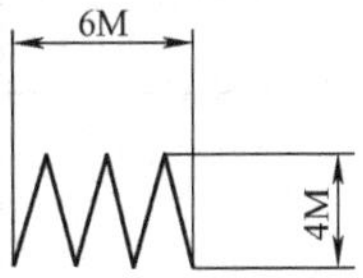
单向阀的阀座	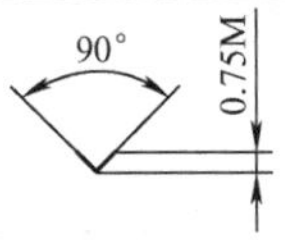 小规格 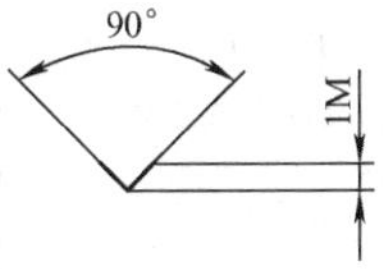 大规格	单向阀运动部分	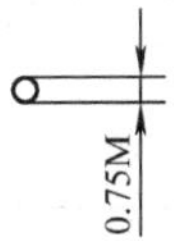 小规格 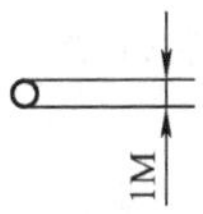 大规格
节流（1）	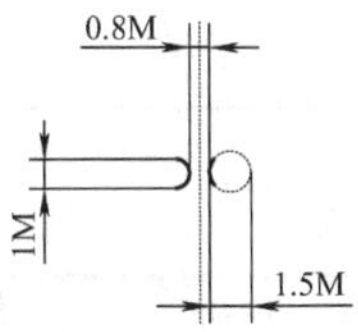 小规格 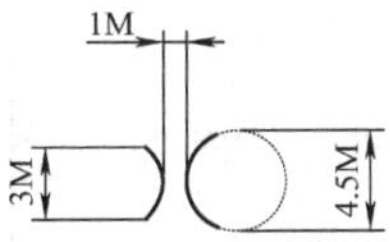 流量控制，取决于黏度	节流（2）	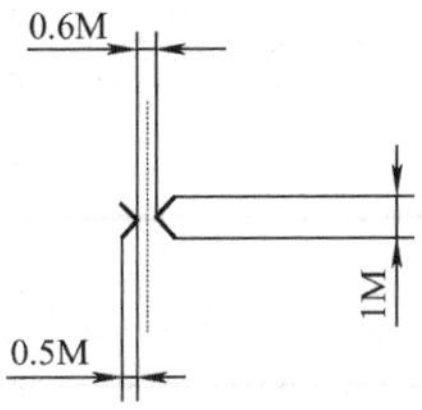 小规格 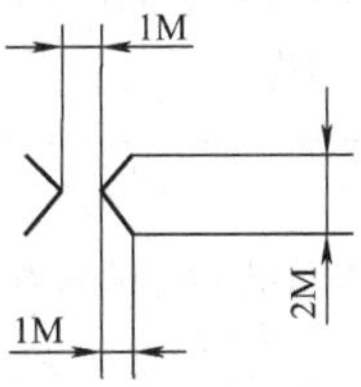 锐边节流，很大程度上与黏度无关

（续）

描述	图形	描述	图形
带控制管路或泄油管路的端口		泵的驱动轴位于左边（首选位置）或右边，且可延伸2M的倍数	
流体的流动方向			
活塞应距离缸端盖1M以上。连接端口距离缸的末端应在0.5M以上		气源	
双向旋转指示箭头		输入信号	F—流量 G—位置或长度 L—液位 P—压力或真空度 S—速度或频率 T—温度 W—重量或力
控制元件：弹簧		电动机的轴位于右边（首选位置）或左边	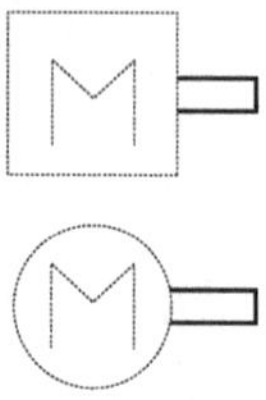
*——输入信号 **——输出信号		液压油源	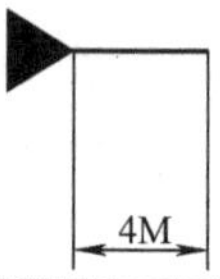

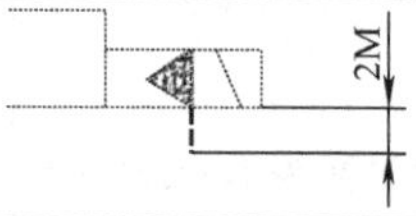

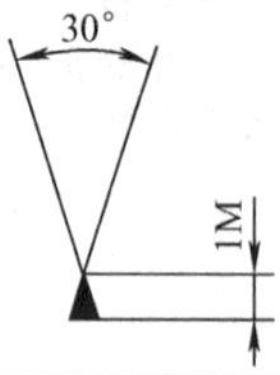

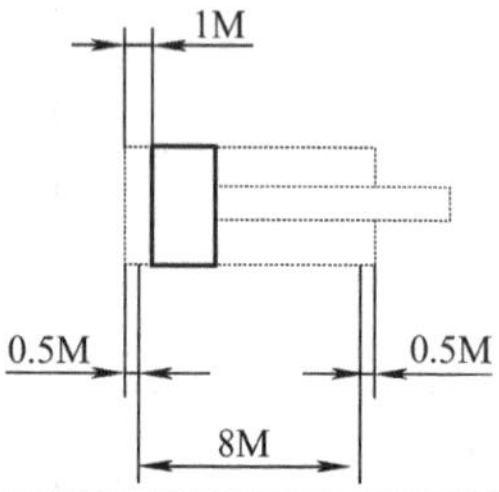

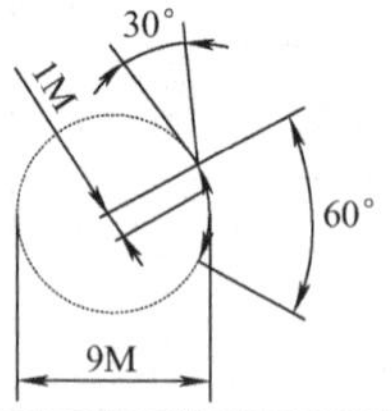

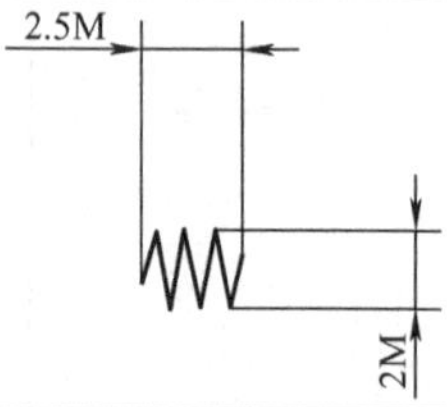

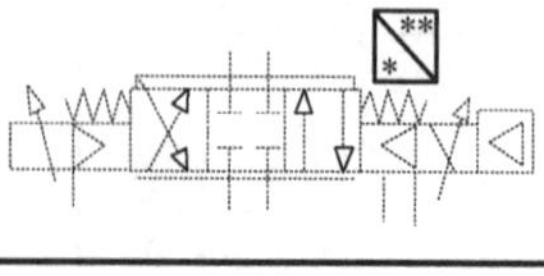

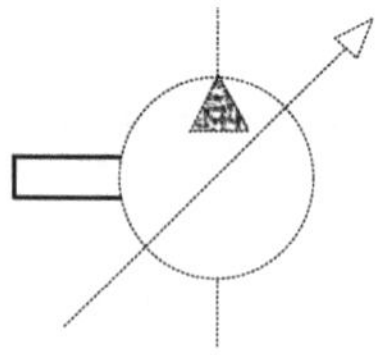

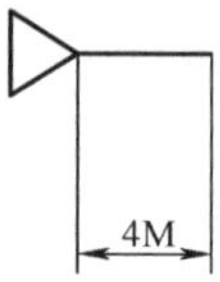

表 A-2 控制机构

描述	图形	描述	图形
带有可拆卸把手和锁定要素的控制机构	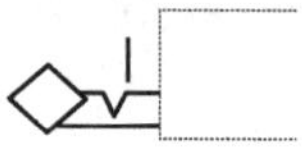	带有一个线圈的电磁铁	 动作背离阀芯 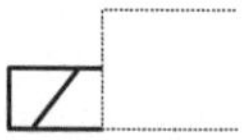 动作指向阀芯
带有定位的推/拉控制机构	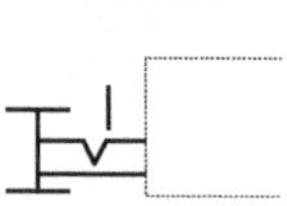		

（续）

描述	图形	描述	图形
电控气动先导控制机构		带有两个线圈的电气控制装置（动作指向或背离阀芯）	
气压复位（外部压力源）		带有一个线圈的电磁铁（动作背离阀芯，连续控制）	
使用步进电动机的控制机构		带有可调行程限制的推杆	
用于单向行程控制的滚轮杠杆			
外部供油的电液先导控制机构		带有手动越权锁定的控制机构	

表 A-3　单向阀、梭阀和方向控制阀

描述	图形	描述	图形
单向阀（只能在一个方向自由流动）		二位三通方向控制阀（电磁控制，无泄漏）	
梭阀（逻辑为"或"，压力高的入口自动与出口接通）		液控单向阀（带有弹簧，先导压力控制，双向流动）	
二位二通方向控制阀（双向流动，推压控制，弹簧复位，常闭）			
二位二通方向控制阀（电磁铁控制，弹簧复位，常开）		双压阀（逻辑为"与"，两进气口同时有压力时，低压力输出）	
二位四通方向控制阀（电磁铁操纵，弹簧复位）		二位三通方向控制阀（单向行程的滚轮杠杆控制，弹簧复位）	

（续）

描述	图形	描述	图形
二位三通方向控制阀（单电磁铁控制，弹簧复位，手动越权锁定）		三位四通方向控制阀（电液先导控制，先导级电气控制，主级液压控制，先导级和主级弹簧对中，外部先导供油，外部先导回油）	
二位四通方向控制阀（双电磁铁控制，带有锁紧机构，也称脉冲阀）		三位四通方向控制阀（双电磁铁控制，弹簧对中）	
三位四通方向控制阀（液压控制，弹簧对中）		伺服阀（主级和先导级位置闭环控制，集成电子器件）	
三位五通方向控制阀（手柄控制，带有定位机构）		液控单向阀	
二位五通方向控制阀（单电磁铁控制，外部先导供气，手动辅助控制，弹簧复位）		快速排气阀（带消音器）	
比例方向控制阀（直动式）			
二位五通方向控制阀（双向踏板控制）		延时控制气动阀（其入口接入一个系统，使得气体低速流入直至达到预设压力才使阀口全开）	

附 录

表 A-4 压力控制阀

描述	图形	描述	图形
溢流阀（直动式，开启压力由弹簧调节）	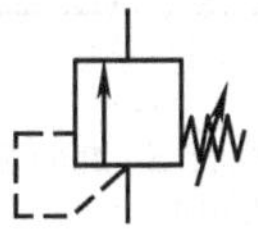	减压阀（内部流向可逆）	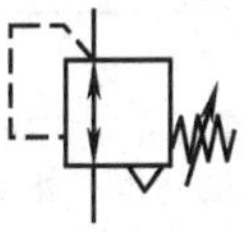
二通减压阀（直动式，外泄型）	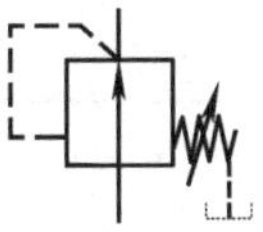	顺序阀（外部控制）	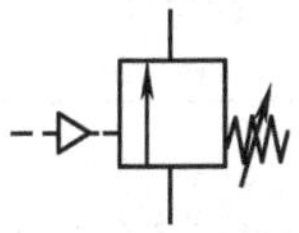
二通减压阀（先导式，外泄型）	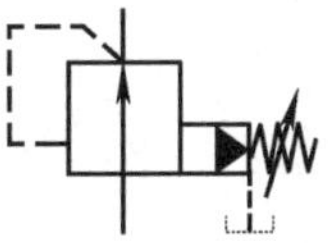	比例溢流阀（直动式，通过电磁铁控制弹簧来控制）	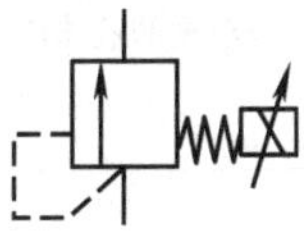
电磁溢流阀，先导式，电气操纵设定压力	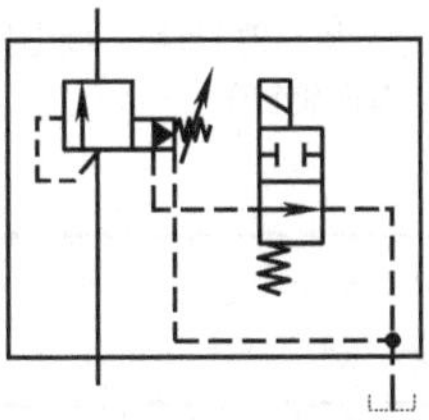	比例溢流阀（直动式，电磁力直接控制，集成电子器件）	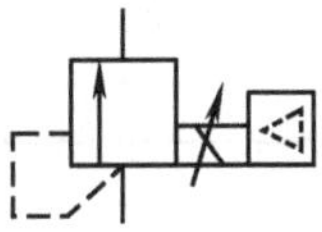
顺序阀（带有旁通单向阀）	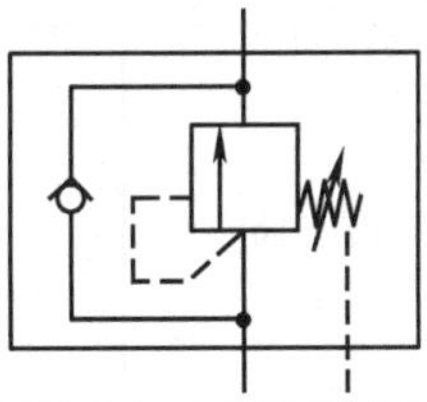	比例溢流阀（带有电磁铁位置反馈的先导控制，外泄型）	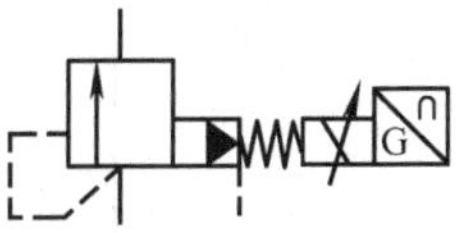

表 A-5 泵和马达

描述	图形	描述	图形
变量泵（顺时针单向旋转）	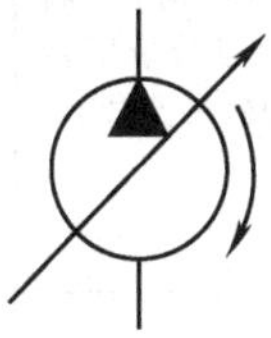	变量泵（双向流动，带有外泄油路，顺时针单向旋转）	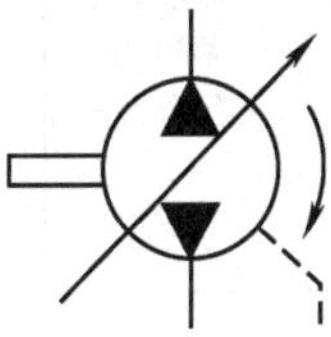
空气压缩机	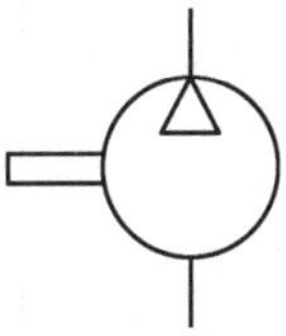	定量泵/马达（顺时针单向旋转）	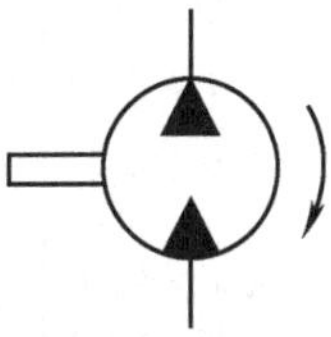
变量泵/马达（双向流动，带有外泄油路，双向旋转）	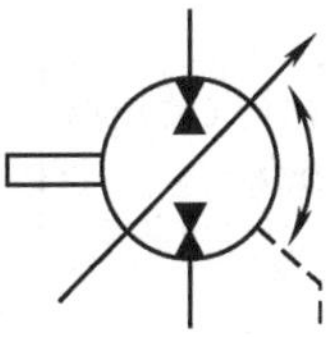	摆动执行器/旋转驱动装置（带有限制旋转角度功能，双作用）	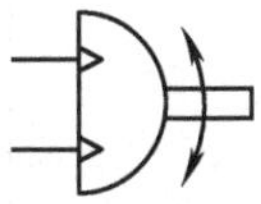

（续）

描述	图形	描述	图形
变量泵（先导控制，带有压力补偿功能，外泄油路，顺时针单向旋转）	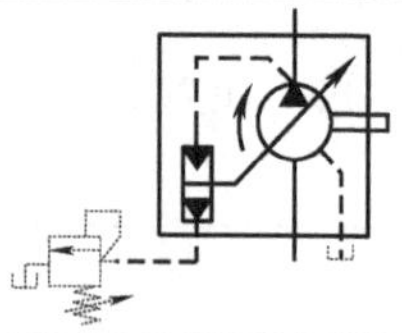	摆动执行器/旋转驱动装置（单作用）	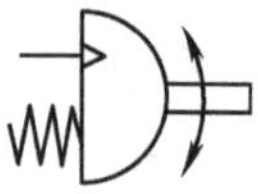
连续增压器（将气体压力 p_1 转换为较高的液体压力 p_2）	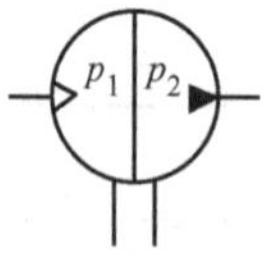	真空泵	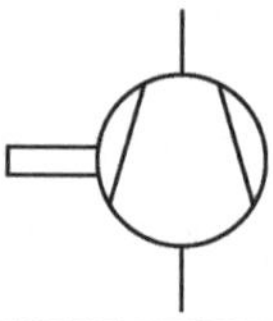
气马达	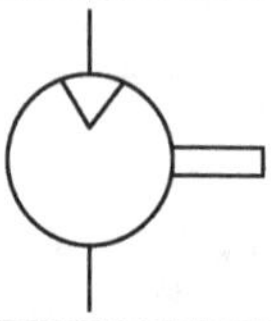	气马达（双向流通，固定排量，双向旋转）	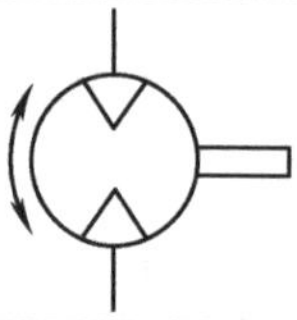

表 A-6 流量控制阀

描述	图形	描述	图形
节流阀		单向节流阀	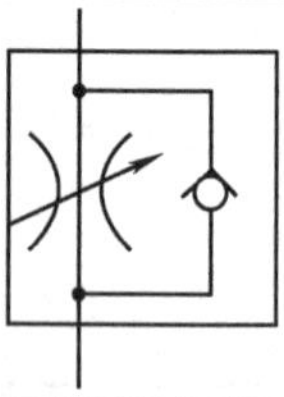
二通流量控制阀（开口度预设置，单向流动，流量特性基本与压降和黏度无关，带有旁路单向阀）	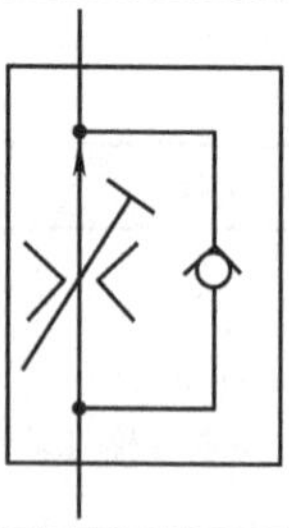	三通流量控制阀（开口度可调节，将输入流量分成固定流量和剩余流量）	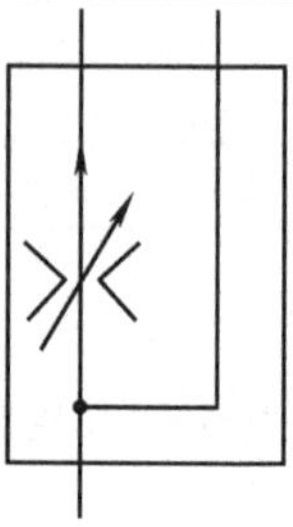
分流阀（将输入流量分成两路输出流量）	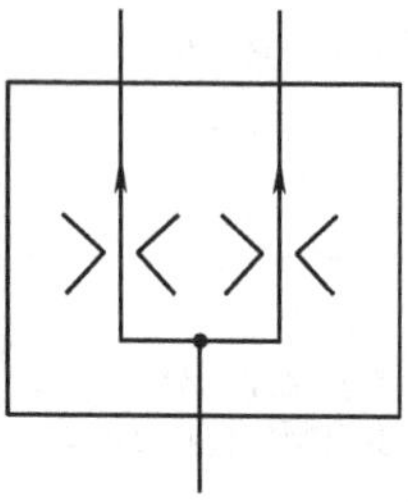	比例流量控制阀（直动式）	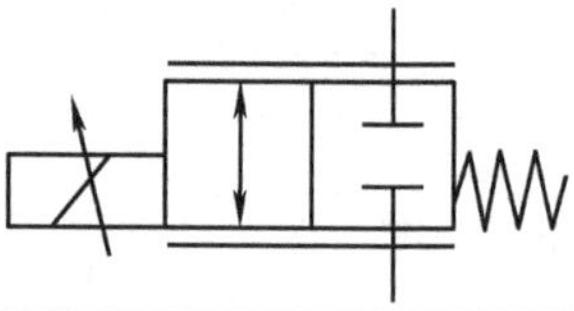
		集流阀（将两路输入流量）	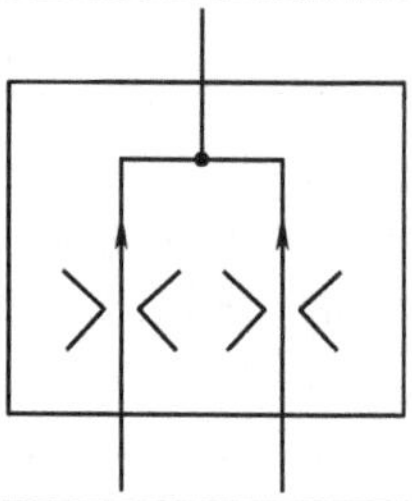

表 A-7 插装阀

描述	图形	描述	图形
压力控制和方向控制插装阀插件（锥阀结构，面积比1∶1）		方向控制插装阀插件（带节流端的锥阀结构，面积比≤0.7）	
方向控制插装阀插件（带节流端的锥阀结构，面积比>0.7）		方向控制插装阀插件（锥阀结构，面积比≤0.7）	
方向控制插装阀插件（锥阀结构，面积比>0.7）		方向控制插装阀插件（单向流动，锥阀结构，内部先导供油，带有可替换的节流孔）	
溢流插装阀插件（滑阀结构，常闭）		减压插装阀插件（滑阀结构，常开，带有集成的单向阀）	
带有先导端口的控制盖板		带有先导端口的控制盖板（带有可调行程限制装置和遥控端口）	
带有溢流功能的控制盖板		二通插装阀（带有行程限制装置）	

表 A-8 缸

描述	图形	描述	图形
单作用单杆缸（靠弹簧力回程，弹簧腔带连接油口）		双作用双杆缸（左终点带有内部限位开关，内部机械控制，右终点带有外部限位开关，由活塞杆触发）	
双作用双杆缸（活塞杆直径不同，双侧缓冲，右侧缓冲带调节）		双作用单杆缸	
单作用柱塞缸		双作用膜片缸（带有预定行程限制器）	
单作用多级缸		单作用膜片缸（活塞杆终端带缓冲，带排气口）	
行程两端带有定位的双作用缸		双作用多级缸	
双作用磁性无杆缸（仅右边终端带有位置开关）		永磁活塞双作用夹具	
单作用气-液压力转换器（将气体压力转换为等值的液体压力）		单作用增压器（将气体压力 p_1 转换为更高的液体压力 p_2）	

附 录

表 A-9 附件

描述	图形	描述	图形
压力开关（机械电子控制，可调节）	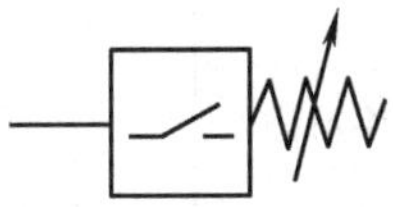	空气干燥器	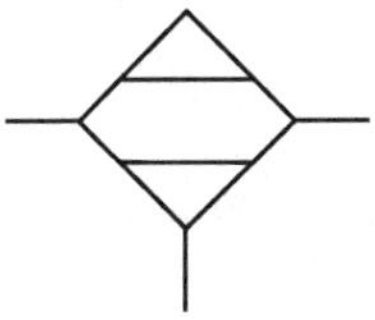
温度计	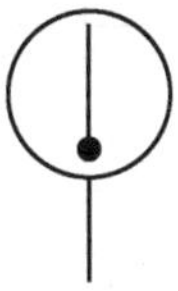	电子调节的压力开关（输出开关信号）	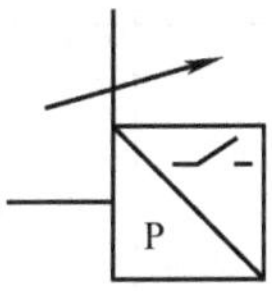
压力表	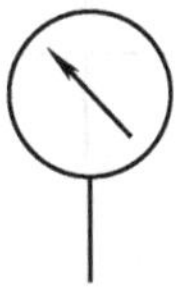	流量计	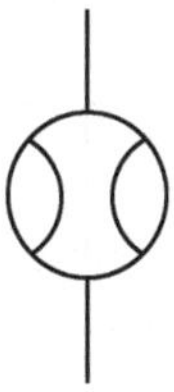
离心式分离器	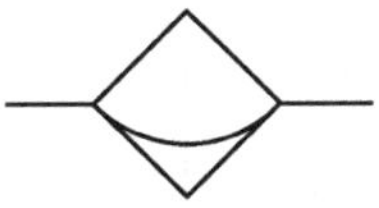	过滤器	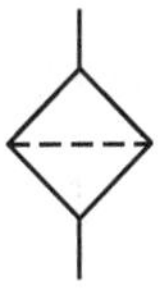
快换接头（不带有单向阀，断开状态）	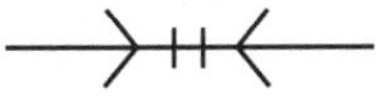	快换接头（带有两个单向阀，断开状态）	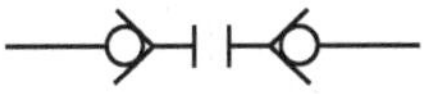
气源处理装置（FRL装置，包括手动排水过滤器、手动调节式溢流减压阀、压力表和油雾器） 第一个图为详细示意图 第二个图为简化图	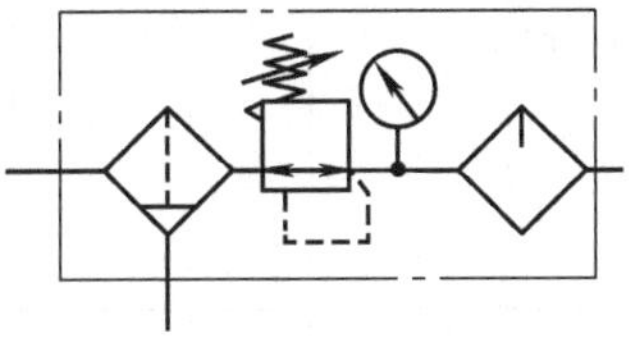 	过滤器（带有光学阻塞指示器）	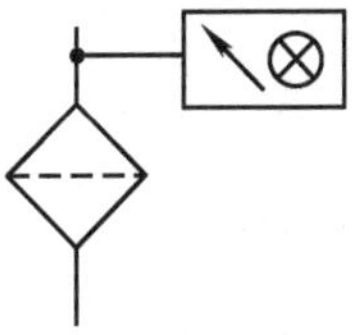
		手动排水过滤器与减压阀的组合元件（通常与油雾器组成气动三联件，手动调节，不带有压力表）	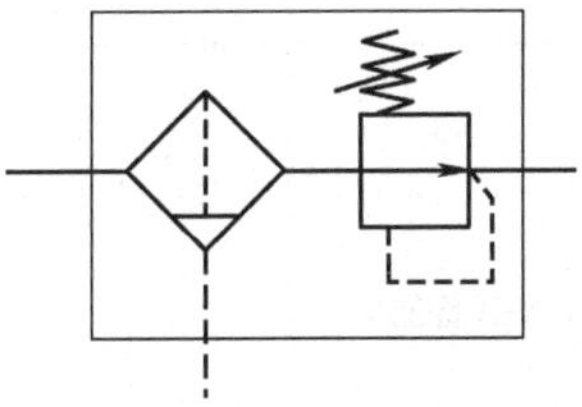

323

（续）

描述	图形	描述	图形
手动排水分离器		带有手动排水分离器的过滤器	
自动排水分离器		吸附式过滤器	
油雾器		手动排水式油雾器	
气罐		囊式蓄能器	
隔膜式蓄能器		气瓶	
活塞式蓄能器		软管总成	

附录 B 常用液压与气动元件新、旧国家标准图形符号对比

元件名称	GB/T 786.1—2021	GB/T 786.1—1993	元件名称	GB/T 786.1—2021	GB/T 786.1—1993
定量泵			单作用单杆缸		
单向变量泵			双作用双杆缸		
双向流动、单向旋转变量泵			单作用单杆缸（弹簧复位）		
双作用马达			液控单向阀		
单向定量马达			双液控单向阀（液压锁）		

（续）

元件名称	GB/T 786.1—2021	GB/T 786.1—1993	元件名称	GB/T 786.1—2021	GB/T 786.1—1993
双向变量马达			直动式顺序阀		
直动式溢流阀			减压阀（内部流向可逆）		
先导式溢流阀			单向调速阀		
直动式减压阀			分流阀		
先导式减压阀			调速阀		

（续）

元件名称	GB/T 786.1—2021	GB/T 786.1—1993	元件名称	GB/T 786.1—2021	GB/T 786.1—1993
不带单向阀的快换接头			压力继电器		
带两个单向阀的快换接头			弹簧		

参 考 文 献

[1] 潘玉山. 气动与液压技术 [M]. 2 版. 北京：机械工业出版社，2019.

[2] 周建清，杨永年. 气动与液压实训 [M]. 北京：机械工业出版社，2014.

[3] 李建英，庄明华. 气动与液压控制技术训练 [M]. 北京：清华大学出版社，2014.

[4] 孙簃. 气动与液压技术 [M]. 北京：高等教育出版社，2015.

[5] 马振福. 液压与气压传动 [M]. 3 版. 北京：机械工业出版社，2021.

[6] 曹燕，宋正和. 液压与气动技术 [M]. 北京：机械工业出版社，2019.

[7] 朱梅，朱光力. 液压与气动技术 [M]. 5 版. 西安：西安电子科技大学出版社，2020.